电脑组装与维护从入门到精通

飞龙科技 编著

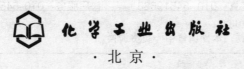

化学工业出版社

·北京·

本书为一本电脑组装与维护从入门到精通的宝典，集实用性、专业性、速查性于一体，全书分4大篇内容安排、21章要点精解、150多个专家指点、近150分钟视频演示，帮助读者在最短时间内从入门到精通电脑组装维护，成为电脑组装和维护高手。

全书共分为4篇：硬件选购篇、组装实战篇、系统维护篇和故障排除篇。具体内容包括：CPU与主板的选购、内/外存储器的选购、显卡与显示器的选购、声卡与音箱的选购、鼠标与键盘的选购、电脑办公设备的选购、电脑硬件组装过程、设置与应用BIOS、分区与格式化硬盘、安装Windows操作系统、安装与管理驱动程序、检测与测试系统性能、常用工具软件的应用、Internet连接与局域网共享、电脑的安全与防治、系统的维护与优化、备份与还原系统、修复与重装系统、电脑软件故障排除、电脑硬件故障排除、电脑网络故障排除。

本书结构清晰、语言简洁，适合电脑爱好者、机房管理员、网吧管理员、电脑办公人员、硬件组装人员和局域网组建人员阅读参考，同时也可作为各类计算机培训中心、中职中专、高职高专等院校相关专业的辅导教材。

图书在版编目（CIP）数据

电脑组装与维护从入门到精通/飞龙科技编著． —北京：
化学工业出版社，2011.12
ISBN 978-7-122-12457-9

Ⅰ．电… Ⅱ．飞… Ⅲ．①电子计算机-组装②电子计算机-维修 Ⅳ．TP30

中国版本图书馆CIP数据核字（2011）第200959号

责任编辑：瞿　微　　　　　　　　　　　装帧设计：王晓宇
责任校对：宋　夏

出版发行：化学工业出版社（北京市东城区青年湖南街13号　邮政编码100011）
印　　装：北京云浩印刷有限责任公司
787mm×1092mm　1/16　印张20　字数564千字　　2012年1月北京第1版第1次印刷

购书咨询：010-64518888（传真：010-64519686）　　售后服务：010-64518899
网　　址：http://www.cip.com.cn
凡购买本书，如有缺损质量问题，本社销售中心负责调换。

定　　价：40.00元　　　　　　　　　　　　　　　　版权所有　违者必究

FOREWORD 前言

本书目标

您想成为电脑组装与维护高手吗？

您想不求人，自己组装电脑吗？

您想省下维修电脑的费用吗？

您想通过维护电脑赚点外快吗？

本书能满足您的愿望！实现您的梦想！让您一册在手，电脑无忧！

本书特色

4大篇幅内容安排

本书结构清晰，全书共分为4大篇：硬件选购篇、组装实战篇、系统维护篇和故障排除篇，帮助读者循序渐进、稳扎稳打，从入门到精通电脑组装与维护。

近150分钟视频演示

书中的重要实例全部录制了带语音讲解的演示视频，时间长度近150分钟，用户可以结合书本，也可以独立观看视频演示，学习轻松方便又高效。

21章专题故障排除

本书体系完整，由浅入深地对电脑组装与维护进行了21章内容的分析与讲解，内容包括：CPU与主板的选购、电脑硬件组装过程、软件故障排除等。

150多个专家指点放送

本书编者将自己在实际工作中总结出的实战心得、经验、技巧和方法，通过150多个专家指点毫无保留地奉献给读者，帮助提高读者的学习效率与工作能力。

本书内容

本书共分为四篇：硬件选购篇、组装实战篇、系统维护篇和故障排除篇。具体章节内容如下。

硬件选购篇

第1～6章，重点分析了CPU与主板的选购、内/外存储器的选购、显卡与显示器的选购、声卡与音箱的选购、鼠标与键盘的选购、电脑办公设备的选购等内容。

组装实战篇

第7～14章，电脑硬件组装过程、设置与应用BIOS、分区与格式化硬盘、安装Windows操作系统、安装与管理驱动程序、检测与测试系统性能、常用工具软件的应用、Internet连接与局域网共享等内容。

系统维护篇

第15～18章，重点分析了电脑的安全与防治、系统的维护与优化、备份与还原系统、修复与重装系统等内容。

故障排除篇

第19～21章，重点分析了电脑软件故障排除、电脑硬件故障排除、电脑网络故障排除等日常生活、工作中常见的电脑故障内容。

作者售后

本书由飞龙科技编著，参与编写的还有谭贤、柏松、曾慧、刘嫔、杨闰艳、颜勤勤、廖梦姣、苏高、符光宇、陈益、周旭阳、袁淑敏、谭俊杰、徐茜、杨端阳、谭中阳等人。由于编者知识水平有限，书中难免有不足和疏漏之处，恳请广大读者批评、指正，联系邮箱：itsir@qq.com。

编　者

2011年9月

CONTENTS
目录

第一篇 硬件选购篇

第二篇　组装实战篇

第 8 章　设置与应用BIOS　/95

第 9 章　分区与格式化硬盘　/103

第 10 章　安装Windows操作系统　/116

第 11 章　安装与管理驱动程序　/132

第12章　检测与测试系统性能　145

第13章　常用工具软件的应用　163

第14章　Internet连接与局域网共享　184

第三篇　系统维护篇

第四篇　故障排除篇

第21章 电脑网络故障排除 /294

第一篇

硬件选购篇

第1章

CPU与主板的选购

学习提示 »

　　选购电脑配件是组装电脑的第一步，而CPU作为电脑硬件的核心设备，担负着对各种指令、数据进行分析和运算的重任，而主板相当于电脑中所有硬件设备的基地，担负着各种硬件之间的信息传输。

主要内容 »

- 了解CPU的性能指标
- 认识CPU的型号
- CPU的选购指南

- 主板的类型
- 主板的插槽
- 主板的选购指南

重点与难点 »

- 熟知CPU性能指标
- 了解CPU的型号
- 选购CPU的要点

- 主板的类型与插槽
- 主流品牌的主板
- 选购主板的技巧

学完本章后你会做什么 »

- 识别CPU的性能指标
- 了解当前主要品牌CPU
- 掌握选购CPU的技巧

- 熟知主板的类型与插槽
- 了解芯片组的重要性
- 掌握选购主板的技巧

图片欣赏 »

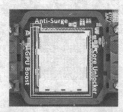

1.1 了解与选购CPU

CPU作为电脑最核心的设备，被比拟为"人类的大脑"，可见，它担当着其他设备无法替代的地位。因此，组装人员一定要充分了解CPU相关事项，对于选购和组装电脑都是非常必要的。

1.1.1 了解CPU性能指标

CPU的性能指标十分重要，其性能的高低直接决定了一台电脑系统性能的高低。CPU的性能指标有很多，下面将对CPU的主要性能指标分别进行介绍，让用户可以对CPU有更深的了解。

1.主频、外频和倍频

主频、外频和倍频是相辅相成的关系，但主频是影响CPU性能最重要的因素之一。三者的关系是：主频＝外频×倍频。

* 主频（CPU Clock Speed）又称为时钟频率，表示在CPU内数字脉冲信号震荡的速度。主频越高，CPU在单位时间内处理的数据就越多，CPU运算的速度也就越快。

* 外频是主板为CPU提供的标准频率。目前绝大多数的电脑系统中，外频与主板之间的速度是同步运行的，因此，CPU的外频直接影响访问的速度，外频的速度越高，CPU同时接收来自外围设备的数据就越多，从而使整个系统的速度得到进一步提高。

* 倍频就是CPU的主频和外频相差的倍数。在同一外频下，倍频越高，CPU的频率也就越高。事实上，在相同外频的前提下，高倍频的CPU本身意义并不大，若只是一味地追求高倍频而得到高主频的CPU，则会出现明显的"瓶颈"效应。

 专家指点

瓶颈指的是CPU从系统中得到数据的极限速度不能够满足CPU运算的速度。当CPU的外频在5～8倍的时候，其性能便可以得到比较充分的发挥，若超出这个数值范围，CPU性能将得不到完善的处理结果，从而出现"瓶颈"效应。

2.前端总线速度

前端总线是CPU总线，它直接关系着与外部数据传输的速度。由于数据传输最大带宽取决于同时传输的数据宽度和传输频率，其计算公式为：数据带宽＝总线频率×数据宽度/8。前端总线的频率越大，则CPU与内存之间的数据传输量就越大。使用100MHz的前端总线，则CPU每秒钟可接收的数据带宽为$100×64/8=800MB$。

3.缓存

缓存又称为高速缓存，就是指可以进行调整数据交换的存储器。缓存大小也是CPU的重要指标之一，而且缓存的结构和大小对CPU速度的影响非常大。CPU内缓存的运行频率极高，一般是和处理器同频运作，工作效率远远大于系统内存和硬盘。实际工作时，CPU往往需要重复读取同样的数据块，而缓存容量的增大，可以大幅地提升CPU内部读取数据的命中率，而不用再到内存或者硬盘上寻找，以此提高系统性能。但是由于CPU芯片面积和成本的因素来考虑，缓存都很小。

高速缓存可分为L1 Cache（一级缓存）、L2 Cache（二级缓存）和L3 Cache（三级缓存）三种。

L1 Cache（一级缓存）是CPU第一层高速缓存，分为数据缓存和指令缓存。内置的L1高速缓存的容量和结构对CPU的性能影响较大，不过高速缓冲存储器均由静态RAM组成，结构较复杂，在CPU核心面积不能太大的情况下，L1级高速缓存的容量不可能做得太大。一般CPU的L1缓存的容量通常在32～256KB。

L2 Cache（二级缓存）是CPU的第二层高速缓存，分内部和外部两种芯片。内部芯片的二级缓存运行速度与主频相同，而外部的二级缓存则只有主频的一半。L2高速缓存容量也会影响CPU的性能，原则是越大越好，以前家庭用CPU容量最大的是512KB，现在笔记本电脑中也可以达到2M，而服务器和工作站上用CPU的L2高速缓存更高，可以达到8M以上。

L3 Cache（三级缓存）分为两种，早期的是外置，现在的都是内置的。而它的实际作用是，进一步降低内存延迟，同时提升大数据量计算时处理器的性能。降低内存延迟和提升大数据量计算能力对游戏是很有帮助的。而在服务器领域增加L3缓存在性能方面仍然有显著的提升。譬如具有较大L3缓存的配置利用物理内存会更有效，故它比较慢的磁盘I/O子系统可以处理更多的数据请求。具有较大L3缓存的处理器提供更有效的文件系统缓存行为及较短消息和处理器队列长度。

4.CPU的位和字长

❖ 位：在数字电路和电脑技术中采用二进制，代码只有"0"和"1"，其中无论是"0"或是"1"在CPU中都是一位。

❖ 字长：即CPU在单位时间内（同一时间）能一次处理的二进制数的位数。所以能处理字长为8位数据的CPU通常就叫8位的CPU。同理，32位的CPU即能在单位时间内处理字长为32位的二进制数据。字节和字长的区别是：由于常用的英文字符用8位二进制就可以表示，所以通常就将8位称为一个字节。字长的长度是不固定的，对于不同的CPU，字长的长度也不一样。8位的CPU一次只能处理一个字节，而32位的CPU一次就能处理4个字节，同理字长为64位的CPU一次可以处理8个字节。

5.CPU扩展指令集

CPU依靠指令来计算和控制系统，每款CPU在设计时就规定了一系列与其硬件电路相配合的指令系统。指令的强弱也是CPU的重要指标，指令集是提高微处理器效率的最有效工具之一。

从现阶段的主流体系结构讲，指令集可分为复杂指令集和精简指令集两部分，目前使用的CPU多为复杂指令集CPU。

从具体运用看，如Intel的MMX、SSE、SSE2、SEE3、SSE4系列和AMD的3DNow!等都是CPU的扩展指令集，分别增强了CPU的多媒体、图形图像和Internet等的处理能力。

通常把CPU的扩展指令集称为CPU的指令集。SSE3指令集也是目前规模最小的指令集，此前MMX包含有57条命令，SSE包含有50条命令，SSE2包含有144条命令，SSE3包含有13条命令。目前SSE4也是最先进的指令集，英特尔酷睿系列处理器已经支持SSE4指令集，AMD在已推出的双核心处理器当中也加入了对SSE4指令集的支持，全美达的处理器也将支持这一指令集。

6.工作电压

工作电压（Supply Voltage）是指CPU正常工作所需的电压，提高CPU工作电压，可以加强CPU内部信号，增强CPU的稳定性能，加快CPU的工作频率，但很容易导致CPU温度过高，从而降低CPU的使用寿命，甚至烧坏CPU。从586 CPU开始，CPU的工作电压分为内核电压和I/O电压两种，通常CPU的内核电压小于等于I/O电压。其中内核电压的大小是根据CPU的生产工艺来定的，一般制作工艺越小，内核工作电压越低；而I/O电压一般都在1.6～5V。近年来，各种CPU的工作电压正在逐步下降，以解决CPU发热导致温度过高的问题。

7.制造工艺

制造工艺中的长度是指IC内电路与电路之间的距离。制造工艺的趋势是向密集度高的方向发展。密度愈高的IC电路设计，意味着在同样大小面积的IC中，可以拥有密度更高、功能更复杂的电路设计。早期的PII和赛扬可以达到0.25微米，现在CPU的制造工艺是90纳米，最新的CPU制造工艺可以达到32纳米，并且将采用铜配线技术，可以极大地提高CPU的集成度和工作频率。微米和纳米的换算关系是：1微米＝1000纳米。

8. 协处理器

协处理器又称为数学协处理器，主要负责浮点运算。486之后的微处理器一般都内置了协处理器，协处理器的功能也不再局限于增强浮点运算。含有内置协处理器的CPU可以加快特定类型的数值计算，某些需要进行复杂计算的软件系统，如AutoCAD就需要协处理器的支持。

9. 扩展总线速度

扩展总线速度是指计算机局部总线的速度，如PCI或AGP总线速度，它是CPU用于连接显卡或其他板卡的扩展槽等设备时的速度。

10. 超流水线与超标量

流水线是Intel首次在486芯片中开始使用的。流水线的工作方式就像工业生产上的装配流水线。在CPU中由5～6个不同功能的电路单元组成一条指令处理流水线，然后将一条X86指令分成5～6步后再由这些电路单元分别执行，这样就能实现在一个CPU时钟周期完成一条指令，提高了CPU的运算速度。

超标量是通过内置多条流水线来同时执行多个处理器，其实质是以空间换取时间。而超流水线是通过细化流水、提高主频，使得在一个机器周期内完成一个甚至多个操作，其实质是以时间换取空间。例如，Pentium IV的流水线就长达20级。将流水线的步（级）设计得越长，其完成一条指令的速度就越快，因此就能适应工作主频更高的CPU。但是流水线过长也带来了一定副作用，很可能会出现主频较高的CPU实际运算速度较低的现象，Intel的Pentium IV处理器就出现了这种情况，比如主频高达1.4G以上的Pentium IV处理器，但其运算性能却远远比不上AMD 1.2G的速龙甚至Pentium III。

11. 内存总线速度

内存总线速度（Memory-Bus Speed）就是指CPU与L2（二级）高速缓存和内存之间的通信速度，等同于CPU的外频。CPU处理的数据都是由主存储器（内存）提供的，而一般外存（磁盘或各种存储设备）上面的内容都要通过内存，然后才会被传入CPU进行处理。

由于内存、外存和CPU之间的运行速度或多或少都会有所差异，所以通过二级缓存来进行协调两者之间的差异。因此，内存总线速度对整个系统的性能就显得尤为重要。

12. CPU插座

CPU插座是CPU与主板连接的接口，目前Intel生产的CPU主要采用LGA封装，AMD生产的CPU采用Socket封装。

Intel的LGA封装主要有LGA775、1156和1366等，LGA封闭的CPU底部没有针脚，只有一排排整齐排列的金属触点。因此，CPU不能利用针脚进行固定，需要使用主板插座上的安装扣架来固定，使CPU可以正确地压在LGA插座上的弹性触须上。

AMD的Socket封装主要有Socket AM2和AM3，Socket封装的CPU仍为传统的针脚式，插到主板上的Socket零插拔力（ZIF）插座上，通过压杆使CPU的引脚与插座紧密地接触。

▶ 1.1.2 主流品牌的CPU

随着CPU技术的不断升级与改革，双核及四核处理器已经得到了广泛的使用。而单核处理器已经逐步退出CPU主流市场。

目前CPU市场中的主流品牌为Intel系列和AMD系列，分别由Intel公司和AMD公司生产。现在市场中主流的Intel CPU品牌主要有奔腾E、酷睿和酷睿i系统；AMD CPU品牌主要有速龙、羿龙等。它们各自都有双核、三核和四核的区别，用户可以根据自己的需求进行选购。

▶ 1.1.3 认识CPU的型号

在CPU市场中同一品牌有不同的CPU型

号，在选购CPU之前，一定要对各品牌的CPU型号有所了解，再根据需求进行选购。

1.Intel品牌

Intel是研发和生产CPU最大的电子公司之一。其产品深受广大用户的喜爱。目前主流Intel CPU品牌型号主要有以下系列。

（1）酷睿i3

酷睿i3是全球首款集成图形处理器（GPU）的32nm制程处理器，采用Nehalem架构，双核心设计，接口为LGA 1136，支持超线程，其中i3 540的主频为3.06MHz。酷睿i3集成了4MB高速三级缓存，内部整合北桥芯片功能，支持双通道DDR3 1333/1066规格内存。其中GPU部分采用45nm制作工艺，由英特尔整合显示核心的GMA架构改造，支持微软DX10。

酷睿i3带有英特尔高清显示技术，支持高清硬件解码加速，支持英特尔超线程技术，两个物理核心能拓展到4个线程进行运行。特别是酷睿i3的内存控制器仍在北桥芯片内，可以把酷睿i3看成是把普通高频CPU、GPU和北桥芯片简单集成在一个芯片内。

（2）酷睿i5

酷睿i5有45nm（700系列）和32nm（600系列）两种制程。其中，32nm制程的CPU不但包含了酷睿i3的全部优点，还特别支持英特尔睿频加速技术，能在需要的时候自动提高处理器频率，在常规运算时降低频率实现最大化的节能；45nm的酷睿i5核心架构为Lynnfield，有4款产品，分别是i5-650、i5-660、i5-661和i5-670，基础频率为3.2GHz～3.46GHz，通过睿频加速最高可提升至3.46GHz～3.73GHz。

酷睿i5系列处理器支持双通道DDR3 1333内存，比不包含睿频加速的i3运行速度更快，适合对速度要求更高的用户，能更流畅地运行游戏，支持更高速的商业或办公应用。因此，酷睿i5的定位是游戏爱好者，高清一族，或对办公速度有要求的用户。

（3）酷睿i7

酷睿i7是基于45nm技术，全部采用原生四核心设计，支持超线程三级缓存的容量为

8MB，采用LGA 1366接口。

酷睿i7可分为800系列和900系列，其中800系列具有睿频加速技术，但只能组建DDR3双通道。900系列虽然没有睿频加速技术，但可以组建DDR3三通道。

2.AMD品牌

AMD公司是Intel公司最强大的竞争对手，在CPU市场中同样占有一席之地。主流的AMD品牌CPU主要有以下系列。

（1）AMD速龙Ⅱ X4（四核）系列

AMD速龙Ⅱ X4 620是AMD速龙四核系列中的一款处理器，采用的是45nm制作工艺，三级缓存为2MB、核心频率为2.6GHz、工作电压为0.905V～1.425V，并采用Socket AM3接口。

（2）AMD羿龙Ⅱ X4（四核）系列

AMD羿龙Ⅱ X4 940T处理器是由6个核心屏蔽两个核心后的产品，制作工艺为45nm，内核电压为0.875V～1.5V，主频为3GHz，采用Socket AM3接口，拥有6MB三级缓存。

羿龙Ⅱ X4 940T处理器支持动态加速技术Turbo Core，能够智能感知系统负载，及时调整外频，从而提高部分核心的频率，并降低其他核心的速度。

（3）AMD羿龙Ⅱ X3（三核）系列

AMD羿龙Ⅱ X3 720处理器具有3个核心，制作工艺为45nm，内核电压为0.85V～1.425V，主频为2.8GHz，采用Socket AM3接口，拥有6MB三级缓存，可以安装到AM2＋接口的主板上使用，用户只需升级BIOS即可。

羿龙Ⅱ X3处理器同样不锁倍频，据说是由原生四核处理器屏蔽掉一个核心而成，在某些支持的主板上可以打开这个屏蔽的核心，当作四核处理器来使用。

（4）AMD羿龙Ⅱ X2（双核）系列

AMD羿龙Ⅱ X2 550处理器具有两个核心，制作工艺为45nm，内核电压为0.875V～1.04V，主频为3.1GHz，外频为200MHz，总线频率为200MHz，采用Socket AM3接口，拥有6MB三级缓存，支持DDR3 1066和DDR2 800内存，可以安装到AM2＋接

口的主板上使用，用户只需升级BIOS即可。

羿龙 Ⅱ X2 550处理器最吸引人的地方是不锁倍频（即采用黑盒设计），CPU可以成功破解为4核。

1.1.4 CPU的选购指南

CPU是决定电脑优劣的主要部件之一，其种类繁多、价格也有很大差别。因此，在选购CPU时一定要了解市场行情，以及CPU的相关信息，更要确认自己的电脑用途。

1.选购CPU

在选购CPU时，一定要根据电脑的用途进行选购。若配置的电脑用于学习、处理文档、上网等活动，CPU性能可以稍微低档一些；若用于平面设计、CAD制图、3D建模等设计性强的活动时，则要重点考虑CPU的浮点运算能力，最好选择协处理器较强的CPU。

由于市场的混乱与假冒产品的横行，在购买时注意CPU的真伪。读者可以参照以下几点方法来辨别CPU的真伪。

❖ 看产品外包装

正品的CPU外包装纸盒颜色鲜艳，字迹清晰细致，并有立体感。其塑料薄膜也很有韧性，不容易撕开。另外，还要看包装纸盒有没有折痕，否则，很有可能该物件被人拆开过，甚至有一些不良商家会将原装的风扇换掉。

❖ 看防伪标签

防伪标签是由一张完整的贴纸组成的。一般情况下，上半部分是防伪层，下半部分标有该款CPU的频率字样。真货的标签颜色比较暗，可以很容易看到镭射图案全图，而且用手摸上去有凹凸的感觉。从不同角度看上去会因为光线的折射产生不同的色彩，而假冒的防伪标签则没有此效果。

❖ 看检查序列号

正品CPU的外包装盒上的序列号和CPU表面的序列号是一致的，但假货CPU的外包装盒上的序列号与CPU表面的序列号有可能不一致。

❖ 软件测试法

通过CPU测试软件的相应测试，能够测试出CPU的名称、封装技术、制作工艺、内核电压、主频、倍频以及L2缓存等信息。然后，根据测试的数据信息检查是否与包装盒上的标识相符，从而判断出CPU的真伪。

2.选购CPU附件

除了选购一个合适的CPU以外，还需要注意CPU附件的选购，如CPU散热器（风扇）、安装时所使用的散热胶。这些附件可以提高CPU性能并起到为CPU散热的功效。

❖ CPU散热器

目前可行的CPU散热方式主要分为两大类：一是液体散热，二是风冷散热。液体散热包括水冷、油冷等，而风冷散热就是在散热片上面镶嵌一个风扇的散热方式。

液体散热主要以水冷为主，水冷散热器的散热效果特别突出，目前没有什么散热器可以与之媲美。但它最致命的缺陷就在于它无法保证不会漏水。只要有漏水状况，主板或CPU的损失就无法估量。另外，安装水冷散热器也比较麻烦，它需要一个大水箱并得耐心细致地进行安装，否则，很容易导致漏水状况。

风冷散热器的散热效果没有水冷效果好，但因其使用安全、安装便捷，所以是广大用户的首选，风冷散热器主要包括散热片和散热风扇。

❖ CPU散热胶

由于CPU核心面积较小、热量集中，所以散热器成为必备用品。目前，介于CPU和散热片之间的导热介质主要有以下两种。

一种是散热膏（常称为硅脂），是像牙膏一样的白色（或灰色）膏状物，散热效果非常好。它几乎可以使CPU和散热片之间紧密接触，填平之间的缝隙。但其缺点是黏性低，且需要均匀涂抹于CPU上。

另一种是散热胶，目前它的种类比较多，价格也不等，而所得到的效果比硅脂要差一些。但它的黏性高，在没有通过扣具等外力固定的情况下，可以直接将CPU和散热片粘在一起。

1.2 了解与选购主板

主板相当于电脑的"躯干"。几乎所有电

脑硬件设备都会直接或间接连接到主板上。因此，主板的性能直接关系着整台电脑的运行速度和稳定性，了解主板相关细节，注意选购事宜是非常重要的。

▶ 1.2.1 主板的简介

主板，又叫主机板（mainboard）、系统板（systemboard）或母板（motherboard）；它安装在机箱内，是微机最基本的也是最重要的部件之一。主板一般为矩形电路板，上面安装了组成计算机的主要电路系统，一般有BIOS芯片、I/O控制芯片、键盘和鼠标接口、面板控制开关接口、指示灯插接件、扩充插槽、主板及插卡的直流电源供电插接件等元件。

主板的另一特点，是采用了开放式结构。主板上大都有6～8个扩展插槽，供PC机外围设备的控制卡（适配器）插接。通过更换这些插卡，可以对微机的相应子系统进行局部升级，使厂家和用户在配置机型方面有更大的灵活性。总之，主板在整个微机系统中扮演着举足轻重的角色。可以说，主板的类型和档次决定着整个微机系统的类型和档次，主板的性能影响着整个微机系统的性能。

主板在电路板下面，是错落有致的电路布线。在上面，是各个棱角分明的部件：插槽、芯片、电阻、电容等。当主机加电时，电流会在瞬间通过CPU、南北桥芯片、内存插槽、AGP插槽、PCI插槽、IDE接口以及主板边缘的串口、并口、PS/2接口等。随后，主板会根据BIOS（基本输入输出系统）来识别硬件，并进入操作系统发挥出支撑系统平台工作的功能。

▶ 1.2.2 主板的类型

主板安装在机箱内，是电脑最基本也是最重要的部件之一，主板的档次和类型在一定程度上影响着电脑的性能。下面就来了解一下主板的结构类型。

1. 按CPU接口的类型分类

不同的主板其CPU接口可能会有所差别，

因此，可以按照CPU接口的不同来对主板进行分类。目前市场上主要的CPU生产厂家为Intel和AMD，但他们生产的CPU所采用的接口是不相同的。

Intel的CPU采用触点式，有LGA 775、LGA1155、LGA 1366和LGA 1156这4种接口类型。LGA 775接口又称Socket 775或Socket T接口，是Intel CPU的早期接口，有被LGA 1156、LGA1155接口取代的趋势。LGA 1366接口是Intel的高端CPU专用接口。

Intel CPU的这4种接口互不兼容，主板为了支持这些CPU只能采用某种特定的接口。因此，支持Intel CPU的主板可以从CPU接口上分为LGA 775、LGA1155、LGA 1366和LGA 1156这4种类型。

AMD的CPU采用针脚式接口，有Socket AM2、Socket AM2+和Socket AM3这3种封装形式。同样主板也可以从接口上进行区分。

总的来说，主板可以从CPU接口上分为LGA 775、LGA 1366、LGA 1156、LGA1155、Socket AM2、Socket AM2+和Socket AM3这7种类型，其中前4种支持Intel CPU，后3种支持AMD CPU。

2. 按主板结构分类

主板是电脑中各种硬件设备的连接载体，所连接的设备各不相同，而主板本身也有芯片组、I/O控制芯片、扩展插槽、扩展接口和电源插座等部件。因此，主板厂商共同制定了主板的统一标准来协调各种部件的关系，对主板上各元器件的布局、排列方式、尺寸大小、形状以及所使用的电源规格等做出了相关规定。

主板按主板厂家制定的标准可以分为AT主板、Baby AT主板、ATX主板、Micro ATX主板、LPX主板、NLX主板、Flex ATX主板、EATX主板、WATX主板以及BTX主板等。

❖ AT主板、Baby AT主板主要用于老式电脑中；

❖ ATX主板是目前市场中最常见的主板结构，扩展插槽也较多；

❖ Micro ATX主板常简写为MATX，是ATX结构主板的简化版，即常说的"小板"。相对MATX标准的主板而言，ATX标准的主板称为"大板"。MATX标准的主板扩展插槽较少，多在小型机箱的品牌机中使用；

❖ LPX主板、NLX主板、Flex ATX主板是标准的ATX主板的变种，多用于国外品牌电脑中，国内不常见；

❖ EATX主板和WATX主板常用于服务器/工作站的主板；

❖ BTX主板是Intel制定的主板结构。

下面将分别对部分主板构成进行详细的分析。

❖ AT主板和Baby AT主板

AT主板是最基本的板型，一般应用在586以前的主板上。AT主板的尺寸较大，板上可放置较多元器件和扩展插槽。键盘插座所处在主板上沿，主板的左上方有8个I/O扩展插槽。

Baby AT主板是AT主板的改良型，比AT主板略长，而宽度大大窄于AT主板。Baby AT主板沿袭了AT主板的I/O扩展插槽、键盘插座等外设接口及元器件的摆放位置，而对内存插槽等内部元器件结构进行了紧缩，再加上大规模集成电路使内部元器件减少，使得Baby AT主板比AT主板布局更加合理些。

❖ ATX主板

ATX（AT Extend）结构是Intel公司于1995年7月提出的，ATX结构属于一种全新的结构设计，可以更好地支持电源管理。ATX是Baby AT和LPX两种架构的综合，它在Baby AT基础上逆时针旋转了90°，直接提供COM接口、LPT接口、PS/2鼠标接口和PS/2键盘接口。

另外，在主板设计上，由于横向宽度增加，可将CPU插槽安放在内存插槽旁边，这样在插长板卡时，不会占用CPU的空间，而且内存条的更换也更加方便些。因此，ATX结构的主要特点是：全面改善了硬件的安装、拆卸和使用；支持现有的各种多媒体卡和未来的新型设备；全面降低了系统整体造价；改善了系统通风设计；降低了电磁干扰，机内空间更加简洁。

❖ Micro ATX主板

Micro ATX是ATX规格所改进而成的一种新标准，已成为市场的新趋势。Micro ATX架构降低了硬件采购，并减少了计算机系统的功耗。

Micro ATX结构的主要特点是：支持主流CPU、更小的主板尺寸、更低的功耗以及更低的成本，不过主板上可以使用的I/O扩展槽也相应减少了，最多支持4个扩展槽。

❖ LPX主板

LPX主板结构是一体化主板结构规范（All-In-One），使用称为Riser的插槽来将扩展槽的方向转向并与主板平行，也就是说主板上不直接插扩展卡，而是先将Riser卡插到主板上，然后再把各种扩展卡插在Riser上。使用这种方式可缩小电脑的体积，但可用的扩充槽较少。LPX主板的维修、维护和升级都不方便，现已逐渐被NLX结构所取代，Mini LPX结构是减小尺寸的LPX结构，此类LPX主板目前主要应用于一些OEM厂商。

❖ MATX主板

MATX是Micro ATX的缩写，即微型的ATX。MATX标准的主板与ATX标准的主板宽度相同，主板上各部件的分布、排列方式基本一样。最主要的差别是主板上扩展插槽要少一些，主板的长度也相应地缩短，因此，通常主板上各部件排列都很紧密。

MATX主板的最大缺点是：主板上发热量较大的部分集中在一起，不利于整机的散热，稳定性要差一些，但是因为主板的长度要小一些，所以可以减少安装主板的机箱体积，通常用在采用小机箱的品牌机中。

❖ BTX主板

BTX结构主板支持窄板设计，系统结构更加紧凑。该结构主板能够支持目前的新总线和接口，如PCI-Express和SATA等，并针对散热和气流的运动，以及主板线路布局都进行了优化设计，如在主板上有SRM(支持及保持模块)优化散热系统。主板的安装更加简单，机械性能也经过最优化设计。

1.2.3 主板的插槽

主板插槽也称为接口，因其结构较为复杂，上面有各种各样的插槽，如CPU插槽、内存插槽、PCI插槽、SATA（串行硬盘）插槽、

USB插槽、电源插槽、风扇插槽以及各种路线等。

另外，因为主板上集成了显卡、声卡、网卡等硬件而具有相应的VGA（或DVI、HDMI）插槽、音频输入\输出接口、RJ45网线插槽等。

下面以市场中最常见的ATX主板为例，对各插槽进行简单地介绍。

1.CPU插槽

CPU插槽是连接CPU和主板的纽带，不同类型的CPU对应到主板上就有不同类型的CPU插槽，因此，在选择CPU时必须选择带有与之相对应插槽的主板，如图1-1所示。

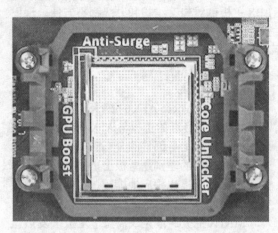

图1-1　CPU插槽

目前主要有LGA775、LGA1156、LGA1366、LGA1156、LGA1155、Socket AM2、Socket AM2+和Socket AM3这7种CPU接口，它们都是与同型号的CPU相对应。

2. 内存插槽

内存插槽一般位于CPU插座下方。通常都有颜色标志，相同颜色的两个内存插槽可以组成双通道。所插入的内存条都通过金手指与主板连接，内存条正反两面都带有金手指。金手指可以在两面提供不同的信号，也可以提供相同的信号，如图1-2所示。

3.AGP插槽

颜色多为深棕色，位于北桥芯片和PCI插槽之间。AGP插槽有1X、2X、4X和8X之

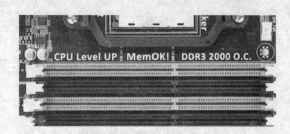

图1-2　内存插槽

分。AGP 4X的插槽中间没有间隔，AGP 2X则有。在PCI Express出现之前，AGP是接口较为流行的显卡接口，其传输速度最高可达到2133MB/s（AGP 8X）。

4.PCI Express 插槽

随着3D性能要求的不断提高，AGP已越来越不能满足视频处理带宽的要求，PCI Express插槽采用的是点对点连接方式，是一种新的总线和接口标准，这个新标准将全面取代PCI和AGP，最终实现总线标准的统一。PCI Express插槽最主要的优势就是数据传输速率高，目前最高可达10GB/s以上，这种高带宽是PCI所无法提供的，而且其发展潜力也非常大，如图1-3所示。

图1-3　PCI Express插槽

5.PCI插槽

PCI插槽是基于PCI总线的扩展插槽，主板上PCI插槽多为乳白色，其位宽为32位或64位，工作频率为33MHz，最大数据传输速率为133Mbit/s（32位）和266Mbit/s（64位），如图1-4所示。

图1-4 PCI插槽

PCI插槽是主板的必备插槽，通过插接不同的扩展卡可以获得目前电脑能实现的几乎所有功能，它可以插上软Modem、声卡、股票接受卡、网卡、多功能卡等设备，可称得上是名副其实的万能扩展插槽。

6.CNR插槽

CNR插槽多为淡棕色，长度只有PCI插槽的一半，可以接CNR的软Modem或网卡。这种插槽的前身是AMR插槽。CNR和AMR不同之处在于，CNR增加了对网络的支持性，并且占用的是ISA插槽的位置。共同点是它们都是把软Modem或是软声卡的一部分功能交由CPU来完成。这种插槽的功能可在主板的BIOS中开启或禁止。

7.硬盘插槽

硬盘接口可分为IDE接口和SATA接口。在型号老些的主板上，多集成的2个IDE接口通常位于PCI插槽下方，从空间上则垂直于内存插槽（也有横着的）。而新型主板上，IDE接口大多缩减，甚至没有，被SATA接口取代。

8.软驱插槽

主要用于连接软驱，多位于IDE接口旁，比IDE接口略短一些，因为它是34针的，所以数据线也略窄一些。

9.COM插槽

目前大多数主板都提供了两个COM接口，分别为COM1和COM2，作用是连接串行鼠标和外置Modem等设备。COM1接口的I/O地址范围是3F8h～3FFh，中断号是IRQ4；COM2接口的I/O地址范围是2F8h～2FFh，中断号是IRQ3。由此可见COM2接口比COM1接口的响应具有优先权，现在市面上已很难找到基于该接口的产品。

10.PS/2接口

PS/2接口的功能比较单一，仅能用于连接键盘和鼠标。一般情况下，鼠标的接口为绿色、键盘的接口为紫色，它是一种6针的圆形接口，也被称为"小口"或"圆口"，其中，只有4针传输数据和供电。PS/2接口的传输速率比COM接口稍快一些，但这么多年使用之后，虽然现在绝大多数主板依然配备该接口，但支持该接口的鼠标和键盘越来越少。大部分外设厂商也不再推出基于该接口的外设产品，更多的是推出USB接口的外设产品，不过值得一提的是，由于该接口使用非常广泛，因此很多使用者即使在使用USB，也更愿意通过PS/2-USB转接器插到PS/2上使用。因为键盘、鼠标每一代产品的寿命都非常长，因此，PS/2接口是目前最常见的鼠标和键盘专用接口，但在不久的将来，可能会被USB接口所完全取代。

11.USB接口

USB接口是现在最为流行的接口，最大可以支持127个外设，并且可以独立供电，其应用非常广泛。USB接口可以从主板上获得500mA的电流，支持热拔插，真正做到了即插即用。一个USB接口可同时支持高速和低速USB外设的访问，由一条四芯电缆连接，其中两条是正负电源，另外两条是数据传输线。高速外设的传输速率为12Mbps，低速外设的传输速率为1.5Mbps。此外，USB 2.0标准最高传输速率可达480Mbps。USB 3.0已经出现在最新主板中。

12.LPT 接口

一般用来连接打印机或扫描仪。其默认的中断号是IRQ7,采用25脚的DB-25接头。并口的工作模式主要有三种:①SPP标准工作模式,SPP数据是半双工单向传输,传输速率较慢,仅为15Kbps,但应用较为广泛,一般设为默认的工作模式;②EPP增强型工作模式,EPP采用双向半双工数据传输,其传输速率比SPP高很多,可达2Mbps,目前已有不少外设使用此工作模式;③ECP扩充型工作模式,ECP采用双向全双工数据传输,传输速率比EPP还要高一些,但支持的设备不多。现在使用LPT接口的打印机与扫描仪已经基本很少了,多为使用USB接口的打印机与扫描仪。

13.MIDI 接口(声卡接口)

声卡的MIDI接口和游戏杆接口是共用的。接口中的两个针脚用来传送MIDI信号,可连接各种MIDI设备,例如电子键盘等,现在市面上已很难找到基于该接口的产品。

14.SATA 接口

SATA是Serial Advanced Technology Attachment的简称(串行高级技术附件,一种基于行业标准的串行硬件驱动器接口),是由Intel、IBM、Dell、APT、Maxtor和Seagate公司共同提出的硬盘接口规范,在IDF Fall 2001大会上,Seagate宣布了Serial ATA 1.0标准,正式宣告SATA规范的确立,如图1-5所示。

图1-5 内存条插槽

SATA规范将硬盘的外部传输速率理论值提高到了150MB/s,比PATA标准ATA/100高出50%,比ATA/133也要高出约13%,而随着未来后续版本的发展,SATA接口的速率还可扩展到2X和4X(300MB/s和600MB/s)。从其发展计划来看,未来的SATA也将通过提升时钟频率来提高接口传输速率,让硬盘也能够超频。目前,大数主板上都集成了SATA接口。

15. 电源接口

电源提供多组接口,其中有24芯(20芯已不多见)的主板电源插头、4芯驱动器插头、4芯软驱专用插头和SATA设备供电插头等。ATX电源接口的输出电压有关+5V、+12V、+3.3V、-5V、-12V和+5V待机电压等。不同的电压使用的颜色不相同,一般的电源都会采用相同的颜色来代表相同的电压,方便用户辨认。主板上只有一个24芯的主电源插头,它具有方向性,可以有效地防止误插,插头上还带有固定装置可以钩住主板上的插座,不至于松脱。

16.IDE 插槽

IDE是电子集成驱动器的简称,主板上的IDE插槽一般为40针。随着接口技术的不断发展,主板上的IDE插槽已逐渐被SATA插槽所取代。

▶ 1.2.4 主流品牌主板

随着主板技术的不断革新,其性能也是越来越高,下面介绍目前市场中认可度比较高的三大品牌,它们的共同特点为研发能力强,推出新品速度快,产品线齐全,高端产品非常过硬。

1. 华硕(ASUS)

全球第一大主板制造商,也是公认的主板第一品牌,做工追求实而不华,高端主板尤其出色,超频能力很强;同时它的价格也是最高的,另外中低端的某些型号也有相对较便宜的产品。

2. 微星（MSI）

销量位居世界前五，一年一度的校园行令微星在大学生中颇受欢迎。其主要特点是附件齐全、豪华，产品线丰富、推出新品速度快、主板附加功能较多，但超频能力不算出色。

3. 技嘉（GIGABYTE）

销量与微星不相上下，曾经以其主板的耐用性和用料的出色性而闻名，但现在的技嘉主板以稳定见长，超频方面中规中矩，中低端型号缩小严重。

1.2.5 主板芯片简介

1. 电源管理芯片

电源管理芯片又称电源IC，又叫脉宽调制芯片（PWM），主板用的叫可编程脉宽调制芯片，主要负责控制CPU的主供电，一般位于CPU插座附近，可看型号识别。

2. I/O芯片

I/O芯片主要负责提供软盘驱动器控制接口及串行、并行接口。

3. 串口芯片

串口芯片负责控制主板上的串口（COM口）。其主要型号有：GD75232、GD75185、HT6571和IT8687R，前三种为20针，一个芯片负责管理一个串口；IT8687R为48针，一个芯片同时管理二个串口。

4. 时钟芯片

时钟芯片与14.318MBHz晶振连接在一起，是主板上所有设备的时钟信号产生源。

时钟芯片给主板所有设备提供频率（以时钟晶振的频率为基础，进行频率的叠加和分频，提供给主板的其他设备，如PCI、AGP、内存、CPU）。时钟芯片受南桥控制，常见型号ICS系列。

5. 声卡芯片

板载声卡一般有软声卡和硬声卡之分。这里的软硬之分，指的是板载声卡是否具有声卡主处理芯片，一般软声卡没有主处理芯片，只有一个解码芯片，通过CPU的运算来代替声卡主处理芯片的作用；而板载硬声卡带有主处理芯片，这样很多音效处理工作就不再需要CPU参与了。

6. 网卡芯片

主板网卡芯片指整合了网络功能的主板所集成的网卡芯片，与之相对应，在主板的背板上也有相应的网卡接口（RJ-45）。

7. BIOS芯片

BIOS（Basic-Input-Output-System，基本输入输出系统），是只读存储器基本输入输出系统的简写。它实际是一组被固化在主板中，为电脑提供最低级最直接的硬件控制程序，它是连通软件程序和硬盘设备之间的枢纽。BIOS芯片是主板上一块方型或长方型芯片。

8. RAID芯片

RAID，中文简称为独立冗余磁盘阵列。RAID就是一种由多块硬盘构成的冗余阵列。虽然RAID包含多块硬盘，但是在操作系统下是作为一个独立的大型存储设备出现的。RAIO主要有两个用途：一是，资料备份；二是，加速存取。

9. 开机复位芯片

一般华硕主板和微星主板有此芯片，华硕主板芯片型号为：AS99127F、AS97127F；而微星主板芯片型号为：MS-5、2310GE。

10. 逻辑信号控制芯片

又叫超频保护芯片，型号为Attansic ATXP1，48针，这块芯片在控制电压的同还可以分频，同时支持PCI频率锁定。

11. 监控芯片

用来监测CPU温度、风扇转速、CPU工作电压等。

1.2.6 主板的选购指南

目前市场上主板的生产厂商和品牌种类繁多，功能各不相同，质量也参差不齐，价格也相差甚远。用户在购买主板时，应当充分考虑主板对CPU、内存、硬盘、显卡等设备的支持，以及主板的兼容性和升级扩展等问题，另外，还要注意主板的芯片型号和生产厂家。因此，用户在选购主板时一定要考虑以下几个方面。

1. 明确使用意图

在选购主板之前，应当明确电脑的使用意图，然后再根据自身的需求进行针对性地选择。如果使用的专业性很强，整个电脑的配置要求就比较高，CPU的规格要求也比较高，就需要选择各方面性能都比较优越的主板与之相适应。

2. 认准主流品牌

在选购主板时首先应该考虑选择品牌主板，比如微星、华硕、技嘉和精英等。虽然价格上有所差异，但一个有实力的主板厂商，从产品的最初设计、用料筛选、工艺控制、品管测试，包装运输等都会经过十分严格的技术把关，其售后服务也相对完善，这样可以保证用户购买的主板得到更好的维护和升级。

3. 确认适用平台

由于目前生产CPU的厂商主要是Intel和AMD两大公司。因此，在选购主板之前首先确认选购的CPU属于哪个厂商，Intel CPU只能用在Intel平台的主板上，AMD CPU只能用在AMD平台的主板上。

4. 注意芯片组参数

主板上的芯片组决定了主板的主要参数，如所支持的CPU类型、内存容量和类型、接口和工作的稳定性等，因此，在选购时要特别注意。

5. 观察主板设计布局

在选购主板时首先要观察主板的设计布局，主板布局设计的不合理就会影响芯片组的散热性能，进而影响整台电脑的性能发挥。

用户若想选购一款性价比较高的主板，选购者需要具备一定的专业知识。如果只是单纯地从外观上来观察，可以参照以下几个方面进行选购。

* 尽量选择全尺寸的大板（ATX结构），不要选择小板（MATX）。小板受到体积的限制，芯片组的布局和线路紧凑，无论在插槽接口的数量还是散热性能方面都要比大板差一些。如果使用同样的芯片组、做工和配置，大板应该是最佳的选择。
* CPU插座不能太靠近主板边缘，其周围的电容也不能靠得太近，要有足够的安装和散热空间。
* 尽量选择扩展插槽及I/O接口较多的主板，这类主板的兼容性相对较高，扩展方便，实用性强。
* 选择芯片组散热性能好的主板，可以提升电脑的整体性能。目前，主流主板采用热管进行散热，钢热管要优于铝热管，而场效应管/南桥/北桥一体化式散热方式比单纯的南、北桥散热方式还要好。
* 优秀的主板无论做工和用料都会非常讲究，好的主板线路板光滑，没有毛刺感，各接口处焊点结实饱满，主板上的参数、数据标注清晰。主板用料方面，关键部位的元件很重要，一般来说，使用固态电容、封闭电感和高品质接插件的主板，其性能也会比较好。
* 看主板的附带功能。有的主板有CPU温度检测、防病毒等软硬件安全保护措施、动态电源控制、简易超频开关、一键开核、超频旋钮和超频设置备份/加载等功能，这类功能应根据用户的自身需求进行选择，对主板的质量及品质并没有太大的影响。
* 选购主板时还需要查看主板附带的配件，如SATA数据线、接口挡板、驱动光盘和说明书等，这些配件在需要时会显得很重要，即使不用也可以有备无患。

第 2 章

内/外存储器的选购

学习提示 》

　　电脑的内部存储器就是内存，它是用于存储程序和数据的重要部件，相当于电脑具备了"记忆"的能力；而外部存储器同样可以存储程序和数据，外部存储器的主要作用是可以方便地对数据进行备份或数据交换。

主要内容 》

- 内存的分类
- 内存的性能结构
- 内存的选购指南
- 硬盘的分类
- 硬盘的结构
- 硬盘的基本参数

重点与难点 》

- 了解内存条的类型
- 清楚内存的性能指标
- 选购内存条的技巧
- 了解硬盘的类型
- 清楚硬盘的内/外结构
- 选购硬盘的技巧

学完本章后你会做什么 》

- 认识如何识别内存性能指标
- 熟悉当前主流的内存
- 学会如何分析硬盘性能
- 清楚硬盘的组成结构
- 认识当前主流品牌硬盘
- 选购内存、硬盘的技巧

图片欣赏 》

2.1 了解与选购内存

在计算机的组成结构中,内存是一个很重要的部分,它用来存储程序和数据。对于计算机来说,有了内存才有记忆功能,才能保证正常工作。存储器的种类很多,按其用途可分为内存储器和外存储器。

2.1.1 内存的分类

目前市场上主要内存类型有SDRAM、DDR SDRAM和RDRAM,不同类型的内存在数据传输速率、工作频率、工作方式、工作电压等方面都有区别。其中,DDR SDRAM内存占据了大部分市场,而SDRAM和RDRAM内存已经逐渐退居市场。DDR SDRAM内存又可以分为以下三种。

1.DDR SDRAM

DDR SDRAM是Double Data Rate Synchronous Dynamic Random Access Memory(双倍数据率同步动态随机存取存储器)的缩写,它是在SDRAM内存的基础上发展起来的,其传输速率是同频率SDRAM内存传输速率的两倍。从外形上看DDR内存条与SDRAM的差别并不大,只不过DDR内存条有184个引脚,只有一个缺口,如图2-1所示。

图2-1 胜创512MB DDR400

2.DDR2 SDRAM

DDR2 SDRAM是在DDR内存的基础上发展起来的,DDR2拥有两倍于DDR的预读数据的能力,因此,DDR2能获得比DDR高两倍的数据能力。DDR2内存有240个引脚,只有一个缺口,缺口位置和DDR不同。

3.DDR3 SDRAM

DDR3接触引脚数目同DDR2皆为240个,但是缺口位置不同,如图2-2所示。

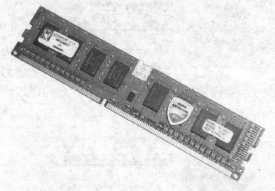

图2-2 金士顿1GB DDR3 1333

DDR3与DDR2相比有以下3个优点。

❖ 速度更快。预取机制从DDR2的4bit提升到8bit,相同工作频率下DDR3的数据传输量是DDR2的两倍。

❖ 节能更高。DDR3电压从DDR2的1.8V降低到1.5V,并采用了新的技术,相同频率下比DDR2更省电,并降低了发热量。

❖ 容量更大。DDR2中有4Bank和8Bank的设计,目的就是为了应对未来大容量芯片的需求。

2.1.2 内存的性能指标

内存对整机的性能影响很大,许多指标都与内存有关,加之内存本身的性能指标就很多,因此,这里只介绍几个最常用、也是最重要的指标。

1.速度

内存速度指存取一次数据所需的时间(单位一般都ns)。时间越短,速度就越快。只有当内存速度与主板速度、CPU速度相匹配时,才能发挥电脑的最大效率，否则会影响 CPU 高速性能的充分发挥。FPM 内存速度只能达到 70～80ns，EDO 内存速度可达到 60ns，而 SDRAM 内存速度最高已达到 7ns。

存储器的速度指标通常以某种形式印在内存上。一般在内存型号的后面印有 -60、-70、-10、-7 等字样，表示存取速度为 60ns、70ns、10ns、7ns。ns 和 MHz 之间的换算关系为：1ns=1000MHz、6ns=166MHz、7ns=143MHz、10ns=100MHz。

2. 容量

内存是电脑中的主要部件，它是相对于外存而言的。而 Windows 系统、打字软件、游戏软件等，一般都是安装在硬盘等外存上，必须把它们调入内存中运行才能使用，如输入一段文字或玩一个游戏，其实都是在内存中进行的。通常把要永久保存的数据存储在外存，而把一些临时的数据和程序放在内存中。内存容量是多多益善，但会受到主板支持最大内存容量的限制。就目前主流电脑而言，这个限制仍是阻碍。目前，单条内存的容量通常为 512MB、1GB、2GB，甚至还有 4GB、8GB 等。GB 和 MB 之间的换算关系为：1GB=1024MB。

3. 内存的奇偶校验

为检验内存在存取过程中是否准确无误，每 8 位容量配备 1 位作为奇偶校验位，配合主板的奇偶校验电路对存取数据进行正确校验，这就需要在内存条上额外加装一块芯片。但在日常使用中，有无奇偶校验位对系统性能影响并不是很明显，所以，目前大多数内存条上已不在加装校验芯片。

4. 内存电压

FPM 内存和 EDO 内存均使用 5V 电压，SDRAM 使用 3.3V 电压，而 DDR 使用 2.5V 电压，对于主板上有电压设置跳线的，在使用中注意不要设置错误。

5. 数据宽度和带宽

内存的数据宽度是指内存同时传输数据的位数，以 bit 为单位；内存的带宽是指内存的数据传输速率。

6. 内存的线数

内存的线数是指内存条与主板接触时接触点的个数，这些接触点就是金手指，有 72 线、168 线和 184 线等。72 线、168 线和 184 线内存条数据宽度分别为 8 位、32 位和 64 位。

7.CAS

CAS 等待时间指从读命令有效（在时钟上升沿发出）开始，到输出端可以提供数据为止的这一段时间。一般是 2 个或 3 个时钟周期，它决定了内存的性能，在同等工作频率下，CAS 等待时间为 2 的内存比 CAS 等待时间为 3 的内存速度更快、性能更好。

8. 额定可用频率（GUF）

将生产厂商给定的最高频率下调一些，得到的值称为额定可用频率（GUF）。如 8ns 的内存条，最高可用频率是 125MHz，那么额定可用频率（GUF）应是 112MHz。最高可用频率与额定可用频率（前端系统总线工作频率）保持一定余量，可最大限度地保证系统稳定地工作。

9. 内存校验

内存在工作时难免出现错误，因此，出现了检测和纠正内存错误的技术。

ECC（Error Checking and Correcing，错误检查与校正）校验在数据位上额外存储一个用数据加密的代码，通过比较读取和写入时的代码检验数据是否正确，如果不一样，则解密代码将确定数据中的哪一位不正确，然后抛弃这个错误位，从内存控制器中释放出正确的数据。

普通用户如果没有特殊要求可以不选购带奇偶校验功能的内存，因为它虽然能够修复错误，但同时会影响系统性能，价格也比普通内存要昂贵许多。带有 ECC 校验的内存，多用于服务器等重要应用场合。

2.1.3 内存的生产厂商

目前市场上的内存种类繁多，作为内存品牌龙头老大——金士顿，占据了大部分内存市场，其他的内存品牌还有威刚、宇瞻、三星、海盗船、金邦、芝奇、现代、金泰克和OCZ等，下面将分别进行简单的介绍。

1. 金士顿 Kingston

金士顿科技成立于1987年。从开始的单一产品生产，发展到现在拥有2000多种储存产品，支持计算机、服务器、打印机、MP3播放器、数字相机和手机等几乎所有使用储存产品的设备。2007年，公司的年营业收入突破了45亿美金。包括位于美国加州芳泉谷的全球总部在内，金士顿在全球拥有超过4500名员工。被美国财富杂志评为"美国最适宜工作的公司"。尊重、忠诚、弹性和正直的原则成为它典范性的企业文化。金士顿相信投资于人是企业的根本，每位员工都是企业成功的重要因素。如图2-3所示为金士顿内存条。

图2-3　金士顿内存

2. 威刚 A-DATA

威刚科技设立于2001年5月，创办人为担任董事长兼执行长职务的陈立白先生。陈董事长在创立威刚之初，即怀抱成为全球记忆体应用产品领导品牌厂商的理想，营业初期以内存模组为主要产品线，之后着眼于闪存的应用推广，投入闪存存贮器应用产品开发。目前威刚主要产品线，已涵盖DRAM及Flash存贮器应用领域，且分别在应用产品上取得全球领先地位。

威刚深知专业与创新，才能创造产品竞争优势，因此，威刚的产品从工业设计、原料采购、生产制程与品质检验，皆通过威刚专业人员最严密的执行与检验；且威刚以不断创新精神，努力开发差异化的优质产品，并荣获"精品奖"、"国家产品形象奖"、"日本G-MARK产品设计大奖"、"CES产品创新奖"等诸多国际产品奖项。如图2-4所示为威刚内存。

图2-4　威刚内存

3. 宇瞻 Apacer

Apacer宇瞻科技成立于1997年，初期公司以DRAM模组的专业供货商为定位，将经营聚焦在记忆存储。凭着对半导体垂直整合的完整内存模组技术能力与专业营销业务，成功在全球打出Apacer自有品牌，并于1999年成为全球第四大内存模组厂商。由于看好Flash产品市场及消费性电子产品将成为电子业市场主流的趋势。Apacer宇瞻于1999年，延续记忆存储的经营，新增了Flash与USB等移动存储产品，持续累积数码存储研发实力，朝着新的数码存储领域发展，定位为数码存储供应者。如图2-5所示为宇瞻内存条。

图2-5　宇瞻内存

4. 海盗船 Corsair

海盗船内存（Corsair Memory），国内又称海盗旗。Corsair 成立于1994年，属全球最大的内存供应商之一，是全球最受尊敬的超频内存制造商，多家世界知名电脑厂商 OEM 合作伙伴。Corsair 是设计高性能内存最具经验的内存制造商，其深知每一个细节的重要性，严谨的记录长度控制内存、阻抗控制、时钟记录设计、不断电源及高敏度的镀金针脚等。Corsair 内存的超级性能专为极大需求的应用软件而设，也一直被应用于关键的服务器及极高性能的工作站（包括游戏系统）上。涨盗船内存是 Hypersonic Gaming Computer 和 Alienware Gaming System 等游戏系统指定的超频内存；更被 IT 专业网站称之为"天生超频狂"、"超频先锋"等，是"超频一族"的首选超频内存。如图2-6所示为海盗船内存。

图2-6 海盗船内存

5. 三星 Samsung

在数字时代，产品将会更多地根据其品牌进行区分，而不是以其功能或者质量。从1999年开始，三星电子坚持实施全球品牌传播战略。根据美国 Interbrand 发布的研究结果表明，三星电子增长最快的品牌之一。电子产品是中国三星最大的业务部分。中国三星电子目前在北京、天津、上海、江苏、浙江、广东、香港、台湾等地区设立了数十家生产和销售部门，主要生产半导体、移动电话、显示器、笔记本、电视机、电冰箱、空调、DVD、数码摄像机以及 IT 产品等。另外中国三星电子还设立了北京通信技术研究所、苏州半导体研究所、杭州半导体研究所、南京电子研发中心、上海设计研究所等研究中心，积极推进产购销的本地化。如图2-7所示为三星内存条。

图2-7 三星内存条

6. 金邦 Geil

金邦（Geil）科技是专业的内存模块制造商之一，是一家以汉字注册的内存品牌。并以中文命名产品，"金邦金条"、"千禧条 GL2000"也迅速进入了国内市场。金邦内存推出"量身定做，终身保固"系列产品使计算机进入一种优化状态。金邦科技在1993年成立于香港，1996年将总部设于台北，在两岸三地均设有生产基地和庞大的销售网络。金邦科技公司一向秉承"科技领先、品牌策略、以人为本"的经营理念，其开发的产品精雕细琢、别具一格。1998年，金邦公司以创新的 BLP 封装技术，率先在国内市场推出"金条"品牌内存条。其高效的性能、精湛的工艺、独特的外形一推出市场，即以迅雷不及掩耳之势风靡全国，在计算机 DIY 市场掀起一浪浪"条"。2002年3月，在内存正从 SDRAM 迈向双倍速的 DDR 年代，金邦公司开发的 DDR400 内存初次在国内与消费者见面，便以其高速的性能和超频能力震撼业界。如图2-8所示为金邦内存条。

图2-8 金邦内存条

7. 黑金刚 Kingbox

台湾黑金刚科技股份有限公司是一家与国际领先技术接轨，致力于记忆储存设备应用与服务，近年来全力打造黑金刚全球领先品牌形象的专业内存制造商。其工厂及产品已正式通过ISO9001国际质量管理体系严格认证。作为业界知名企业，黑金刚科技股份有限公司拥有领先的技术研发力量和非常雄厚的工厂实力，已形成系统化的组织机构和全球性的行销布局，并与全球各大芯片厂家保持着紧密的战略合作伙伴关系。在台式机、笔记本、服务器等众多领域，黑金刚都拥有全系列配套完整的内存产品线。自入驻中国市场以来，黑金刚在很短的时间内就得到国内众多著名IT媒体的充分关注与认可，成为众多权威媒体机构极力推荐的内存品牌，更是广大专业级玩家与DIY爱好者的首选品牌。如图2-9所示为黑金刚内存。

图2-9 黑金刚内存

8. 胜创 Kingmax

胜创成功的关键之一，在于KINGMAX集团是全球模块制造厂商中，第一家具备自有的封装及测试设备的企业。集团旗下的Kingpak Technology Inc（胜开科技）拥有一流的设备以及顶尖的技术人员，整合集团内全方位的研发团队，掌握了完整的核心技术，将所有生产流程垂直整合，从上游的晶圆切割、封装、测试、到产品研发、设计等所有流程都包含在内，因此能不断地创造独特的尖端专利技术，更能确保所有产品一致的优异品质。其中，PIPTM（Product In Package）专利技术，以一体成形的独特封装，开创出超越其他产品的防水、抗压、耐热等特殊性能，再加上先进的stack（晶圆堆叠）技术，是小体积手机专用存储卡的技术领先者。其中，MicroSD卡更是领先同业的脚步，成为全球极少数可以稳定量产大容量的厂商。如图2-10所示为胜创内存。

图2-10 胜创内存

9. 金泰克 KINGTIGER

金泰克科技（国际）有限公司成立于2000年，公司秉承"质量为先，服务取胜"的原则和先进的经营服务理念，依靠雄厚的资金实力、科学的管理方法，迅速打开国内电脑内存市场。金泰克品牌的科技研发走在行业的最前端，公司拥有大批资深的研发工程师，庞大的技术力量保证了金泰克品牌产品的品质、创新和最佳性价比的优势。2007年始，金泰克（KINGTIGER）发动品牌势力，与微软Vista新一代视窗操作系统的上市同步推出V世代（Vista）内存新品，以"大容量、高性价比"等显著优势，抢先带给广大消费者无限V体验，成为业内"高性价比内存领导者"。同时针对DIY渠道市场的细分，强势推出"网吧量贩包"产品，并提供相应的超值服务，满足了市场需求。如图2-11所示为金泰克内存。

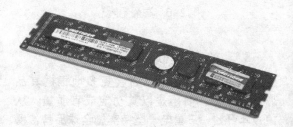

图2-11 金泰克内存

10. 海力士 HY

Hynix海力士芯片生产商源于韩国，品牌英文缩写HY，海力士为原来的现代内存，2001年更名为海力士。1983年现代电子产业株式会社成立，在1996年正式在韩国上市，1999年收购LG半导体，2001年将公司名称改为（株）海力士半导体，从现代集团分离出来。

2004年10月将系统IC业务出售给花旗集团，成为专业的存储器制造商。海力士半导体是世界第二大DRAM制造商，海力士半导体公司经过创新性的研究开发，以保持其行业的技术力和能够开发满足客户各种要求的产品，将在世界DRAM行业中领先。

2.1.4 内存的选购指南

内存是电脑中的主要部件之一，主要用于存储电脑中各种应用程序及数据，内存的好坏会直接影响到电脑的运行速度。因此，用户在选择内存时一定要慎重。

1.看品牌

由于电子产品分布与涉及范围广，假冒的内存产品也是非常多的，因此，在购买品牌内存时一定要注意各品牌的防伪标识或通过官方网站进行真伪查询，如图2-12所示为金士顿内存条的防伪标识。

图2-12 金士顿内存条的防伪标识

2.看需求

了解市场上主要的内存品牌、特性、防伪及售后服务知识后，用户则需要根据自己的需求选择合适类型的内存。

如用于玩游戏的电脑一般要求内存运行速度快、超频能力强，那么用户可以考虑选购中、高端的内存品牌，如海盗船、金邦、威刚等专业为游戏设计的内存。

如果电脑用于办公或家庭娱乐，则要求电脑的运行稳定，那么可以使用兼容性好、稳定性强的品牌，如宇瞻、金邦、金泰克和威刚等办公娱乐型的内存。

鉴于市场上假冒的内存非常多，防伪技术也出现被破解的情况。因此，用户应当通过相关品牌的官方网站进行查询，及时获得最新的防伪技术和真伪识别方法。

3.看质量

用户在选购内存时可以通过眼睛粗略判断内存的质量，可以查看的内容包括PCB、线路设计、做工、内存颗粒和金手指。

❖ PCB

目前的内存一般采用6层板设计，层数越多，电子线路的布线空间越大，能够优化线路、减少电磁干扰和不稳定因素，提高稳定性。部分高端内存则使用了8层板设计，能够提供更好的稳定性。另外，PCB的导电层也影响着内存的性能，一般来说，导电层越厚、越光滑，内存的性能就越好。

❖ 线路设计

好的内存会使用大面积覆铜工艺，采用大于135°的转角和大量的蛇行直线设计，线路间距均匀，保证产品有良好的导电性能和抗干扰能力。

❖ 做工

好的内存做工精细，不会缺少电阻、电容等元件，元件型号统一，板上电阻、电容元件越多越好，整体布局规则，PCB的线路清晰明了，各元件排列整齐、有序，焊点饱满、牢固、富有光泽。

另外，正品内存上都有一颗SPD芯片并且连接到金手指上，为内存控制器提供内存的初始化和配置信息，能够在稳定的前提下发挥内存的最大性能。

❖ 内存颗粒

正品内存的颗粒大多采用正规原厂的品牌颗粒，内存颗粒的型号清晰可见。假冒产品则使用质量不过关的劣质内存颗粒，或者将旧内存颗粒上的型号打磨掉，再标注为高于原来的型号，这样的内存稳定性和兼容性都很差，经常会引起蓝屏、死机或重启等故障。值得注意的是，内存颗粒的型号有可能与内存的品牌不一致，这种情况一般出现在自身不生产内存颗粒的厂商。

另外，内存颗粒的封装也很重要，内存的主要封装方式有 TSOP 和 BGA 的区别，BGA 封装又分 FBGA（底部球形引脚封装）、TinyBGA 封装两种。目前大多数的 DDR2、DDR3 内存都使用了 FBGA 封装，只有少数厂商使用了不同的封装形式，如胜创使用 TinyBGA 封装技术。

❖ 金手指

内存金手指即内存上的那排金黄色引脚，内存通过这些引脚与内存插槽中的触点相接触，实现电气连接，为内存供电、提供时钟信号并存取数据。为了保证内存与插槽的良好接触并防止氧化，在金手指上会使用电镀或化学工艺，涂覆一层很薄的特殊材料（早期为黄金，之后改为锡）。其中镀金工艺的金手指镀层较厚，应优先选购。

好的内存金手指颜色均匀，特殊涂层较厚，能够提供优良的接触性、耐磨性和抗氧化性。

4.看指标

内存的性能指标有很多，在选购时主要要注意容量、带宽等。

❖ 容量

内存容量一般来说越大越好。操作系统通常有最低内存容量和推荐内存容量的要求。用户要想操作系统运行流畅，内存至少需要满足系统推荐的容量要求。

以 Windows 7 操作系统为例，推荐内存容量在 2GB 以上，如果容量过低，在运行一些大型程序时，操作系统将不得不使用虚拟内存，这将导致性能严重下降。

❖ 带宽

内存的带宽应高于 CPU 带宽，避免出现性能瓶颈。提高内存带宽有两种方法：一是提高内存的工作频率，例如选购主板或 CPU 中内存控制器所能支持的最高频率的内存；另一种方法是增加内存的位宽，通过组建双通道或三通道，使内存的位宽增加，从而提升带宽。

2.2 了解与选购硬盘

硬盘是电脑的主要存储媒介之一，存储容量大，平常所使用的操作系统和应用程序都需要安装到硬盘里才能正常使用。

▶ 2.2.1 硬盘的分类

硬盘是电脑中必不可少的存储设备，而硬盘的种类却不多，目前主要是传统的机械式硬盘和新兴的固态硬盘两种类型。下面将分别进行简单地介绍。

1.传统硬盘

传统的硬盘使用磁盘存储数据，采用温彻斯特式结构，如图 2-13 所示。

图2-13 传统硬盘

传统硬盘主要有以下 4 个特点。

❖ 磁头、盘片和运动机构安装在一个密封的腔体内；
❖ 盘片高速旋转，表面十分平整、光滑；
❖ 磁头沿盘片径向移动，从而实现数据的读写；
❖ 磁头与盘片使用接触式启停方式，但工作时磁头呈飞行状态，不会与盘片直接接触。

2.固态硬盘

固态硬盘也称作电子硬盘或固态电子盘，是由控制单元和固态存储单元组成的。如图 2-14 所示。

固态硬盘主要有以下 4 个特点。

图2-14 固态硬盘

- ❖ 固态硬盘没有机械部分，不会产生噪声，抗震性较好；
- ❖ 读取数据较快，但写入速度较慢；
- ❖ 体积小，重量轻、功耗低、发热量也较小；
- ❖ 容量小，写入寿命有限，价格高，抗干扰能力差，损坏后数据很难恢复。

2.2.2 硬盘的外部结构

从外观上来看，硬盘就是一个密封式的金属盒，其外部结构大致可分为接口、盘体和控制电路板3个部分。

1. 接口

硬盘上的接口可以分为数据接口、电源接口和跳线设置接口，如图2-15所示。

图2-15 接口

常见的数据接口有IDE、SATA、SCSI和光纤等，目前使用最多的是SATA接口，其最新规范为SATA 3.0。

在IDE接口的硬盘中，跳线用来设置硬盘的主盘、从盘或线缆选择模式。在SATA接口的硬盘中，跳线则用来改变硬盘的传输模式，如在SATA 1.0和SATA 2.0间转换。

一般情况下，SATA硬盘无需设置跳线即可正常工作。

2. 盘体

传统硬盘在外形设计上需要遵循统一的行业标准，因而不同硬盘，从外观上看极为相似。盘体为一个密封的腔体，用于保护其中的盘片和磁头不受外界物理冲击和灰尘的影响，保证硬盘的正常功能。一般在硬盘的固定盖板上标注了硬盘的各种参数，主要包括品牌、硬盘编号、容量、接口类型、序列号、生产日期、产地以及跳线示意图等信息，如图2-16所示。

图2-16 盘体

3. 控制电路板

控制电路板主要负责硬盘的控制和数据的读写，并为外界提供接口功能，它是硬盘的重要部分，由硬盘主控芯片、电机控制芯片、时钟晶振和缓存组成，如图2-17所示。因此，它的性能决定了硬盘的工作寿命、接口速度和内部保存数据的安全性。

图2-17　控制电路板

2.2.3　硬盘的内部结构

从物理组成的角度来看，机械硬盘主要由盘片、磁头、传动部件、主轴4部分组成。这些部件都是被密封在硬盘盘体之内的。

1. 盘片

盘片是硬盘存储数据的载体，大都采用铝合金或玻璃制作，其表面覆有一层薄薄的磁性介质，特点是数据存储密度大，并拥有较高的硬度和耐磨性，因而可以将信号记录在磁盘上。

目前的硬盘内大都装有两个或以上的盘片，这些盘片被固定在硬盘主轴电机上，因此，当电机启动时所有的盘片都会进行同步旋转。

2. 主轴

主要由轴瓦和驱动电机所组成，其中主轴电机的转速决定了盘片的转速，在一定程度上影响着硬盘的性能。

3. 磁头

磁头是硬盘技术中最重要和最关键的环节，早期的磁头采用读写合一的电磁感应式磁头设计。由于硬盘在读取和写入数据时的操作特性并不相同，因此，这种磁头的综合性能较差，现在已经被读、写分开操作的GMR磁头所取代。

4. 传动部件

传动部件由传动臂和传动轴组成，传动臂的一端装有磁头，而另一端安装在传动轴上。当硬盘需要读取和写入数据时，传动臂便会在传动轴的驱动下进行径向运动，以便磁头能够读取到盘片上任何位置的数据。

2.2.4　硬盘的基本参数

硬盘作为一种机械与电子相结合的设备，其本身整合了机械、电子、电磁等多方面的技术，而且所有这些技术都会对硬盘的使用性、安全性产生一定的影响。因此，一定要对硬盘的基本参数进行了解。

1. 容量

作为计算机系统的数据存储器，容量是硬盘最主要的参数。

硬盘的容量多以兆字节（MB）或千兆字节（GB）为单位，1GB=1024MB。但硬盘厂商在标称硬盘容量时通常取1G=1000MB，因此我们在BIOS中或在操作系统中看到的容量会比厂家的标称值要小。

对于用户而言，硬盘的容量就像内存一样，永远只会嫌少不会嫌多。容量越大，所能存储的信息也就越多。近两年主流硬盘是500G，而1TB以上的大容量硬盘也已开始逐渐普及。然而真正影响硬盘总容量的大小是单碟容量，单碟容量越大，其性能就越好，平均访问时间也越短。

随着硬盘容量的不断增大，在强大市场竞争压力的情况下，硬盘的价格也在逐渐下滑，但对于新产品和较大容量的硬盘价格还是会有一个比较高的价格。

2. 转速

转速（Rotationl Speed或Spindle speed），是硬盘内电机主轴的旋转速度，也就是硬盘盘片在一分钟内所能完成的最大转数。转速的快慢是显示硬盘性能的重要参数之一，它是决定硬盘内部传输率的关键因素之一，在很大程度上直接影响到硬盘的速度。硬盘的转速越快，硬盘寻找文件的速度也就越快，相对的硬盘传输速度也就得到了提高。硬盘转速以每分钟多少转来表示，单位表示为RPM，

RPM是Revolutions Per minute的缩写，即转/分。RPM值越大，内部传输率就越快，访问时间就越短，硬盘的整体性能也就越好。

3.平均访问时间

平均访问时间（Average Access Time）是指磁头从起始位置到达目标磁道位置，并且从目标磁道上找到要读写的数据扇区所需的时间。

平均访问时间体现了硬盘的读写速度，它包括硬盘的寻道时间和等待时间，即：平均访问时间＝平均寻道时间＋平均等待时间。

硬盘的平均寻道时间（Average Seek Time）是指硬盘的磁头移动到盘面指定磁道所需的时间。时间越小，其读取速率就越快。目前硬盘的平均寻道时间通常在8ms到12ms之间，而SCSI硬盘则应小于或等于8ms。

硬盘的等待时间，又叫潜伏期（Latency），是指磁头已处于要访问的磁道，等待所要访问的扇区旋转至磁头下方的时间。平均等待时间为盘片旋转一周所需时间的一半，一般应在4ms以下。

4.传输速率

传输速率（Data Transfer Rate），硬盘的数据传输率是指硬盘读写数据的速度，单位为兆字节每秒（MB/s）。硬盘数据传输率又包括了内部数据传输率和外部数据传输率。

内部传输率（Internal Transfer Rate）也称为持续传输率（Sustained Transfer Rate），它反映了硬盘缓冲区未用时的性能。内部传输率主要依赖于硬盘的旋转速度。

外部传输率（External Transfer Rate）也称为突发数据传输率（Burst Data TransferRate）或接口传输率，它是系统总线与硬盘缓冲区之间的数据传输率，而外部数据传输率与硬盘接口类型和硬盘缓存的大小有关。

总之，硬盘的数据传输速率越高，读写数据的速度就越快。

5.缓存

缓存（Cache memory）是硬盘控制器上的一块内存芯片，具有极快的存取速度，它是硬盘内部存储和外界接口之间的缓冲器。

由于硬盘的内部数据传输速度和外界界面传输速度不同，缓存在其中起到一个缓冲的作用。缓存的大小与速度是直接关系到硬盘传输速度的重要因素，能够大幅度地提高硬盘整体性能。当硬盘存取零碎数据时需要不断地在硬盘与内存之间交换数据，有大缓存，则可以将那些零碎数据暂存在缓存中，减小系统的负荷，也提高了数据的传输速度。

一般来说，硬盘缓存越大越好，目前大多数的硬盘缓存已经达到了32MB，大容量的产品则均为64MB。

2.2.5 主流的品牌硬盘

目前硬盘品牌主要有希捷（Seagate）、日立（HIACHI）、三星（SAMSUNG）和Western Digital（西部数据，简称西数）等，下面将对这些品牌硬盘进行简单介绍。

1.希捷（Seagate）硬盘

希捷公司是当前硬盘界研发的领头羊，其生产的硬盘物美价廉。希捷公司是最早推出SATA接口标准的硬盘厂家，另外也是第一个推出单碟容量在200GB的硬盘厂家，实力非同一般。

例如，希捷7200.12 1TB硬盘属于新一代Barracuda 7200.12系列，采用双碟片设计，厚26.1毫米，重640克，单碟容量为500GB，缓存32MB，平均读取速度在99.8MB/s，平均写入速度91.5MB/s，SATA 3.0Gb/s接口，是一款性能非常不错的硬盘。

2.日立（HITACHI）

HITACHI日立集团是全球最大的综合跨国集团之一，台式电脑硬盘、笔记本硬盘都有生产。

日立2TB SATA 5400转硬盘在规格方面采用单碟容量为500GB的盘片，转速为5400RPM，接口方面则采用了SATA 6Gbp/s接口，最大读取和写入速度均在130MB/S以上，实际写入速度超过100MB/S。日立2TB 5400

转硬盘既满足了用户对容量、噪音、功耗的需求，同时也在速度上有了明显的提升。

3. 三星（SAMSUNG）硬盘

三星公司出产的硬盘有着不错的品质，并受到不少用户的喜爱。

例如，三星1TB 7200转硬盘，1TB的超大容量，SATA 2.0硬盘接口，转速7200转/分，缓存32MB，平均寻道速率8.9 MB/S，单碟334GB容量，速度快。从该硬盘的性能上来看，是一个非常不错的硬盘。

4. 西部数据（WD）硬盘

西部数据（简称WD，全称Western Digital）在市场上占用率很高，其性价比极高。

1TB硬盘目前已是市场的主流之一，性价比非常高。西部数据的1TB产品线已经全部更新到SATA 6Gbps接口。西部数据1TB SATA3 32M（WD10EALX）蓝盘属于西部数据主流型Caviar Blue蓝盘系列，采用双碟设计，总容量为1TB，转速为7200RPM，缓存为1TB常见的32MB，硬盘接口为SATA 6Gb/s，平均读取速度达到104MB/S，而最高读取速度超过130MB/S。另外，西部数据1TB SATA3 32M（WD10EALX）蓝盘采用SATA 6.0Gb/s规范设计，其PCB底板采用了现今经常使用的反面安装，可以有效地保护PCB板上的各类芯片及电子元件免受外物伤害。

▶ 2.2.6　硬盘的选购指南

硬盘是电脑中非常重要的存储设备，电脑中所有的应用程序和数据都存储在此硬件内，一旦硬件损坏，用户的损失是无法估量的，因此，在选购硬盘时一定要从各方面进行考虑。

1. 接口

通常使用的都是IDE和SATA接口的硬盘，新装机的用户则更多地使用SATA接口，另一种规格就是SCSI硬盘，尽管SCSI硬盘有很多IDE硬盘无法相比的优势，但是他的生产成本高，导致SCSI硬盘的价格一直很昂贵，所以根本无法适合普通用户的使用。现在还有一种

接口规格，那就是Intel提出的Serial ATA，目前Serial ATA已经代替了IDE接口，成为硬盘的主流接口。

2. 容量

现在市场中主流的硬盘容量为500GB，这真是个相当诱人的容量，一年前我们还在为了买一个250GB的硬盘而苦苦攒钱，而现在硬盘的容量已经提升到了500GB之多！尽管容量提升得很多，但是价格却还是能让人接受的。从购买的角度来看，我们应该是在能够接受的范围内，尽量选择大容量的硬盘，不要听信那种80GB足够、160GB足够之类的话，当初使用windows 98操作系统时，一个操作系统加上安装的很多软件所占的容量也就700～800MB，但是现在安装一个Windows XP操作系统所占用的空间就要快1.5GB了，再加上一些常用软件，基本上快4GB了；以前的游戏只有100MB左右就算不小了，但是现在的游戏动辄就要七八GB甚至更大。所以我们无法想象以后的操作系统和游戏会有多大的容量，但是有一点是肯定的，那就是越来越大。所以买硬盘也不用迟疑，容量越大越好。不过我们要注意的一点是，尽量购买单碟容量大的硬盘，单碟容量大的硬盘性能比单碟容量小的硬盘好。

3. 速度

速度是我们在选购硬盘时需要好好考虑的。因为即使是容量相同的硬盘，7200转和5400转会相差100多元不等。从性能上看，7200转比5400转有了不小的提升，所以7200转的硬盘更适合电脑发烧友、3D游戏爱好者、专业制图和进行音频视频处理工作的人使用，而5400转硬盘则比较适合于笔记本电脑。

4. 稳定性

稳定性是每一位计算机使用者都希望的，如果我们买了一个容量大、速度快的硬盘，但是稳定性不好，那将是多么悲惨的事情。所以我们在选购硬盘的时候要保证一个原则，那就是淘汰的东西不买、最新的东西也尽量不买。其原因很简单，淘汰的东西肯定是容量小而且技术落后，买了以后用不了多长时间就会感

觉到落伍的尴尬；而太新的产品价格贵且先不说，主要是新产品采用的新技术并不一定是很成熟完善，所以难免会出现些许缺陷。

5. 缓存

因为现在的硬盘绝大多数都是2～8MB的缓存，只有大部分SATA硬盘采用了16～64MB的缓存。大容量缓存可以很明显地提高硬盘性能，只不过在目前阶段价格还是有些偏贵，不过大家也可以按照自己的资金状况来选购。

6. 质保

这是一个几乎所有人买东西都要考虑的问题，尤其是比较贵的东西。硬盘工作的时候总是在不停地高速运转，而且硬盘其实是很脆弱的，没有人希望自己所有重要的数据轻易地灰飞烟灭。在国内，对于硬盘的售后服务和质量保障这方面各个厂商做得都还不错，尤其是各品牌的盒装还为消费者提供三年或五年的质量保证。但是要切记一点：千万不要买水货硬盘。

第 3 章

显卡与显示器的选购

学习提示 》

　　电脑显卡是电脑处理和传输图像信号的重要部件，而显示器是电脑外部设备中必不可少的设备之一，是电脑的主要输出设备。显卡将各种数据转换为字符、图形及颜色等信息，再通过显示器直观地呈现在用户面前。

主要内容 》

- 显卡的分类
- 显卡的工作原理
- 显卡的选购指南

- 显示器的分类
- 显示器的性能指标
- 显示器的选购指南

重点与难点 》

- 了解显卡的类型
- 清楚显卡的工作原理
- 熟知显卡的性能指标

- 了解显示器的类型
- 了解显示器的性能指标
- 清楚显示器的选购

学完本章后你会做什么 》

- 认清显卡的两大类型
- 清楚显卡的组成结构
- 掌握选购显卡的技巧

- 了解显示器的两大类型
- 认识主流品牌的显示器
- 掌握选购显示器的技巧

图片欣赏 》

3.1　了解与选购显卡

显卡又称为显示适配器，或图形加速卡，是电脑内主要的板卡之一。它的基本作用就是控制电脑的图形输出，由于工作性质的不同，不同的显示卡提供不同的功能。

3.1.1　显卡的分类

现在的显卡主要分为两大类：一是集成显卡，二是独立显卡。

集成显卡主要集成在主板上，没有单独的GPU，图形、图像的处理任务仍由CPU来完成（这是因为CPU性能越来越高、速度越来越快，已经能够满足一般的显示任务）；而独立形式的板卡，需要插到主板上的专用扩展插槽里（如AGP、PCI-E）。

1. 集成显卡

集成显卡如图3-1所示，是将显示芯片、显存及其相关电路都做在主板上，与主板融为一体；集成显卡的显示芯片有单独的，但大部分都集成在主板的北桥芯片中；一些主板集成的显卡也在主板上单独安装了显存，但其容量较小；集成显卡的显示效果与处理性能相对较弱，不能对显卡进行硬件升级，但可以通过CMOS调节频率或刷入新BIOS文件实现软件升级来挖掘显示芯片的潜能。

图3-1　集成显卡

集成显卡的优点：功耗低、发热量小、部分集成显卡的性能已经可以媲美入门级的独立显卡，所以，不用花费额外的资金购买显卡。

集成显卡的缺点：不能替换集成显卡芯片。但现在有的集成显卡主板上同时集成了独立显卡插槽，可以通过安装独立显卡的方式来代替集成显卡。

2. 独立显卡

独立显卡如图3-2所示，是将显示芯片、显存及其相关电路单独做在一块电路板上，自成一体，作为一块独立的板卡存在，它需占用主板的扩展插槽（ISA、PCI、AGP或PCI-E）。

图3-2　独立显卡

独立显卡的优点：通常自带有显存，不占用系统内存，在技术上也较集成显卡先进，能够比集成显卡得到更好的显示效果和性能，容易进行显卡的硬件升级。

独立显卡的缺点：系统功耗有所加大，发热量也较大，需额外花费购买显卡的资金。

3.1.2　显卡的工作原理

每个部件在处理数据阶段，都会按照一定的工作流程进行处理。显卡的工作流程主要分为4个步骤，数据输入、数据处理、数据转换、数据输出。

1. 数据输入阶段

CPU将有关显示的指令和数据通过总线传送给显卡。由于现在的显卡需要传送大量的图像数据，因而显卡接口需要不断地改进，以提高传送速度。

2. 数据处理阶段

来自CPU的原始图像素材，比如材质、贴

图等信息，通过CPU送到显存并等待加工。CPU会给显卡发送指令，告诉它如何加工。再由显卡内的芯片计算完成，它们从显存中读取原始素材，按照顶点、几何和像素的顺序依次进行处理，之后再把处理结果发送至显存中。

3.数据转换阶段

GPU内部的ROP会从显存中读取前一步成果，进行光栅化，转换成最终图像存入显存的RAMDAC（显存信号转换）区域。

4.数据输出阶段

对于普通显卡，RAMDAC从显存中读取图像数据，转换成模拟信号传送给显示器。对于具有数字输出接口的显卡，则直接将数据传递给数字显示器。

3.1.3　显卡的组成结构

显卡主要是由显示芯片、显存、接口和显卡BIOS等部分组成，了解显卡的结构，对显卡的使用和选购都非常有帮助。

1.显示芯片

显示芯片的全称是Graphic Processing Unit，简称为GPU，即图形处理器。显示芯片是显卡中最为重要的芯片，就像电脑中CPU的作用一样，它直接管理着显卡的数据处理和显卡与其他部件的协调工作。显示芯片能够减少显卡对CPU的依赖，提高显卡独立工作的效率，其性能的好坏直接决定了显卡性能的好坏，如图3-3所示。

图3-3　显示芯片

显示芯片的主要任务是处理系统输入的显示信息并进行构建、渲染和输出等工作。GPU的制程越先进，性能就越优越，发热量也会越低。目前的独立显卡上都需要加装散热设备，用来散发显卡工作时产生的热量。目前生产显示芯片的制造商主要有NVIDIA、VIA和ATI等。

2.显存

显存也称为"帧缓存"，主要用来暂时储存显示芯片需要处理和已经处理完的数据。

显存的容量有128MB、256MB、512MB和1024MB等。一般来说，显存容量越大，显卡的渲染能力就越强。显存容量的大小决定着显存临时存储数据的能力，在一定程度上影响着显卡的性能。现在的显示芯片处理能力越来越强，在运行大型3D游戏和专业渲染时，如果显存容量不足，那么显示核心会处于等待数据的状态，从而影响显示核心性能的发挥。如图3-4所示为显存外观。

图3-4　显存

另外，带宽也是显存的一个重要指标，它用于表示显存可以一次读入的数据量，即显存与显示芯片之间交换数据的速率。带宽越大，显存和显示芯片之间的数据交换速度就越高。显存的位宽有64位、128位和256位之分，它们之间的关系为：显存带宽＝显存频率×显存位宽/8。

3.显卡接口

显卡的接口包括显卡与主板的接口、显卡与显示器的接口两部分。显卡与主板的接口决定着显卡与系统之间数据传输的最大带宽，也就是瞬间所能传输的最大数据量。如果显卡接口的传输速率不能满足显卡的需求，显卡的性能就会受到极大的限制，再好的显卡也无法发挥其作用。

显卡与主板的接口有ISA、PCI、AGP和PCI-E等。目前，主流显卡大多数采用PCI Express X16接口，该接口采用了目前较为流行的点对点串行连接技术，可以把数据传输速率提高到一个很高的数值，达到PCI和AGP接口所不能提供的高带宽。

视频输出接口用于和显示器接口相连，以便将处理好的图像通过显示器显示出来。目前显卡主要有VGA、DVI、S端子和HDMI这4种输出接口。

❖ VGA接口

显卡的VGA接口也称为视频图形阵列接口，它是连接电脑与显示器的桥梁，其作用是将转换好的模拟信号输出到显示器中，显卡的VGA接口是以D型排列的输出接口，共有15个针孔，分成3排，每排5个。VGA接口是显卡上应用最为广泛的接口类型，大部分显卡都有这种接口，如图3-5所示。

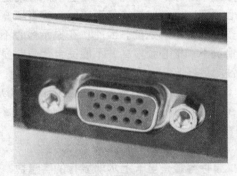

图3-5 VGA接口

❖ DVI接口

它是由英特尔、惠普和富士通等公司推出的一种接口标准，它是以PanalLingk接口技术为基础，以TMDS（最小化传输差分信号）电子协议为基本电气连接的。

DVI接口分为DVI-I接口和DVI-D接口两种，其中DVI-I接口可以同时兼容模拟和数字信号，如图3-6所示。

但是DVI-I需要通过一个转换接头才能使用，一般采用这种接口的显卡都会带有相关的转换接头。

图3-6 DVI-I接口

DVI-D接口只能接收数字信号，接口上有24个针脚，分为3排8列，其中右上角的一个针脚为空，它不兼容模拟信号，如图3-7所示。

图3-7 DVI-D接口

❖ S端子

它就是信号分离接口，将色度信号C和亮度信号Y进行分离，再分别以不同的通道进行传输，从而减少影像传输过程中分离和合成的过程，以得到最佳的显示效果。

一般显卡上采用的S端子为标准型的5针接口如图3-8所示。

图3-8 5针接口

另外，S端子还有增强型的扩展7针接口，如图3-9所示。

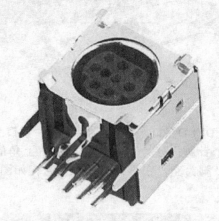

图3-9 7针接口

❖ HDMI接口

HDMI是High Definition Multimedia的英文简写，中文含义为高清晰度多媒体接口。HDMI接口可以提供高达5Gbps的数据传输带宽，可以传送无压缩的音频信号及高分辨率视频信号。同时无需在信号传送前进行数字和模拟信号间的转换，可以保证最高质量的影音信号传送。

应用HDMI的好处在于只需要一条HDMI线，就可以同时传送影音信号，而不像现在这样需要使用多条线材。同时，由于无需进行数字和模拟信号间的转换，能取得更高的音频和视频传输质量。HDMI技术不仅能提供清晰的音频/视频信号，而且由于音频/视频采用同一电缆，极大地简化了家庭影院系统的安装，如图3-10所示。

图3-10 HDMI接口

4. 显卡BIOS

显卡BIOS是固化在显卡上的一种特殊芯片，主要用于存放显示芯片和驱动程序的控制程序、产品标识等信息。它为主板提供显卡的初始化信息并协调显卡的正常工作。目前，主流显卡的BIOS大多数采用Flash芯片，并允许用户通过专用程序对其进行改写，从而改善显卡性能。

▶ 3.1.4 显卡的性能指标

衡量一个显卡好坏的方法有很多，除了使用测试软件测试外，还可以通过性能指标来检测显卡的性能。

1. 显示芯片（GPU）

GPU频率是指显示核心的工作频率，在一块显卡所采用的显示芯片大致决定了这块显卡的档次和基本性能。通常情况下，核心频率高，同档次显卡性能要强一些，提高核心频率就是显卡超频的方法之一。但显卡的性能是由核心频率、显存容量、像素管线、像素填充率等多重因素所决定的。因此，在显示核心不同的情况下，核心频率高并不能完全代表此显卡的性能最好。

目前主流显卡的显示芯片主要由NVIDIA和AMD两大厂商制造。

2. 显存容量

显存容量是显卡上本地显存的容量数，这是选择显卡的关键参数之一。显存容量的大小决定了临时存储数据的容量，显存越大，可以存储的图像数据就越多，支持的分辨率与颜色数也就越高，专业设计的运行就更加流畅。

一般来说，显存容量越大越好，但显存容量越大并不一定意味着显卡的性能就越高，因为决定显卡性能的首选是显示芯片，其次是显存带宽（取决于显存位宽和显存频率），最后才是显存容量。

目前主流显卡基本上具备的是512MB的显存容量，一些中高端的显卡则配备了1GB的显存容量。

3. 显存带宽

显存带宽指的是一次可以读入的数据量，即表示显存与显示芯片之间交换数据的速度。显存带宽是决定显卡性能和速度的重要因素之一，要得到高分辨率、高色深、高刷新率的3D画面效果，则要求显卡具有较大的显存带宽，带宽越大，显存与显示芯片之间数据的交换就越顺畅，不会造成堵塞。

4. 显存位宽

显卡位宽指的是显存位宽，即显存在一个时钟周期内所能传送数据的位数，位数越大则瞬间所能传输的数据量越大，这是显存的重要参数之一。

目前，市场上最常见的显存位宽为256bit，中高端显卡的显存位宽一般为448bit或512bit，而针对高端用户的顶级显卡已经达到了896bit，甚至更大的显存位宽。

5. 显存类型

显存是显卡上的关键核心部件之一，它的优劣和容量大小会直接关系到显卡最终性能的表现。

目前，市面上主流显卡的显存类型大部分为DDR3类型，不过已经有不少显卡品牌推出DDR5类型的显卡。与DDR3相比，DDR5类型的显卡拥有更高的频率，其性能也更加强大。

6. 显存频率

显存频率是指在默认情况下，显存在显卡上工作时的频率，以MHz为单位。显存频率在一定程度上反应了显存的速度。显存频率随显存类型及性能的不同而不同。

目前GDDR3显存的频率主要有400MHz、500MHz、600MHz、650MHz等，中高端产品还可以达到800MHz、1200MHz、1600MHz甚至更高。

显卡厂商在制造显卡时，设定了显存实际工作频率，而实际工作频率不一定等于显存最大频率。如显存最大能工作在400MHz，而制造时显存工作频率被设定为360MHz。此时，

显存就存在一定的超频空间，则显卡厂商在销售显卡时，会以超频作为销售卖点。

7. 像素填充率

像素填充率即图形加速芯片每秒钟能够呈现的像素数量。它的数值与图形加速引擎的时钟频率及渲染通道数量有关。该指标的标准计算单位是兆像素/秒（MPixel/Sec），是显卡在各种分辨率下性能表现的关键参数。该指标数值越高，显卡的性能就越好。

3.1.5 显卡的选购指南

显卡是决定电脑优劣的主要部件之一，其种类繁多、价格也有很大差别。因此，在选购时一定要了解市场行情，以及显卡的相关信息，更要确认自己的电脑用途。

1. 观察产品做工

观察产品做工主要从产品设计、产品用料和制造工艺三大方面出发。

❖ 看产品外包装

产品的设计是决定"做工"好坏的前提。它直接决定了该产品以后的用料和制造工艺。显卡的设计相较于主板要简单很多，除了驱动程序的优化和软件上的调试外，在硬件方面，布线是决定显卡品质的重点。好的布线不仅保证了每颗显存到显示芯片的距离都一致，而且还应具有良好的抗电磁干扰性和极少的电磁辐射。反映到显卡外观上，应看到从显存到显示芯片用了大量的蛇行线以保证每条线的长度一致，从而增强显卡的稳定性。蛇行线还有消除长直布线在电流通过时产生的电感现象，大大减轻了线与线之间的串扰问题，当然通过减少布线的密度也能起到相同的作用。电磁干扰和电磁屏蔽一直是显卡设计中要克服的难题，一般采用4层或6层PCB板设计显卡，且用大面积敷铜接地能很好地解决这一问题。

从以上的内容不难分析出，设计良好的显卡其表面积不会太小，一定做得较大，以方便布线，尤其是那些显存颗粒较多的显卡。显卡面积增大的缺点是增加成本，不过采用双面贴片技术可以很好地解决这一矛盾，就是设计可

以在显卡反面安装贴片元件的PCB板，充分利用了显卡的表面积。这样设计虽然也会相对地增加成本，但远比加大表面积要少。但这样做也存在缺点，比如对技术要求较高也较难设计。

❖ **产品用料**

产品的用料是反映一款显卡做工最直接的一点。用料的好坏最容易反映出显卡的做工如何。用料是由设计决定的，采用4层或6层板设计其实就是用料问题。一般欧美厂商出品的显卡都采用6层板设计，优点是设计容易、可以很少考虑布线的长度一致问题、电磁兼容性和电磁屏蔽好、CE安规容易通过。所以欧美大厂设计的显卡比一般的显卡要贵许多。其实，欧美大厂设计的显卡卖得贵还有另一个原因，就是大量采用贴片元件，钽质电容和金属贴片电阻都是很贵的电子元件。一分钱一分货，好的元件保证了这些显卡品质的优良和性能的稳定，在产品的外观上也显得整洁，漂亮。相反其他一些厂商设计生产的显卡较多地采用价格便宜的电解电容，也就是俗称的直立电容，且大都是4层板设计，甚至有些卡还是2层板的。从外观上看明显区别于欧美的设计，显卡表面显得杂乱无章，不整洁。两者性能比较，欧美产品通常都略占优势，但其他一些厂商的产品在价格上却有较大优势。

❖ **制造工艺**

现在的显卡大厂都已经是用机器摆料和焊接了，所以板上的元器件排列一般都很整齐，但这仅局限于贴片元件，电解电容这些插入式元件难免会东倒西歪，影响外观的整洁。在这一点上全贴片设计的显卡优势就被充分体现了出来。另外，欧美的显卡都采用类似于铣床的方法来切割PCB板，使显卡边缘十分光滑，美观。而其他有些厂商的显卡PCB板都是用切割，折板的方法生产，虽不影响性能，但外观却显得粗糙了些。在制造工艺上还有一个能明显看出做工好坏的地方，就是金手指的镀金厚度。优质的PCB板应该能看到金手指有一定的厚度，能经受反复的插拔，以保证显卡与插槽接触良好。

简单来说，判定显卡做工精良的标准是显卡PCB板上的元件应排列整齐，焊点干净均匀，电解电容双脚都能插到底，而不会东倒西歪，金手指镀层较厚，不易剥落，并且卡的边缘光滑表明生产厂家的制造工艺是优秀的，所做的显卡也不会太差。

❖ **软件测试法**

通过相应的测试，能够检测出显卡厂商、GPU型号、显存容量、显存类型、显存位宽、显存频率等信息。然后，根据测试的数据信息来选购显卡。

2.选购注意事项

市场上鱼目混珠的产品很多，这就增强的选购的难度，一不小心就会上当。在这些混杂的显卡产品中一定要注意以下几点。

❖ 尽量选购有研发能力的大公司的产品，因为这些厂家不会用不成熟的公板设计，会改进其线路布局和用料，使之更稳定。

❖ 尽量选购有自己制造工厂的公司的产品，至少在品管上有保证。

❖ 尽量选购主板厂商生产的显卡，因为他们一般都有很好的条件来测试主板和显卡的兼容性，而且主板厂商往往能很早拿到新的甚至还未正式公布的主板芯片，所以他们的显卡对未来的主板兼容性问题较少，且一旦发生问题也容易解决。

❖ 有些小的做工方面，也能反映出设计该产品的用心程度。如：采用风扇还是散热片，风扇或散热片同显示芯片之间的填充物是什么等。用风扇散热，中间填充导热胶的做工一定比用双面胶粘上去的散热片要好很多。

❖ 千万要注意显卡的金手指部分，做工用料差别很大，从侧面看，做工好的显卡金手指镀得厚，有明显的突起。镀得好经反复插拔也不易剥落。同时再告诉你一个显卡选购的小窍门：注意橱窗中样品的金手指，一般样品摆放的时间较长，常常会插来拔去地进行测试，加上氧化，非常容易使金手指驳落。

3.选购6大技巧

在选购显卡时可以参考以下几个技巧，帮助用户快速、准确地选购适合的显卡。

❖ 使用需要

对于普通电脑用户来说，如果只是用显卡来处理简单的文本和图像，一般的集成显卡均可满足使用需求。

但对于专业的3D设计人员、影视制作人员和3D游戏玩家来说，则需要优秀的图像显示效果以及较强的3D处理能力，这样对于显卡的要求十分高，因此，需要选择高档的显卡。

❖ 显示芯片

显示芯片是显卡的核心部件，其性能直接影响显卡的性能。不同的显示芯片在性能及价格上都存在较大的差异。一款显卡到底需要多大的显存容量主要是由采用的显示芯片来决定的。

❖ 显存容量

显存容量是显存临时存储数据能力的重要指标。由于显示芯片处理能力越来越大，在做专业渲染工作时需要的临时存储数据量就越来越大，因此，需要的显存容量也就越来越大。显示芯片的处理能力越强，所配备的显存容量也应越大，如果显示芯片的处理能力非常强大而显存容量却非常小，那么在处理完所有数据之前显示芯片都会处于闲置状态，进而影响显卡整体性能的发挥。

目前，主流显卡的显存容量一般都在512MB以上，高端显卡的显存容量也可达到1GB以上。

❖ 显存位宽

显存位宽即显示芯片处理数据时使用的数据传输位数。在数据传输速率不变的情况下，显存位宽越大，显示芯片所能传输的数据量就越大，显卡的整体性能也就越好。

目前主流显卡的显示位宽一般为256位，很多高端显卡的显示位宽可高达512位。

❖ 显卡品牌

目前生产显卡的厂商很多，常见的厂商有七彩虹、影驰、迪兰恒进、双敏、索泰、msi（微星）、翔升、铭瑄。一般来说，市场占有率高的显卡无论品种、型号和质量都比较有保证，用户选购时应优先进行选择。

3.2 了解与选购显示器

显示器是用户与电脑进行交流时必不可少的重要设备，其主要作用就是将来自显卡的信号转化为人类可以识别的媒体信息。

3.2.1 显示器的分类

早期的电脑没有任何显示设备，但随着科技的不断发展以及用户需求的提升，以显示器为代表的显示设备的逐渐产生，如今显示器已发展成为电脑的重要输出设备。

根据不同的划分标准，显示器可分为多种类型。

1. 按尺寸大小分类

按照尺寸大小对显示器进行划分是最简单且最直观的分类方式。目前市场上常见的显示器产品多以19英寸为主，如图3-11所示。除此之外，还有17英寸、22英寸、24英寸甚至更大尺寸的显示器产品。

图3-11　19英寸显示器

2. 按显示技术分类

按照显示技术的不同，可以将显示器分为阴极射线管显示器（CRT显示器）、液晶显示器（LCD显示器）和等离子显示器（PDP显示器）3大类型。

❖ CRT显示器

CRT显示器是早期使用范围较广的显示器类型，外形与电视机类似，且成像原理也和普通电视机基本相同：由电子枪发射的电子受高压的吸引，在经过偏转线圈时受偏转线圈产生的磁场控制做扫描运行，最后接到屏幕上的荧光粉，激发荧光发光。通过红、绿、蓝三色的荧光粉组合，显示出不同的颜色。

CRT显示器技术成熟，价格比较低，有清晰逼真的色彩还原能力、可视角度大、响应时间短、分辨率可调以及使用寿命长、结实耐用等优点。但其体积较大，所占用面积较大，如图3-12所示。

图3-12　CRT显示器

❖　LCD显示器

LCD的全称是Liquid Crystal Display，它是利用液晶分子作为主要材料，以液晶为显示/控制模块制造而成的显示设备。液晶显示器中的液晶体在工作时不发光，而是控制外部光的通过量。当外部光线通过液晶分子时，液晶分子的排列扭曲状态不同，改变了光线的通过量，从而实现了亮度变化，利用这种原理可重现图像，如图3-13所示。

图3-13　LCD显示器

LCD显示器的体积小、重量轻，非常节省空间，辐射也低。只有驱动电路会产生少量的电磁波，在密封的外壳下，电磁波很难泄漏出来，这样也避免了其他电磁波的干扰。LCD的发热量非常低，耗能比同尺寸的CRT显示器低了60%～70%。现在的电子技术日趋成熟，LCD的价格也与CRT显示器越来越接近，它正在逐渐替代CRT显示器而成为电脑显示器的主流。

❖　等离子显示器

等离子显示器（Plasma Display Panel，简称PDP）是一种利用气体放电促使荧光粉发光并进行成像的显示设备。与CRT显示器相比，等离子显示器具有屏幕分辨率大、超薄、色彩丰富艳丽等特点，与LCD显示器相比则具有对比度高、可视角度大和接口丰富等特点，如图3-14所示。

图3-14　等离子显示器

等离子显示器的缺点在于它的生产成本较高，且耗电量大，由于等离子显示器更适合于制作大尺寸的显示设备，因此多用于制造等离子电视。

▶ 3.2.2　显示器的认证标准

在显示器的后部都会看到一些认证标志，这是一些国际或国内组织机构就各类电子产品的辐射、节能、环保等方面制定出的严格认证标准，以确保人体健康不受伤害。下面就来介绍一些目前比较流行的显示器认证标准。

1.MPR Ⅱ认证标准

在一些早期的显示器上，经常可以看到MPR认证标志。最初的MPR Ⅰ标准是在1987年，由瑞典国家度量测试局就电磁辐射对人体健康影响制定的一个标准。1990年，又重新制定了针对普通工作环境设计的MPR Ⅱ标准。更进一步列出了21项显示器标准，包括闪烁度、跳动、线性、光亮度、反光度及字体大小等，对ELF（超低频）和VLF（甚低频）辐射提出了最大限制，其目的是将显示器周围的电磁辐射降低到一个合理程度。

2.TCO认证标准

TCO是由SCPE（瑞典专业雇员联盟）制定的显示设备认证标准，目前该标准已成为一个世界性的标准。TCO认证按照年份排列，数字越大越严格，目前有TCO92、TCO95和TCO99三项标准。

- ❖ TCO92标准主要对电磁辐射、电源自动关闭功能、显示器必须提供耗电量数据、符合欧洲防火及用电安全标准等方面提出的要求。
- ❖ TCO95标准是在TCO92标准的基础上，进一步对环境保护和人体工程学提出新的要求，要求制造商不能在制造过程和包装过程中使用有碍生态环境的材料。TCO95标准覆盖范围很广，主要包括显示器、电脑主机、键盘、系统单元、便携机。
- ❖ TCO99标准是在TCO95的基础上进行了扩展和细化，提出了更严格、更全面的环境保护与用户舒适度等标准，并对键盘和便携机的设计也提出了具体的规定。TCO99标准是目前最全面，也是最严格的认证标准。TCO99标准涉及环境保护、人体生态学、废物的回收利用、电磁辐射、节能以及安全等多个领域。TCO99标准严格限制了对人体神经系统及胚胎组织有害的重金属（如镉、汞等）及含有溴化物或氯化物阻燃剂的外壳的使用，以及CFCS或HCFCS的使用。在节能方面，要求计算机和显示设备在一

定的闲置期后能自动降低功耗，逐步进入节能状态，并且要求产品从节能状态回到正常状态的时间较短。

3.VESA认证标准

VESA是视频电子标准协会（Video Electronic Standard Association）的缩写，主要是制定显示器的分辨率及频率标准。

4.DPMS认证标准

DPMS认证标准是显示器能源管理标准之一，它是由VESA制定的，可以确保显示器和显卡厂商所生产出来的省电型产品可以搭配使用。

5.Energy Star（能源之星）认证标准

Energy Star认证标准是美国环境保护局（EPA）所制定的，主要是作为办公环境下节省电源的标准。EnergyStar规定显示器必须具备省电模式，在省电模式下，显示器的用电量须少于30W。

6.ISO认证标准

ISO（International Standard Organization）是一个专门制定国际标准的机构，成立于1947年，总部设于瑞士日内瓦，其中共有110个会员国。该组织的主要目的是提高和发展国际上货物与服务交换功能，并且在科技、经济与智能财产权上订立共同遵守的协议，其中人们最熟悉的就是ISO 9000系列认证，此系列主要根据不同企业提供四种认证：ISO9001、ISO9002、ISO9003、ISO9004。其中的ISO9241-3认证是规定显示质量的规范，如显像管表面反光率，图像极性敏感度、闪烁度与画面照度等。

7.EMC认证标准

EMC（Electronmagnetic Compatibility）是关于电磁干扰（EMI）和电磁耐受性（ESA）的认证，为中国台湾省经济部标准检验局所做的电磁兼容检测。此认证主要目的在于测试产品是否会发出干扰其他产品的电磁波，受到外界电磁波的影响是否无法正常工作。

8.CISPR 22认证标准

CISPR 22是欧洲共同体市场对电子设备的射频干扰而制定的规范，这个规范是要抑制由电源线或产品本身所放射出的辐射、传导，其中包含产品测试方法和射频极限值。

9.FCC认证标准

FCC（全称为Federal Communications Commission，美国联邦通讯委员会）是检验电磁波讯号、电子设备的组织。由于美国的技术实力，所以由FCC制定的一些技术标准在世界范围都有很大的影响。FCC将计算机产品分为CLASS A及CLASS B两种等级。CLASS A级别的产品所产生的电磁波会干扰收音机及电视机，所以不适合在家中使用，但在办公室使用是可以的，CLASS B级别的产品表示所产生的电磁波并不会干扰微波的讯号，所以可以在家庭或办公室使用，如个人计算机或家用电话即属于此类产品。

10.UL认证标准

UL认证为美国最大的安全认证机构UL APPROVED所制定的认证规范，通过UL APPROVED附属的美国UL安全试验所Underwriters Laboratories Inc.的测试，来确定该产品是否符合规范。UL认证可细分为以下各项。

- ❖ UL LISTED：为UL登记的所有成品类型的设备的规章。
- ❖ UL RECOGNIZED：为UL认可的所有零件类型的产品的规章。
- ❖ UL1012：为UL对电源供应器的测试安全规章。
- ❖ UL1449：为UL对突波抑制器的测试安全规章。
- ❖ UL1459：为UL对通讯产品的测试安全规章。
- ❖ UL1778：为UL对UPS系统的测试安全规章。
- ❖ UL1950：为较普遍的安全规章，主要是针对电子产品和电子装置的测试安全规章。

- ❖ UL478：为UL对计算机设备的测试安全规章，此规章是取代1992年公布的UL1950。
- ❖ UL497A：为UL对电话所装置的突波抑制测试安全规章。

11.TUV认证标准

TUV是德国莱茵技术监护顾问公司的简称，它的总部位于德国，是专门测试电子产品安全的研究机构。TUV的测试依据是按照IEC与VDE所定的测试规范条例，因此其产品必须先取得TUV的安全认证后，才可在欧洲市场上销售。

12.CSA认证标准

CSA是Canadian Standards Organization，也就是加拿大标准协会的简称，它属于加拿大政府机构。CSA是与FCC、CE具有相等权威等级的工业技术标准制定和认证机构。主要负责为电子设备安全做评测和鉴定，它所制定的安全规章与条例是依据美国电磁安全法规UL为标准。

13.DDC认证标准

由VESA协会制定的DDC（Display Data Channel）规格，让显卡得以将分辨率、屏幕更新率等资料和显示器做沟通，让彼此间的设定值可以有一致性。DDC1资料的传送方向为显示器送给显示卡，其用意在保护屏幕不受过高的工作频率而导致内部零件烧毁。DDC2B未来资料的传送将会是双向传送，届时可通过软件控制来作屏幕的各种调整，进而取代屏幕上各种调整按钮的功能。

14.CE认证标准

加有CE标志的电子产品表示其使用安全性已经通过欧洲共同体标准化组织的认证，可以在欧洲地区范围销售使用。

15.ADORDIC北欧四国认证标准

ADORDIC北欧四国认证分别是指NEMKO（挪威电器标准协会）、SEMKO（瑞典电器标准协会）、DEMKO（丹麦电器标准协会）和FIMKO（芬兰电器标准协会）四家机构联合颁发的认证标准。

16.CB认证标准

CB认证标准是由IECEE（国际电工委员会电工产品安全认证组织）制定的一个全球性相互认证体系，它主要针对电线电缆、电器开关、家用电器等14类产品而设计。拥有CB标志意味着制造商的电子产品已经通过了NCB（国际认证机构）的检测，按检测证书及报告相互承认的原则，在IECEE/CB体系的成员国内，取得CB测试书后可以申请其他会员国的合格证书，并使用该国相应的认证合格标志。

17.Genlock认证标准

为应付多任务环境，显示器制造厂商制定了"Genlock"（Generator Locking）的认证标准，其主要目的是让显示器可以同时处理两种显示信号。也就是说当一台显示器安装在两部主机上时，符合Genlock规范的显示器会先处理其中一台主机的任务，而暂时将另一台主机的任务关闭，当处理完第一台主机的任务后关闭，然后再处理第二台主机的任务，这样重复性一开一停，就能同时将两台主机的信号送到显示器上。如此，不但可以节省有多任务用途者的购买成本，也可以将原本可能需要使用两台显示器缩减为一台显示器。

18.CCEE认证标准

中国电工产品认证委员会（CCEE）是国家技术监督局授权，代表中国参加国际电工委员会电工产品安全认证组织（IECEE）的唯一合法机构，代表国家组织对电工产品（包括进口电工产品）实施安全认证（长城标志认证）。凡是标有长城标志的产品则表示其符合我国电子电工器材产品的使用安全规范。

3.2.3 显示器的性能指标

由于CRT显示器和LCD显示器的结构和技术不同，因此，它们的性能指标参数也是有所区别的。下面就以LCD显示器的性能指标为参考进行介绍。

1.点距

液晶显示器的点距是指组成液晶显示屏的每个像素点之间的间隔大小，点距越小，相同面积内的像素点就越多，显示画面的效果就越细腻。经常有人问到液晶显示器的点距是多大，相信大多数人并不知道这个数值是如何得到的，现在就来了解一下它究竟是如何得到的。例如：一般15英寸LCD的可视面积为285.7mm×214.3mm，它的最大分辨率为1024×768，则液晶显示器点距=可视宽度/水平像素或可视高度/垂直像素，即285.7/1024=0.279mm或214.3/768=0.279mm。

2.最佳分辨率

LCD的最佳分辨率是一个固定的值，出厂时即被固定无法调整。当液晶的尺寸相同时，分辨率越高则显示的画面越细致。LCD工作时只可在其最佳分辨率模式下，否则显示的图像由于经过拉伸或压缩，并不能与显示器的像素一一对应，画面会模糊或变形。一般17英寸LCD的最佳分辨率为1024×768，19英寸LCD的最佳分辨率为1400×900。

3.响应时间

响应时间的快慢是衡量液晶显示器好坏的重要指标。响应时间指的是液晶显示器对于输入信号的反应速度，也就是液晶由暗转亮或者是由亮转暗的反应时间。一般来说分为两个部分：Tr（上升时间）、Tf（下降时间），而我们所说的响应时间指的就是两者之和，响应时间越小越好，如果超过40毫秒，就会出现运动图像的迟滞现象。目前液晶显示器的标准响应时间大部分在8毫秒左右，不过也有少数机种可达到4毫秒。拥有16ms的响应时间，就可以用每秒显示60帧画面以上的速度，完全解决传统液晶显示器在玩游戏或者看DVD影碟时所存在的拖影、残影问题。

4.对比度

对比度是指在规定的照明条件和观察条件下，显示器亮区与暗区的亮度之比。对比度是直接体现该液晶显示器能否体现丰富色阶的参数。对比度越高，还原的画面层次感就越好。目前液晶显示器的标称为1000∶1或者2000∶1，高档产品可达到5000∶1或更高。这里要说明的是，对比度必须与亮度配合才能产生最好的显示效果。4000∶1或5000∶1的高对比度将使显示出来的画面色彩更加鲜艳，图像更柔和，让您玩游戏或者看电影效果直逼CRT显示器。

5.亮度

亮度即显示器的明亮程度，是衡量显示器发光强度的一个重要指标，液晶显示器亮度普遍高于传统CRT显示器，一般以cd/m^2（流明/每平方米）为单位，亮度越高，显示器对周围环境的抗干扰能力就越强，显示效果就更明亮。传统CRT显示器的亮度越高，它的辐射就越大，而液晶显示器的亮度是通过荧光管的背光来获得，所以对人体不存在负面影响。目前，主流液晶显示器的亮度一般在300 cd/m^2以上，一些高档显示器的亮度则可以达到$600cd/m^2$。

6.色饱和度

色饱和度用来表示显示器的色彩还原能力。显示器是由红、绿、蓝三色光组合显示任意颜色的，如果三原色越鲜艳，则该显示器可以表示的颜色范围越广。

色饱和度为显示器三原色色域面积与NTSC色彩标准的三原色色域面积的百分比。假如，某显示器饱和度为70%NTSC，则表示该显示器可以显示的颜色范围为NTSC规定的70%。目前主流台式机用的LCD色饱和度在60% ~ 65%NTSC。

7.屏幕坏点

屏幕坏点最常见的就是白点或者黑点。黑点的鉴别方法是将整个屏幕调成白屏，那黑点就无处藏身了；白点则正好相反，将屏幕调成黑屏，白点也就会现出原形。用户在选购液晶显示器的时候一定要注意挑选没有坏点的产品。如果看不出什么白点黑点坏点，那最好选择品质比较有保证的大品牌。

根据坏点数量的多少，液晶面板分为A、B、C三个等级，通常坏点数量在5个以内的液晶面板为A级，坏点数量5 ~ 10个为B级，坏点数量10个以上，则属于C级。原则上只有A级面板适合制造液晶显示器，但是一些杂牌显示器生产厂商为了追求低成本，往往会采用B级面板甚至C级面板。

8.可视角度

液晶显示器属于背光型显示器件，其发出的光由液晶模块背后的背光灯提供，这必然导致液晶显示器只有一个最佳的欣赏角度——正视。当你从其他角度观看时，由于背光可以穿透旁边的像素而进入人眼，就会造成颜色的失真，不失真的范围就是液晶显示器的可视角度。液晶显示器的视角还分为水平视角和垂直视角，水平视角一般大于垂直视角。目前来看，只要在水平视角上达到120度，垂直视角上达到140度就可以满足大多数用户的应用需求了。而最新的液晶显示器面板是用广视角技术生产的，可以达到上下140度，左右150度的视角，减少了因为视角太小的原因给观看带来的不便。当然这样的表现和CRT显示器接近180度的视角无法相比，但对大多数应用来说也已经绰绰有余了。

9.厚度

由于液晶显示器自身的面板厚度都是一样的，也就是说，影响液晶显示器厚度的主要因素将会是电路控制器的技术、塑料外壳设计、机内空间压缩。当然，融合了相当多的尖端液晶技术，采用了最新的超薄型液晶面板和更轻薄的高亮度冷阴极荧光灯，加上高集成化的控制IC设计和更优化的散热处理，也能达到缩小外形尺寸的目的。

10.面板类型

液晶面板与液晶显示器有相当密切的关系，液晶面板的产量、优劣等多种因素影响着液晶显示器自身的质量、价格和市场走向。其中液晶面板关系着游戏玩家最看重的响应时间、色彩、可视角度、对比度等参数。

液晶面板主要有VA、IPS、TN三种类型，其中VA型主要用于高档产品中，色彩饱和度高、可视角度大，三星自产品牌的大部分产品都为PVA型液晶面板。

IPS型液晶面板具有可视角度大、颜色细腻等优点，看上去比较通透，LG和PHILIPS的不少液晶使用的都是IPS型液晶面板。

TN型液晶面板应用于入门级和中端的产品中，价格实惠、低廉，被众多厂商选用。现在市场上一般在8ms响应时间以内的产品大多数都采用的是TN型液晶面板。

3.2.4 主流品牌的显示器

液晶显示器实现了真正的平面、超薄机身、低功耗、低辐射、重量轻、体积小、无闪烁、减少视觉疲劳、绿色环保等有利人们生活和健康的要求，赢得了越来越多的电脑爱好者的青睐。下面就来介绍几款目前市场中主流品牌的液晶显示器。

1.LG E1948液晶显示器

自2010年推出W1942SY这款火热的高性价比19寸宽屏之后，LG也在今年推出了其后续机型，采用LED背光源的替代品E1948S，如图3-15所示。

图3-15 LG E1948液晶显示器

LG作为经济性消费市场的中坚力量，其推出的E1948S在前者的基础上增加了LED背光源，在性能参数方面，LG E1948S与市面上主流机型基本相当，5ms黑白响应时间，500万：1超高动态对比度，250cd/m²亮度、170/160°可视角度等。在外观设计、做工细

节、色彩特性和电能功耗上都做了极大的提升，如图3-16所示。

图3-16 LG E1948液晶显示器侧面

另外需要提到的是，普通的经济型液晶显示器一般都会使用工程塑料材质的外壳，而E1948S的机身背面则使用了PCM钢板，除了能跟让机身更加牢固之外，还能有效屏蔽外接的干扰源，让视频信号更加稳定。

2.AOC e2343F液晶显示器

AOC推出了旗下最新"刀锋"系列的液晶显示器产品e2343F，这款机型的机身厚度仅为12.9mm，是目前最为轻薄的LED背光液晶显示器，如图3-17所示。

图3-17 AOC e2343F液晶显示器侧面

在性能参数方面，AOC e2343F液晶显示器拥有500万：1超高动态对比度、0.265点距、250cd/m² 亮度、5ms黑白响应时间、170/160°可视角度等。AOC e2343F液晶显示器的LED背光源采用了白光LED设计，与之前产品在样貌上基本完全一致。AOC e2343F采用了单条的LED背光源设计。因此，在节能方面更加突出，并且在亮度方面也能够保证用户日常的使用需求，如图3-18所示。

图3-19　三星S22A330BW液晶显示器

在性能参数方面，三星S22A330BW依旧没有丝毫的懈怠。它采用了LED背光设计，拥有了100万：1的动态对比度，5ms的灰阶响应时间，250cd/m² 的亮度，176/170° 可视角度、D-Sub以及DVI-D两种接口类型，足够满足一般用户进行各种使用的需求了。

三星S22A330BW液晶显示器之所以更加符合"红韵"系列这个命名，是因为它背面的色彩设计采用了大胆创新的樱桃红。三星S22A330BW液晶显示器在外观方面采用了十分大胆的红色和黑色两个色系的配色方案，整体钢琴漆工艺的加入，使得该产品更加时尚另类，也更加凸显了奢华的品味特点，如图3-20所示为三星S22A330BW液晶显示器的背面。

图3-18　AOC e2343F液晶显示器

另外，AOC e2343F液晶显示器在IC电路和显示器底座上也进行了技术的革新。

液晶面板分子层与面板的IC控制电路直接相连，经由IC电路控制液晶分子的偏转。通过IC电路芯片可以得知这块超薄的液晶面板是由著名的面板厂商LG Display所设计制造的。其次AOC e2343F的IC电路板并没有用螺丝将其固定在液晶面板之上，而是通过胶黏贴在面板的背面，但是十分牢固。

AOC E2343F液晶显示器的OSD按键、接口等日常使用调节的部分均设计在底座上，为了牢固起见，AOC e2343F液晶显示器的底座上设计了十一颗螺丝钉，其中几颗螺丝钉是为了壁挂而设计的。

3. 三星S22A330BW液晶显示器

三星在2011年推出了SA300、SA330和SA350等多个全新的显示器系列，其中以命名为"红韵"的液晶显示器产品系列最受欢迎。三星的SA330就是"红韵"系列中最符合这个命名的产品系列分支，如图3-19所示。

图3-20　三星S22A330BW液晶显示器的背面

3.2.5 显示器的选购指南

显示器几乎是每一个用户每天需要面对的外部设备，因此，其质量和性能的好坏直接影响用户的使用体验。那么，怎样才能选择一台好的显示器呢？下面将介绍几点显示器的选购技巧。

1. 看用途

选购显示器时首先得考虑其用途，应以实用为主。只有确定了显示器的用途，才能根据需要选择合适的显示器。如果用户的电脑主要用于玩游戏或看视频，则应该选择CRT显示器或响应时间短的液晶显示器。如果只是浏览网页、网上聊天或炒股，则可以选择一些普通的液晶显示器即可。如果用于设计、绘图或印刷，则需要选购专业型的显示器。

2. 选尺寸

目前19英寸的显示器最佳分辨率为1440×900，基本能够满足普通用户的需求。如果用户想要实现高清的显示效果，则最好选择24英寸以上的显示器，其最佳分辨率在1920×1080以上。

另外，液晶显示器的可视面积比CRT显示器要大，如15英寸液晶显示器的实际显示面积接近于17英寸的CRT显示器。

3. 买品牌

目前，主流的液晶显示器生产厂商有三星、LG、飞利浦、联想、戴尔、AOC（冠捷）、优派、长城、明基等。不同的厂家提供的质保各不相同，如三星液晶显示器提供3年质保（第1年免费，后两年收费，不提供上门服务）、7天包退、15天包换的售后服务；AOC则提供1个月包换、两年免费上门、3年免费全保的售后服务。总体来说国内厂商的售后服务比较完善，但要注意以上介绍的只是厂家的服务项目，部分经销商和代理商并不会完全执行。

4. 看价格

选购液晶显示器时要先确定一个价位，在不同的品牌中进行对比和选择，以19英寸液晶显示器为例，目前价格基本上在1000元以下；而24英寸的液晶显示器则在1000元以上。

5. 看性能

确定液晶显示器的尺寸和价格范围后，就需要考虑液晶的几个主要性能指标了，如亮度、对比度、响应时间、可视角度、坏点等问题。

第 4 章
声卡与音箱的选购

学习提示 >>

　　声卡（也叫音频卡）是多媒体电脑的必要部件，是电脑进行声音处理的适配器。而音箱是音响系统中极为重要的一个环节，属于音频输出设备，声卡处理过的声音需要通过音箱等输出设备才能进行播放。

主要内容 >>

- 声卡的类型
- 声卡的基本结构
- 声卡的性能指标
- 声卡的选购指南
- 音箱的结构组成
- 音箱的性能指标

重点与难点 >>

- 了解当前声卡的类型
- 掌握集成声卡的基本结构
- 清楚声卡的性能指标
- 选购声卡的技巧
- 清楚音箱的性能指标
- 选购音箱的技巧

学完本章后你会做什么 >>

- 清楚声卡的组成部分
- 掌握评判声卡性能的指标
- 掌握声卡的选购技巧
- 熟悉音箱的组织结构
- 了解音箱的各种技术指标
- 选购音箱的技巧和注意事项

图片欣赏 >>

4.1 了解与选购声卡

声卡又称为音频适配卡（Sound Card），是电脑进行声音处理的重要部件，它可以用来实现声音模拟信号与数字信号之间的相互转换，是多媒体技术中最基本的组成部分之一。声卡将来自话筒、录音机、激光唱机等音频设备的语音或音乐等声音模拟信号变成数字信号交给电脑处理，并以文件形式进行了存储，也可以把数字信号还原成真实的声音输出。

4.1.1 声卡的类型

声卡发展至今，主要分为集成式、板卡式和外置式3种接口类型，以适用不同的用户需要，一般情况下，声卡都是根据所用数据接口的不同而进行选择的，而3种类型的产品也各有其优缺点。

1. 集成式

目前，此类产品多集成在主板上，具有不占用PCI接口、成本更为低廉、兼容性更好等优点，能够满足普通用户的绝大多数音频需求，自然就受到市场青睐。随着集成声卡技术的不断进步，声卡具有多声道、低CPU占有率等优势，由此占据了声卡市场的大半壁江山。

集成声卡分软声卡和硬声卡两种，硬声卡主要是指集成声卡有声卡主处理芯片，在进行音频处理时不需要CPU的参与，从而节省了CPU的使用率，如图4-1所示；而软声卡则是没有主处理芯片，只有一个解码芯片，通过CPU的运算来代替声卡主处理芯片的作用，在使用时需要占用CPU资源。

图4-1　声卡主处理芯片

2. 板卡式

板卡式声卡就是独立声卡，它是安装在PCI或PCI-E插槽上的独立音频处理板卡，是一个功能完善的声音处理单元。独立声卡一般都有自己独立的数字信号处理芯片，它在各方面的功能及处理效果都要优于主板上的集成声卡芯片，是目前中高档电脑必备的主要音频处理板卡，如图4-2所示。

图4-2　独立声卡

3. 外置式

外置式声卡是指声卡无需插到电脑的PCI或PCI-E接口上，而是通过数据线连接到电脑并在外部使用。它具有使用方便、便于移动等优势，但这类产品主要应用特殊环境，如连接笔记本实现更好的音质等。

外置声卡主要有USB和IEEE 1394两种接口，目前比较常见的是USB接口，IEEE 1394接口主要用于专业外置声卡中。

❖ USB软声卡

USB接口的声卡有一种无需安装驱动程序，系统能够自动识别的"软声卡"。实际上就是一个外置的AC'97 CODEC芯片，它和板载软声卡的工作原理、工作流程和在系统中的工作方式完全相同，只不过板载软声卡使用PCI总线中的CNR接口，USB软声卡使用USB总线。它们的共同特点是可以被系统自动识别，无需另外安装驱动程序即可工作，如图4-3所示。

图4-3　USB软声卡

❖　USB硬声卡

　　USB硬声卡有自己独立的音频控制芯片。插到电脑上后，操作系统不能自动识别，需要像PCI硬声卡那样安装驱动程序。这种USB声卡就是一个独立的硬声卡，它们的工作原理和PCI硬声卡相同，只不过需要一个单独的系统接口程序，以实现使用USB总线传输音频数据。

　　比较高级的USB硬盘声卡会使用单独的电

源，能够提供高质量的声音、足够的输出功率以及实现遥控、音质调节等更多的附加功能，如图4-4所示。

图4-4　USB硬声卡

4.1.2　声卡的基本结构

　　集成声卡主要由各种电子器件和连接器组成。电子器件包括集成电路芯片、晶体管和阻容元件，用于完成各种特定的功能。而连接器一般有插座和圆形插孔两种形式，用于连接输入输出的信号。而独立声卡则主要由处理芯片、输入/输出接口和总线接口等部分组成。下面将对集成声卡的基本结构进行介绍。

1. 声音控制芯片

　　声音控制芯片是从输入设备中获取声音模拟信号，通过模数转换器，将声波信号转换成一串数字信号，采样存储到电脑中。重放时，这些数字信号送到一个数模转换器还原为模拟

波形，放大后送到扬声器发声。

2.数字信号处理器（DSP）

数字信号处理器（Dingital Signal Processor，简称DSP）相当于声卡的中央处理器，通过编程实现各种功能，主要负责数字音频解码、3D环绕音效等运算处理，大大减轻了CPU的负担，加速了多媒体软件的执行。DSP采用MIPS（Million Instructions Per Second，每秒百万条指令）为单位来标识运算速度，但其运算速度的快慢与声卡没有直接关系。

3.FM合成芯片

低档声卡一般采用FM合成声音，以降低成本。FM合成芯片的作用就是用来产生合成声音。

4.波形合成表（ROM）

在波表ROM中存放有实际乐音的声音样本，供播放MIDI使用。一般的中高档声卡都采用波表方式，可以获得十分逼真的使用效果。

5.波表合成器芯片

该芯片的功能是按照MIDI命令，读取波表ROM中的样本声音合成并转换成实际的乐音。低档声卡没有这个芯片。

6.跳线

跳线是用来设置声卡的硬件设备，包括声卡的I/O地址的设置、声卡上游戏端口的设置（开或关）、声卡的IRQ（中断请求号）和DMA通道的设置，这些不能与系统上其他设备的设置相冲突，否则，声卡无法工作甚至使整个计算机死机。

❖ I/O口地址

PC机所连接的外设都拥有一个输入/输出地址，即I/O地址。每个设备必须使用唯一的I/O地址，声卡在出厂时通常设有缺省的I/O地址，其地址范围为220H～260H。

❖ IRQ（中断请求）号

每个外部设备都有一个唯一的中断号。声卡Sound Blaster的缺省IRQ号为7，而Sound Blaster PRO的缺省IRQ号为5。

❖ DMA通道

声卡录制或播放数字音频时，将使用DMA通道，在其本身与RAM之间传送音频数据，而无需CPU干预，以提高数据传输率和CPU的利用率。16位声卡有两个DMA通道，一个用于8位音频数据传输，另一个则用于16位音频数据传输。

❖ 游戏杆端口

声卡上有一个游戏杆连接器。若一个游戏杆已经连在机器上，则应使声卡上的游戏杆跳接器处于未选用状态。否则，2个游戏杆互相冲突。

4.1.3 声卡的性能指标

声卡是多媒体设备最基本的部分，是实现声音A/D（模/数）、D/A（数/模）转换的硬件电路。声卡的功能与性能直接影响到多媒体系统中的音频效果。因此，评判一款声卡的优劣时，声卡的物理性能参数是非常重要的。

1.采样位数

采样位数即采样值或取样值，是用来衡量声音波动变化的一个参数，也就是声卡的分辨率或可以理解为声卡处理声音的解析度。它的数值越大，分辨率也就越高，录制和回放的声音就越真实。而声卡的位是指声卡在采集和播放声音文件时所使用数字声音信号的二进制位数，声卡的位客观地反映了数字声音信号对输入声音信号描述的准确程度。常见的声卡主要有8位、16位、24位和32位，如今市面上所有的主流产品都是16位及以上的声卡。

 专家指点

通常所说的64位声卡、128位声卡并不是指其采样位数为64位和128位，而是指声卡所能播放的复音数量。

2.采样频率

采样频率即取样频率，是指每秒钟取得声

音样本的次数。采样频率越高，声音的质量也就越好，声音的还原也就越真实。采样频率有8kHz、11.025kHz、22.05kHz、16kHz、37.8kHz、44.1kHz、48kHz等几种。其中，22kHz相当于普通FM广播的音质，44kHz相当于CD音质。目前，许多高端的声卡可以提供高达48KHz的连续采样频率。

3.复音数量

复音是指MIDI（乐器数字界面）乐曲在一秒钟内发出的最大声音数目。复音数量越大，音色就越好，人们可以听到的声部就越多、越细腻。目前，声卡的硬件复音数不超过128位，但其软件复音数量可以很大，有的甚至达到1024位，不过在实现时都会牺牲部分系统性能和工作效果。

 专家指点

> MIDI（Musical Instrument Digital Interface）意为音乐设备数字接口。它是一种电子乐器之间以及电子乐器与电脑之间的统一交流协议，MIDI是电脑音乐的代名词，且文件非常小巧。MIDI必须通过合成才能形成电脑音乐。

4.信噪比

信噪比是指有用信号和噪声信号功率的比值，简称SNR。SNR是用于诊断声卡抑制噪声能力的重要指标，单位是分贝（dB）。SNR的值越大，声卡的滤波效果就越好，一般的声卡信噪比至少大于80dB。

5.频率响应

频率响应是对声卡的ADC和DAC转换器频率响应能力的评价指标。通常应控制在±3dB范围内，只有在这个范围内的音频信号响应良好，才能最大限度地重现声音信号。

6.声道数

声卡所支持的声道数是衡量声卡档次的重要指标之一，从早期的单声道、立体声到现在的4、4.1、5、5.1、7.1环绕音效，用户可以获得更加完美的游戏听觉效果和声场定位。下面将分别介绍一下声卡声道数对声卡的影响。

❖ **单声道**

单声道是早期声卡所普遍采用的一种声道模式，缺点是缺乏对声音的位置定位，在使用单声道播放音乐时，无法确定音乐的具体播放位置。

❖ **立体声**

立体声的声道模式可以使得声音在录制过程中被分配到两个独立的声道，从而达到很好的声音定位效果。

在播放音乐时，可以清晰地分辨出各种乐器的出处，从而使音乐更富有想象力，更加接近于临场感受。立体声技术广泛运用于自Sound Blaster Pro以后的大量声卡中，是一个被广泛应用的音频标准。

❖ **准立体声**

准立体声模式就是在录制声音的时候采用单声道，而在放音时有时是立体声，有时则是单声道。这种技术在声卡中也曾流行过一段时间，但现在被采用其他技术的声卡所取代了。

❖ **四声道环绕**

四声道环绕规定了4个发音点：前左、前右、后左、后右，听众则正好被包围在这中间，还可以增加一个低音音箱，以加强对低频信号的回放处理。因此，四声道系统可以为听众带来许多来自不同方向的声音环绕，可以获得各种不同环境的听觉感受，给用户以全新的体验。在一些中高档声卡中都普遍采用四声道环绕技术设计，并逐渐成为未来发展的主流趋势。

7.CPU占用率

CPU占用率是衡量一块声卡性能的重要指标，CPU占用率越低越好。当用声卡进行混音调节、欣赏MIDI音乐等时，都会或多或少地占用CPU资源，如果占用率过高就会影响系统的运行速度，尤其是使用软声卡时更为明显。

8.动态范围

动态范围是指最大不失真信号和噪音值的比例，动态范围的值越大越好。

9.立体声分离度

对于立体声音频设备来说，两个声道之间应该是相互隔离互不干扰的，理想的情况是左声道中只有左声道的声音，不能出现右声道的声音，反之亦然。因为声卡中存在模拟电路，受元器件的影响无法达到这种理想状况，总会产生一些串音。立体声分离度越高，左右声道间串音的情况就越少，立体声效果也就越好。

4.1.4 声卡的选购指南

如今大多数的主板上都带有集成声卡，用户无须额外购买声卡即可欣赏数字音乐。不过对于音乐爱好者、专业音频编辑人员等用户来说，必须为电脑配备一块高质量的声卡，才可以聆听乐曲的美妙旋律。总之，选购声卡不仅要关注声卡的性能，更要注重声卡的音质和所采用的技术。

1.声道数量

声卡支持的声道越多，声音的定位效果就越好，在玩游戏（尤其是动作、飞行模拟类游戏）和看DVD影片时的声音效果就越逼真，更有"身临其境"的感觉。但要注意的是，并不是采用多声道DSP的声卡就能支持相应声道数量的音频输出，因为声卡所支持的数量还取决于CODEC芯片。为此，很多厂家通过CODEC所支持的声道数量来为产品划分等级。

2.MIDI系统

声卡上的MIDI系统主要是指MIDI合成方式，目前主流声卡主要有FM合成和波表合成两种方法。FM合成方式属于早期的MIDI合成技术，效果比较差；对于支持波表合成的声卡来说，波表容量大小、品牌与型号等因素都会影响MIDI的最终效果。

专家指点

MIDI文件只是记录下某种乐器在某一时刻发出的某种声响，而这个声响完全是根据声卡芯片来生成的，因此，不同声卡的MIDI效果是完全不同的。

3.PCI接口

选购声卡时，数据传输速率是一个关键的指标，由于PCI声卡比ISA声卡的数据传输速率有着十几倍优势，因而受许多消费者的欢迎。而且，PCI声卡有着较低CPU占用率和较高信噪比等优良特性，也使功能单一、占用系统资源过多的ISA声卡显得风光不再。随着PCI声卡技术的不断成熟，与游戏的兼容性问题已经得到解决，再加上操作系统向Windows的平稳过渡，基于Windows的各种应用程序已渐成主流，PCI声卡成为用户的首选。目前，市面上的主流声卡多为PCI总线结构，ISA声卡已经逐步退出市场。因此，应先考虑PCI接口的产品。

4.SPDIF数字音频接口

将声音作为数字模式传送可以最大限度地减少失真度，SPDIF的输出端口就是用于接驳专门的数字录音设备的，如SONY DAT和MD等，而将SPDIF的输入端接到光驱的Digital Out或DVD解压卡的相应输出端子，就可以得到比使用模拟音频输入要好得多的音质。很多人认为，只要通过声卡上的SPDIF接口就可以实现AC-3解码输出和Dolby Digital 5.1输出。虽然这在理论上是成立的，但在实际使用中，必须通过专门的驱动程序支持才可以实现，否则仍然是1/2对音箱输出，达不到Dolby Digital 5.1的效果。在这方面，目前似乎只有创新SB Live!和帝盟Monster MX系列做得不错，而其他品牌的声卡不是因为节省成本而省略了SPDIF，就是根本不具备该项功能。

5.驱动程序及相关软件

驱动程序在很大程度上决定着声卡性能的

发挥。所以许多著名声卡厂商都很重视对驱动程序的开发和完善。如今PCI声卡的驱动程序及应用软件大都保存在随卡附赠的光盘上，便于使用及保存。一般来说，高档声卡除了具有比较完善的驱动程序之外，往往还附有实用的音、视频软件以及能够体现自身技术特点的游戏软件，如Sound Blaster Live! Digital 系列声卡，就提供了专业音乐制作软件Cakewalk、音色库编辑工具Vienna SoundFont Studio以及大量支持3D音效的游戏等。另外，目前较为普及的市场上常见的中档声卡，也都提供了必要的简单易用的声卡驱动程序及应用软件，一些低档声卡则只提供声卡驱动程序或者使用Windows的公用驱动程序。

6. 现场试听

声音的优劣是一个非常主观、个人化的感受，所以按照个人的聆听习惯和感受来挑选声卡便是最直接、最实在的方法。因此，在选购声卡时必须在现场或专门用于演示的场所内进行试听，以确定声音的音质是否符合自己的聆听习惯。

4.2 了解与选购音箱

音箱是整个音响系统的终端，其作用是把音频电能转换成相应的声能，并把它辐射到空间中。它是音响系统极其重要的组成部分，随着数字音频技术的发展，音箱在很大程度上决定了音响系统的好坏。

4.2.1 音箱的结构组成

音箱又称扬声器系统，它是将音频信号还原成声音的一种设备，是音响系统中极为重要的一个环节。而音箱的种类也较多，但不论是何种类型的音箱，从其组成结构上来看大致可分为扬声器、箱体和分频器三部分。

1. 扬声器

扬声器又俗称喇叭，其性能决定着音箱的

优劣，如图4-5所示。

图4-5 扬声器

一般木制音箱和优质塑料音箱采用的都是二分频技术，即利用高、中音两个扬声器来实现整个频率范围内的声音回放；而X.1（4.1、5.1或7.1）的卫星音箱采用的大都是全频带扬声器，即用一个喇叭实现整个音域内的声音回放。

2. 箱体

箱体用来消除扬声器单元的声音短路，抑制其声共振，拓宽其频响范围，减少失真。音箱的箱体外形结构有书架式和落地式之分，还有立式和卧式之分。箱体内部结构又有密闭式、倒相式、带通式、空纸盆式、迷宫式、对称驱动式和号筒式等多种形式，使用最多的是密闭式、倒相式和带通式。

3. 分频器

分频器有功率分频器和电子分频器之分，其主要作用均是频带分割、幅频特性与相频特性校正、阻抗补偿与衰减等作用。

功率分频器也称无源式后级分频器，是在功率功放之后进行分频的。它主要由电感、电阻、电容等无源组件组成滤波器网络，把各频段的音频信号分别送到相应频段的扬声器中去重放。其特点是制作成本低，结构简单，适合业余制作，但插入损耗大、效率低、瞬态特性较差，如图4-6所示。

图4-6 分频器

4.2.2 常见的音箱类型

1.按用途分类

在音响工程中，根据功能的不同可以将音箱分为主放音音箱、监听音箱和返听音箱。

❖ 主放音音箱

一般用作音响系统的主力音箱，承担主要放音任务。主放音音箱的性能对整个音响系统的放音质量影响很大，也可以选用全频带音箱加超低音音箱进行组合放音。

❖ 监听音箱

用于控制室、录音室作节目监听使用，它具有失真小、频响宽而平直，对信号很少修饰等特性，因此最能真实地重现节目的原来面貌。

❖ 返听音箱（称舞台监听音箱）

一般用在舞台或歌舞厅供演员或乐队成员监听自己演唱或演奏声音。这是因为他们位于舞台上主放音音箱的后面，如果不能听清楚自己的声或乐队的演奏声，就不能很好地配合或找不准感觉，严重影响演出效果。一般返听音箱做成斜面形，放在地上，这样既可放在舞台上不致影响舞台的总体造型，又可在放音时让舞台上的人听清楚，还不致将声音反馈到传声器而造成啸叫声。

2.按使用场合来分

根据音箱所使用的不同场合可分为专业音箱与家用音箱两大类。

❖ 家用音箱

一般用于家庭放音，其特点是音质细腻柔和，外形较为精致、美观，放音声压级不太高，承受的功率相对较少。

❖ 专业音箱

一般用于歌舞厅、卡拉OK、影剧院、会堂或体育场馆等专业文娱场所。一般专业音箱的灵敏度较高，放音声压高，力度好，承受功率大，与家用音箱相比，其音质偏硬，外形也不甚精致。但专业音箱中的监听音箱，其性能与家用音箱较为接近，外形一般也比较精致、小巧，所以这类监听音箱也常被家用HI-FI音响系统所采用。

3.按体积来分

体积是不同音箱间最为直观的分类方式。按照体积大小的不同，可以将音箱分为落地式音箱和书架式音箱。

❖ 落地式音箱

落地式音箱是指音箱体积较大，可直接放置于地面上的音箱。落地式音箱可安装口径较大的低音扬声器，特点是低音特性较好，频响范围宽，功率也较大。但是，由于此类音箱的扬声器数量较多，因此，声向定位不是特别清晰。

❖ 书架式音箱

书架式音箱的特点是体积较小，放音使用时需要单独将其架设起来，且距离地面有一定高度，由于书架式音箱的扬声器数量少，口径小，故声向定位往往比较准确，但存在功率不够大，低频效果不佳的缺点，如图4-7所示。

图4-7 书架式音箱

4.2.3 音箱的性能指标

到底怎样的音箱才算是一套真正的好音箱呢？尤其是对音箱不太懂的朋友，只能看看外观，听听商家给放一小段震耳欲聋的音乐，只能感官感受一下；至于从技术指标角度来讲，就不知该从哪里入手判断音箱的优劣。下面将对音箱的相关性能指标进行简单的介绍。

1. 频率范围

频率范围是指最低有效放声频率至最高有效放声频率之间的范围。音箱的重放频率范围最理想的是均匀重放人耳的可听频率范围，即20Hz～20000Hz。但要以大声压级重放，频带越低，就必须考虑经受大振幅的结构和降低失真，一般还需增大音箱的容积。所以目标不宜定得太高，50Hz～16KHz就足够了，当然，40Hz～20KHz更好。

2. 频率响应

将一个恒定电压输出的音频信号与音箱系统相连接，当改变音频信号的频率时，音箱产生的声压随频率的变化而增高或衰减和相位滞后随频率而变的现象，这种声压和相位与频率的相应变化关系称为频率响应。声压随频率而变的曲线称作"幅频特性"，相位滞后随频率而变的曲线称作"相频特性"，两者的合称为"频率响应"或"频率特性"。变化量用分贝来表示。这项指标是考核音箱品质优劣的一个重要指标，该分贝值越小，说明音箱的频率响应曲线越平坦，失真越小。

3. 指向频率特性

在若干规定的声波辐射方向，如音箱中心轴水平面0度、30度和60度方向所测得的音箱频响曲线簇。打个比方，指向性良好的音箱就像日光灯，光线能够均匀散布到室内每一个角落。反之，则像手电筒一样。

4. 最大输出声压级

最大输出声压级即音箱在输入最大功率时所能给出的最大声级指标。

5. 失真

失真分为谐波失真、互调失真和瞬态失真三种。

谐波失真，是指在重放声源中增加了原信号中没有的高次谐波成分。

互调失真，就是在重放声源的过程中，由于磁隙的磁场不均匀性及支撑系统的非线性变形因素，会产生一种原信号中没有的新的频率成分，因此当新的频率信号和原频率信号一起加到扬声器上时，又会调制产生另一种新的频率。另外，音乐信号并不是单音频的正弦波信号，而是多音频信号。当两个不同频率的信号同时输入扬声器时，因非线性因素的存在，会使两信号调制，产生新的频率信号，故在扬声器的放声频率里，除原信号外，还出现了两个原信号里没有的新频率，这种失真称为互调失真。其主要影响的是音高（亦称音调）。

瞬态失真，是指扬声器震动系统的质量惯性引起的一种传输波形失真。由于扬声器存在一定的质量惯性，因此纸盆震动跟不上瞬间变化的电信号，使重放声源产生传输波形的畸变，导致频谱与音色的改变。这一指标的好坏，在音箱系统和扬声器单元中是极为重要的，直接影响的是音质与音色的还原程度。

6. 标注功率

音箱上所标注的功率，国际上流行两种标注方法：长期功率或额定功率。前者是指额定频率范围内给扬声器输入一个规定的模拟信号，信号持续时间为1分钟，间隔2分钟，重复10次，扬声器不产生热损坏和机械损坏的最大输入电功率；后者是指在额定频率范围内给扬声器输入一个边疆正弦波信号，信号持续时间为1小时，扬声器不生产热损坏和机械损坏的最大正弦功率。

最大承受功率即音乐功率（MPO），起源于德国工业标准（DIN），是指扬声器所能承受的短时间最大功率。这是因为在播放音乐信号时，音频信号的幅度变化极大，有时音乐功率的峰值在短时间内会超过额定功率的数倍。我国国家标准GB 9396—1988制定的功率标注标准有最大噪声功率、长期最大功率、短期最大功率和额定正弦波功率。通常音箱生产厂家以长期功率或额定功率为音箱的标注功率。

7. 标称阻抗

标称阻抗是指扬声器输入的信号电压U与信号电流的比值（R=U/I）。因扬声器的阻抗是频率的函数，故阻抗数值的大小随输入信号的频率变化也发生变化。我国国家标准规定的音箱阻抗优选值有4Ω、8Ω、16Ω（国际标准推荐值为8Ω），并规定扬声器的标称阻抗为：扬声器谐振频率的峰值F0至第二个共振峰F1之间的最低阻抗值。有些国外扬声器生产厂家，以阻抗特性曲线趋于平坦的一段定为扬声器的标称阻抗。音箱的标称阻抗与扬声器的标称阻抗有所不同，因为音箱内不止一个扬声器单元，各单元的性质又不尽相同，另外还有串联或并联的分频网络，所以标准规定了最低阻抗不得低于标称阻抗值的80%。

8. 灵敏度

音箱的灵敏度是指当给音箱系统中的扬声器输入电功率为1W时，在音箱正面各扬声器单元的几何中心1m距离处，所测得的声压级（声压与声波的振幅及频率成正比，声压级是表示声压相对大小的指标）。灵敏度虽然是音箱的一个指标，但是与音质、音色无关，它只影响音箱的响度，可用增加输入功率来提高音箱的响度。

9. 效率

音箱效率即音箱输出的声功率与输入的电功率之比（即声-电转换的百分比）。日前，市场上销售的音箱通常标注灵敏度，而有的音箱标注的是效率，却用分贝值来表示。这种错误的标注方式，使一些消费者对灵敏度和效率这两项指标产生混淆。音箱的灵敏度和效率这两项指标与音质、音色无关，更不是考核品质的标准，但灵敏度和效率太低必须增加功放的输入功率才能达到需要的声压级。

▶ 4.2.4 音箱的选购指南

在当今的音响市场中，成品音箱品牌众多，其质量参差不齐，价格也差距很大。如何根据自己的应用需求选购一款合适的音箱便成了困扰许多人的问题。下面提供几点建议，用户在选购音箱时可以作为参考。

1. 初步了解音箱

对于音箱的最初了解，可用"观、掂、敲、认"的步骤来鉴别，即观工艺、掂重量、敲箱体、认铭牌。

❖ 观工艺

工艺就是从音箱的外表面来判断该音箱的品质优劣。用天然原木精工打造的音箱当然最好，许多天价级的世界名牌至尊音箱，包括意大利的Chario（卓丽）、Guarneri Homage（名琴）等，但此类好音箱因环保、资源匮乏、加工工艺难度大、时间长等因素，产量很少，故常见的音箱均是以MDF中密度纤维板表面敷以一层薄薄的木皮做装饰。敷真木皮精工外饰的音箱，尤其是如酸枝、雀眼、花梨、胡桃、桢楠、红橡等珍稀木皮，其天然木纹视觉效果极好，手感滑腻舒适。尤其以对称蝴蝶花纹真木皮经多层涂复打磨钢琴亮漆者，大多均可视为中高档精品音箱，仿冒品极少。用PVC（沙比利）塑料贴皮的箱子属大路货，虽做工精细，最好也只能算中低档货色。而以本纹纸贴面装饰的箱子虽然看上去美观，但应多注意箱体背后的贴皮接缝和喇叭安装位挖扎工艺是否精确到位。假冒伪劣产品一般都不会注意这些细节，因而稍加用心即可正确判断。如图4-8所示为JBL LS80落地式音箱。

图4-8 落地式音箱

❖ 掂重量

好的音箱大多是以18～25mm的优质MDF粒子板打造，高档旗舰级音箱则是以紫檀、黄柚之类的超重实木或多层复合胶合板来打造，所以重量非常惊人。往往一对音箱净重就达五六十公斤。中低档大路货多半采用质地松软的刨花板，仿冒伪劣产品更采用质量低劣的纸胶板，故重量一般较轻。音响界常有"内行看质量、外行掂重量"之说，重的音箱肯定比轻的音箱要好些。但要警惕不良商家在箱体底部灌沙石水泥增重以欺骗消费者。

❖ 敲箱体

用指节敲击箱体上下左右前后障板，箱体各面均发出沉实而轻微的脆响，感觉板材质地坚硬厚实、内部有多根加强筋支撑、箱体结构合理、结实，有多种隔音和防驻波的措施等效果。该种箱体加工成本高、难度大，因而很少有假冒伪劣产品。如用指节敲击箱体发出"噗、噗"的空响，说明板材太薄，材质质量太差，结构不合理，且内部没有吸音材料或加强筋维系，从而导致箱体内有大量漫反射和驻波形成。选购这种音箱，绝不可能获得好的重放效果。

❖ 认铭牌

真正好的音箱都有一块制作精良的镀金或镀铬铭牌标记，铭牌上一般都镌有鲜明的商标、公司、名称、产地、相应指标等。进口箱则有英文如：Made in xxx 或 Manufacture 及相应商标、音箱指标等。如果仅有 Designin（XX设计）或含糊其辞地只标一个国名，甚至除了简单且极不严谨的几项基本指标外既看不出产地，也看不出厂家，商标也没有注册标记。这类三无产品多数均有仿冒、伪劣之嫌。名牌音箱十分注重品牌形象和企业知名度，因而所贴铭牌标记十分规范、精致，各项指标及企业名称、产地一应俱全。有的铭牌甚至是用薄金属镀24K真金制成，上面的字体还有凹凸感。产品不仅有出厂日期、生产序号，甚至还有配对序号和随箱身份证。对于这类音箱，只要价格合理，一般都可以放心选用。

2.选购音箱的注意事项

对音箱有初步了解并掌握了一定的选购技巧后，在音箱选购的细节上仍需要重视，有时，细节就决定成功。

❖ 音箱输出的音色

由于多媒体音乐的声源主要是以游戏和一般音乐为主，所以其中高音占的比例较大，低音比例较小。

❖ 声场的定位能力

音箱定位能力的好坏直接关系到用户玩游戏、看DVD影片的临场效果。

❖ 音箱频域动态放大限度

指的是用户将音箱的音量开大并超过一定限度时，音箱是否还能在全音域内保持均匀清晰的声源信号放大能力。

❖ 音箱箱体是否有谐振

一般箱体较薄或塑料外壳的音箱在200Hz以下的低频段大音量输出时，会发生谐振现象。出现箱体谐振会严重影响输出的音质，所以用户在挑选音箱时应尽量选择木制外壳的音箱。

❖ 音箱箱体的密闭性

音箱的密闭性越好，输出音质就越好。检查密闭性方法很简单，用户可将手放在音箱的倒相孔外，如果感觉有明显的空气冲出或吸进现象，就说明音箱的密闭性能不错。

第 5 章

鼠标与键盘的选购

学习提示 》

　　鼠标和键盘都是电脑中最重要的输入设备，利用键盘可以将字母、数字或符号等信息输入到电脑中，实现对数据的输入和控制，而利用鼠标可以取代使用键盘执行繁琐指令的操作，让操作过程更加快速、便捷。

主要内容 》

- 鼠标的分类
- 鼠标的工作原理
- 鼠标的性能指标

- 鼠标的选购指南
- 键盘的分类
- 键盘的结构

重点与难点 》

- 了解鼠标的工作原理
- 熟知鼠标的性能指标
- 熟知鼠标的选购技巧

- 了解键盘的分类
- 熟知键盘结构
- 熟知键盘的性能指标

学完本章后你会做什么 》

- 识别各种类型的鼠标
- 清楚鼠标的工作流程
- 清楚如何分析鼠标的性能

- 清楚键盘有哪些组成结构
- 清楚如何分析键盘的性能
- 认识当前主流品牌键盘

图片欣赏 》

5.1 了解与选购鼠标

随着图形化操作系统的出现，单纯依靠键盘早已无法满足用户高效率工作的需求。这样鼠标就此应运而生，其准确、快速的屏幕指针定位功能，在图形化操作方式的现代技术中，已经成为人们使用电脑时必不可少的重要设备。

5.1.1 鼠标的分类

鼠标发展至今已有40多年，在这其中鼠标经历了一次又一次的变革，其功能也越来越强、使用范围越来越广、种类也越来越多。鼠标按不同的分类标准有着不同的分类，如从按键数量上分、从接口类型来分、从内部构造来分等。

1.按按键数量分类

从鼠标按键数量来分有两键鼠标、三键鼠标和新型的多键鼠标。

两键鼠标和三键鼠标的左右按键功能完全一致，一般情况下，用不着三键鼠标的中间按键，但在使用某些特殊软件时（如AutoCAD等），这个键就会起到作用。

目前最为常见的要数滚轮鼠标。实际上，滚轮鼠标属于一种特殊的三键鼠标，两者间的差别在于滚轮鼠标使用滚轮替换了三键鼠标中的中键，如图5-1所示。在实际应用中，转动滚轮可以实现上下翻动的效果。

图5-1 滚轮鼠标

多键鼠标是新一代的多功能鼠标，如有的鼠标上带有滚轮，大大方便了上下翻页，有的

新型鼠标上除了有滚轮，还增加了拇指键等快速按键，进一步简化了操作程序。

 专家指点

在借助专用程序后，用户还可以重新定义部分多键鼠标的按键操作内容，这样一来，用户便可以将一些较为简单且使用频繁的操作集成在快捷按键上，从而进一步提高操作速度。

2.按接口方式分类

鼠标按接口类型可分为PS/2鼠标、USB鼠标（多为光电鼠标）和无线鼠标三种。PS/2鼠标是比较常见的鼠标，通过一个六针微型接口与计算机相连，它与键盘的接口非常相似，因此，在使用时要注意区分。

USB鼠标通过一个USB接口直接插在电脑的USB接口上，自从USB接口一经兴起，各大生产商便纷纷推出了自己的USB鼠标产品，如图5-2所示。

图5-2 USB接口鼠标

 专家指点

由于USB接口的数据传输速度要高于PS/2接口，且支持热插拔，因此，USB鼠标在复杂应用操作下的流畅度要高于PS/2接口的鼠标。

无线鼠标采用的是信号发射方式，由于摆脱了线缆的限制，因此，无线鼠标能够让用户更为方便、灵活地操控电脑，如图5-3所示。

图5-3 无线鼠标

3.按内部构造分类

鼠标按其内部结构的不同可以分为机械鼠标和光电鼠标。

❖ 机械鼠标

机械鼠标通过利用底部的一个可以自由滚动的圆球带动鼠标内部的辊柱和光栅轮转动，从而产生位移信号，传输给电脑并据此进行工作。但由于机械鼠标容易粘灰且易磨损，目前已经被逐步淘汰。

❖ 光电鼠标

光电鼠标是目前市场上的主流鼠标，其定位方式和机械鼠标不同，它是通过一个发光二极管发出光线，照射到鼠标底部所接触的表面上，然后光线经过这个表面反射到一个微成像器上。这样，光电鼠标的运动轨迹就成为一组连贯的图像，利用数字微处理器（DSP）对这组图像进行处理、分析，然后将判断出的鼠标移动方向和位移数据传输给电脑并据此进行工作，如图5-4所示。

图5-4 光电鼠标

另外，目前较为高端的激光鼠标也属于光电鼠标的一种，它在性能上比普通的光电鼠标提高了一个档次。普通光电鼠标使用漫反射原理，绝大部分的照射光都散射了，只有少部分被微成像器捕捉，所成的像是模糊不清的。而激光鼠标发出的激光能够产生镜面反射，光线不会散射，所成的像比较清晰，从而大大提高了鼠标的定位精度，如图5-5所示。

图5-5 激光鼠标

5.1.2 鼠标的工作原理

无论是哪种类型的鼠标，其工作方式都是在侦测当前位置的同时与之前的位置进行比对，从而得出移动信息，实现光标的移动。不过，由于内部构造的差异，不同鼠标在实现这一任务时采用的方法及原理也是各不相同的。

1.机械式鼠标工作原理

机械鼠标主要由滚球、辊柱和光栅信号传感器组成。当拖动鼠标时，带动滚球转动，滚球又带动辊柱转动，装在辊柱端部的光栅信号传感器产生的光电脉冲信号反映出鼠标器在垂直和水平方向的位移变化，再通过电脑程序的处理和转换来控制屏幕上光标箭头的移动。

2.光电式鼠标的工作原理

光电鼠标器是通过检测鼠标器的位移，将位移信号转换为电脉冲信号，再通过程序的处理和转换来控制屏幕上光标箭头的移动。光电鼠标用光电传感器代替了滚球。

专家指点

在机械鼠标之后,还出现过一种光机鼠标,该类型鼠标的内部结构与机械鼠标极为相似,不同之处在于鼠标内没有译码盘,取而代之的则是两个带有栅缝的光栅码盘,以及用来产生位移信号的发光二极管和感光芯片。但就工作原理来看,两者没有什么区别。

由于光电鼠标工作原理的特性,在使用光电鼠标时最好配合鼠标垫一起使用。

另外,激光鼠标和光电鼠标最大的区别在于激光是不可见的,用肉眼去看鼠标的底部,会发现不像光电鼠标那样发红光。激光鼠标定位准确,其缺点是不能在玻璃上使用。

▶ 5.1.3 鼠标的性能指标

目前市场上能够见到的鼠标产品绝大多数都属于光电鼠标,而能够反映光电鼠标的性能主要是通过以下几个指标来体现的。

1. 分辨率

一款光电鼠标性能优劣的决定性因素在于每英寸长度内鼠标所能辨认的点数,也就是人们所说的分辨率。目前,高端光电鼠标的分辨率已经达到了2000dpi的水平,与400dpi的老式光电鼠标相比,2000dpi鼠标的定位精度远远高于400dpi的光电鼠标。

但并不是鼠标的分辨率越大就越好,因为当鼠标的分辨率过大时,轻微的震动鼠标就可能导致光标"飞"掉,而分辨率值小一些的鼠标反而感觉比较"稳"。

2. 光学扫描率

光学扫描率指的是鼠标感应器在一秒内所能接收光反射信号并将其转化为数字电信号的次数,该指标也是光电鼠标的重要性能指标。通常来说,光学扫描率越高,鼠标对位置的移动越敏感,其反应速度也就越快。如此一来,在用户快速移动鼠标时便不会出现光标与鼠标实际移动不同步的现象了。

3. 接口类型

接口类型除了能够反映鼠标与主机的连接方式,还决定了鼠标与计算机相互传递信息的速度。例如,光电鼠标的分辨率和光学扫描率越高,在单位时间内需要向计算机传送的数据也就越多,对接口数据传输速度的要求也就越高。目前,常用的鼠标主要有PS/2接口和USB接口两种类型,而USB接口的数据传输速度要高于普通的PS/2接口。

4. 传输方式

鼠标传输方式即鼠标与电脑的连接方式,主要有有线和无线两种方式,其中无线传输方式有红外、27MHz、2.4GHz和蓝牙,现在红外和27MHz产品已基本被淘汰。

现在无线鼠标主要采用2.4GHz传输模式,工作在2.4GHz ~ 2.485GHz频段下,不需要授权,传输速率达到2Mbit/s,不需要不间断地工作并且使用自动调频技术,还可进行双向传输。

准确地说蓝牙是一种无线标准,同样在2.4GHz频段下工作,根据传输距离分为不同的标准,目前键盘和鼠标中使用的为传输距离在10m左右的Class2标准。蓝牙标准的最高数据传输速率只有1Mbit/s。它的优点是标准统一,可以互相配对、连接,但由于需要交纳专利费用,价格相对较高。

▶ 5.1.4 鼠标的选购指南

随着图形化操作界面的普及,鼠标作为标准的输入设备,是电脑中必不可少、经常使用的设备,好的鼠标易于操作、移动灵敏、定位准确,能有效地提高工作效率。因此,在选购时可以通过从以下几个方面进行考虑。

1. 品牌

优秀的品牌有着多年市场口碑与技术的积累,名牌产品无论在做工、用料还是技术上都有保证。

目前光电鼠标市场中,主要有雷柏、雷

蛇、双飞燕、富勒、联想和惠普等品牌，其中，双飞燕鼠标则有不错的性价比，如图5-6所示，而罗技是全球最大的鼠标、轨迹球制造商，如图5-7所示。

图5-6 双飞燕鼠标

图5-7 罗技鼠标

2. 用途

要购买一款鼠标，首先要看自己使用鼠标的用途，对于外形有要求的用户可以选择外形时尚、色彩比较靓丽的鼠标，更能彰显个性；对于游戏玩家，应选择反应速度快、定位准确的游戏鼠标；长时间使用鼠标的用户，除了鼠标的反应速度和定位精度外，也要考虑人体工程学设计上的舒适性；那些经常移动办公的笔记本电脑，应选购在各种桌面上都能使用的鼠标，方便在各种环境下进行使用。

3. 鼠标质量

选购鼠标时，需要重点考虑CPI（DPI）和扫描频率，从定位精确程度、反应速度、外形

和使用手感等多方面进行体验。手感好的鼠标用起来舒适，不但能够提高工作效率，而且对人的健康也有益处，可以避免长期使用引发上肢综合病症。

好的鼠标设计应符合人体工程学，手握时感觉轻松、舒适且与手掌贴合，按键轻松有弹性，滑动流畅，屏幕光标定位精确，并带有厂商标志和插拔方向，线材匀称且结实，在包装内提供保修卡和驱动程序安装盘。

4. 质保

一般的鼠标会提供至少1年的质保期（罗技鼠标提供5年质保），有些产品则只提供最长为3个月的质保期。

5.2 了解与选购键盘

电脑诞生之初，主要是通过纸带穿孔机向电脑输入信息。随着键盘的出现改变了这一信息录入方式，成为电脑最为重要的外部输入设备。直到目前为止，键盘依旧在字符输入领域有着不可动摇的地位，并随着用户的需求，向着多媒体、多功能和人体工程学等方面不断前进，在输入设备的领域内巩固着自己的地位。

5.2.1 键盘的分类

键盘是最常见的电脑输入设备，用户通过键盘可以向电脑输入各种指令、数据，指挥电脑工作。在键盘的发展过程中，为满足不同用户之间的需求差异，陆续出现了多种不同类型的键盘。按照不同的分类方式，键盘也可以分为不同的类型。

1. 根据按键方式分类

从不同键盘在按键方式上的差别来看，可以将其分为机械式、导电橡胶式、薄膜式和电容式键盘四种类型。

❖ 机械式键盘

早期的键盘按键大都采用的是机械式设计，通过一种类似于金属接触式开关的原理来

控制按键点的导通或断开。

为了使按键在被按下后能够迅速弹起，廉价的机械式键盘大都采用铜片弹簧作为弹性材料，但由于铜片易折且易失去弹性，其质量较差。

机械式键盘的工艺简单、维修方便，且使用手感较好，但噪声大、易磨损。不过直到今天，做工精良的机械式键盘仍旧是不少用户所追捧的对象，如图5-8所示。

图5-9 薄膜键盘按键

❖ 电容式键盘

电容式键盘通过按键时电极距离发生变化，从而引起电容量变化而产生的震荡脉冲信号来记录按键信息。由于电容式键盘按键属于无触点非接触式开关，其磨损率极小（甚至可以忽略不计），也很少有接触不良的隐患，如图5-10所示。

图5-8 机械式键盘

 专家指点

早期的键盘完全是仿造打字机键盘进行设计制造的，就连按键分布也与打字机相同。

❖ 导电橡胶式键盘

与机械式键盘不同，导电橡胶式键盘内部是一层带有凸起部分导电的橡胶层，通过按键时导电橡胶与底层触点的接触来产生按键信息。总的来说，导电橡胶式键盘的成本较低，但由于整体手感没有太大进步，因此，很快便被新型的薄膜式键盘所取代。

❖ 薄膜式键盘

薄膜键盘的内部是两层印有电路的塑料薄膜，通过用户按键后导电薄膜的接触来产生按键信息，如图5-9所示。与其他类型的键盘相比，薄膜式键盘具有无机械磨损、可靠性较高，且价格低、噪声小等特点。

图5-10 电容式键盘

因此，电容式键盘具有质量高、噪声小、容易控制手感及密封性好等优点，不过工艺结构较机械式键盘要复杂一些。

2.根据设计外形分类

从外形设计来看，键盘分为标准键盘、人体工程学键盘和异形键盘三种类型。

❖ 标准键盘

标准键盘就是四四方方、外形规规矩矩的矩形键盘，该类型键盘的缺点是长时间使用会比较疲劳，如图5-11所示。

❖ 人体工程学键盘

从人体工程学的角度重新设计的键盘，如图5-12所示。人体工程学键盘将键盘上的左手按键区和右手按键区分开设计，并使其形成一定角度，用户在使用时便不必有意识地来夹紧双臂，从而能够在一种比较自然的状态下进行工作。

图5-11 标准键盘

图5-12 人体工程学键盘

除此之外，大多数人体工程学键盘还会加大"空格"、"回车"等常用按键的面积，并在键盘下增加护手托板（即腕托）。通过悬空的手腕增加支点，便可以有效减少因手腕长期悬空而导致的疲劳感。

❖ 异形键盘

异形键盘，则是为某种应用或特殊需求而专门设计的键盘，具有针对性强、方便、快捷和高效等特点，因此，并不十分注重键盘的外形。

为了提高键盘便携性而设计的可折叠键盘、硅胶键盘，以及为游戏娱乐玩家而专门设计生产的专用游戏键盘等，都属于异形类键盘，如图5-13所示。

图5-13 游戏键盘

5.2.2 键盘的结构

在键盘的发展过程中，除了在外观上有一定的变化，其组成结构并没有太大的变化，大部分的键盘都是由外壳、按键、指示灯、接口和内部电路组成。

1.外壳

外壳是支持电路板和用户操作的键盘框架，通常采用不同类型的塑料压制而成，部分键盘还会在底部采用钢板，以此来增加键盘的质感和刚性。

为了适应不同用户的需要，键盘的底部大都设有可折叠的支撑脚，展开支撑脚后可使键盘保持一定的倾斜角度，如图5-14所示。不同的键盘会提供单段、双段甚至三段的角度调整。

图5-14 键盘支撑脚

2.按键

按键的构造主要是由按键插座和键帽两部分组成。其中，键帽上印有各种字符标记，便于用户进行识别，而按键插座的作用则是固定键帽，如图5-15所示。

图 5-15 键帽

键盘上的众多按键可分为主键盘区、数字辅助键盘区、功能键盘区和控制键区。部分适合笔记本使用的键盘则取消了数字键盘区，使键盘体积更小，易于携带。对于多功能键盘还增添了快捷键区。

按键的形状一般都是矩形，按照布局的不同可分为普通键盘和人体工程学键盘。所谓人体工程学键盘就是将键盘按键依照人双手放在键盘上时最自然的角度分布成一个弧形，这样人们在使用键盘时可以更加舒适。"人体工程学键盘"经常被人们称之为"海湾型键盘"或"蝴蝶键盘"。

另外，键盘的做工决定了键盘按键的手感和声音，键帽上字符的耐磨性与所使用的工艺有关，优秀的键盘键帽上的字符清晰、耐磨。

3. 接口

键盘与主机的连接接口主要分为USB和PS/2两种类型，其中USB接口为矩形，如图5-16所示；PS/2接口为圆形，如图5-17所示。

图 5-16 USB接口

图 5-17 PS/2接口

4. 键盘指示灯

常规键盘具有Caps Lock（字母大小写锁定）、Num Lock（数字小键盘锁定）、Scroll Lock三个指示灯，标志键盘的当前状态。这些指示灯一般位于键盘的右上角，如图5-18所示。

图 5-18 键盘指示灯

不过有一些键盘，如ACER的Ergonomic KB和HP原装键盘采用键帽内置指示灯，这种设计可以更容易地判断键盘当前状态，但工艺相对复杂，所以大部分普通键盘均未采用此项设计。

5. 内部电路

电路是整个键盘的核心，主要分为逻辑电路和控制电路两大部分。其中，逻辑电路呈矩阵状排列，几乎布满整个键盘，而键盘按钮便安装在矩阵的各个交叉点上。

控制电路由按键识别扫描电路、编码电路、接口电路等部分组成，其表面布有各种电子元件，并通过导线与逻辑电路连接在一起。控制电路的作用是接收逻辑电路产生的按键信号，并在整理和加工这些信号后，向计算机主机发出与按键相对的信号。

▶ 5.2.3 键盘的工作原理

键盘的作用是记录用户的按键信息，并通过控制电路将信息送入电脑中，从而实现将字符输入电脑的目的。事实上，无论是哪种类型的键盘，按键信号产生原理都相差不大。根据键盘在识别键盘信号时所采用的方式，可以将它们分为编码键盘和非编码键盘两种类型。

1. 编码键盘

在编码键盘中，按键在被按下后将产生唯一的按键信息，而键盘的控制电路则会在对信息进行编码后直接送入电脑，再由电脑对比字符编码表，从而得出所输入的字符，实现录入字符的目的。编码键盘在完成字符的录入工作时，经过的中间步骤极少，这使得编码键盘的响应极快。但是，为使每个按键都能够产生一个独立的编码信号，编码键盘的硬件结构较为复杂，并且其复杂程度会随着按键数量的增多而不断增加。

2. 非编码键盘

非编码键盘的特点在于按键无法产生唯一的按键信息，因此，键盘的控制电路还需要通过一套专用的程序来识别按键的位置。在这个过程中，硬件需要在软件的驱动下完成诸如扫描、编码、传送等功能，而这个程序便被称为键盘处理程序。

键盘处理程序由查询程序、传送程序和译码程序三部分组成。

在一个完整的字符输入过程中，键盘首先调用查询程序，在通过查询接口逐行扫描键位矩阵的同时检测行列的输出，从而确定矩形内闭合按键的坐标，并得到该按键所对应的扫描码；接下来，键盘在传送程序和译码程序的配合工作下得到按键的编码信号；最后，在将按键编码信息传送至主机后，完成相应字符的录入工作。非编码键盘在生成编码信息时步骤繁多，因此，响应速度较编码键盘要慢。不过，非编码键盘可以通过软件对按钮进行重新定义，从而可方便地扩充键盘功能，因此得到了广泛的应用。

5.2.4 键盘的性能参数

键盘作为电脑的重要输入设备，其性能的好坏直接关系着各种字符信息能否完整地输入至电脑中，另一方面，也会影响用户的输入状态。一般来说，键盘的主要性能参数有按键数量、接口类型、键盘布局、连接方式、键盘手感和声音等。

1. 按键数量

目前的键盘按键数量多为107键，一些带有辅助功能的键盘，如多媒体键盘可能带有播放、暂停、前进、后退和音量调节等功能，因此，按键数量会更多。如图5-19所示为多媒体键盘。

图5-19 多媒体键盘

2. 接口类型

接口类型是键盘与主机的接口方式，主要有PS/2圆形接口和USB矩形接口两大类，其中USB接口的键盘性能比PS/2接口要好一些，不过部分主板进入操作系统前，不支持USB接口的键盘。

3. 键盘布局

按键盘的布局可以分为普通键盘和人体工程学键盘，由于人体工程学键盘使用更为舒适，所以建议尽量选购该类型的键盘。

4. 连接方式

键盘与电脑主要分为有线和无线两种连接方式，一般用户使用有线键盘即可，那些追求美观、简单，讨厌各种电脑连接线的用户可以选购无线键盘。

5. 手感和声音

键盘按手感可分为硬键盘和软键盘，其中硬键盘（即键帽活动的范围）较大，手指需要稍微用点力才能按下按键，一般声音也比较清脆、响亮。硬键盘的优点是不易铵错键，适合输入大量文本时使用。

软键盘的键程一般较小，声音很小，一般的笔记本电脑键盘都是软键盘。软键盘声音小，适合在安静的场合使用。

6. 按键冲突

键盘的按键冲突与键盘的设计有关，现在的键盘都使用了非编码设计，按键与信号线并不是一一对应的关系，许多的按键共用一条信号线。当同时按下使用同一条信号线的多个按键时，会导致键盘无法识别，出现某个按键无反应的情况，此时就出现了所谓的按键冲突。按键冲突与设计有关，一般键盘厂商只能保证常用按键，如【W】、【S】、【A】、【D】和【↑】、【↓】、【←】、【→】按键不会发生冲突，其他按键则无法保证，如图5-20所示。

图5-20 键盘按键

如果用户需要使用键盘玩游戏，则可能同时使用按下多个键盘的组合键，为此应尽量选购游戏专用键盘，这些键盘上的按键采用独立信号线，不会产生按键冲突的现象。

▶ 5.2.5 主流品牌键盘简介

目前市场上的键盘种类繁多，品牌也有很多，如罗技（Logitech）、雷柏（Rapoo）、多彩（DELLUX）、戴尔（DELL）、雷蛇（Raxer）、微软（Microsoft）和双飞燕（Win2）等，不同品牌的键盘，在质量、性能和价格方面都各不相同。下面将介绍几款市场上比较热门的知名品牌键盘。

1. 罗技G15翻盖式游戏键盘

这是一款经典的游戏键盘，它有很多独特的游戏专用设计：可编程G按键，可以为游戏创建多达54个自定义宏；可折叠和调节的LCD面板，可以方便游戏玩家以最舒适的角度观察显示在Game PanelTM LCD显示屏上的游戏状态和系统信息；拥有3个不同亮度的背光键盘灯，在光线不足或深夜的情况下也可以轻松游戏；约束线槽，可以将耳机等设备的连线约束在键盘下方，使它们不会妨碍到游戏操作，如图5-21所示。

图5-21 罗技G15游戏键盘

2. 雷柏2600媒体遥控键盘

雷柏2600键盘具有丰富的多媒体控制设计，左侧有7个快捷键和一个滚轮（相当于鼠标滚轮的功能），顶部有8个快捷键，右侧是轨迹球、关机键及轨迹球开关，代替鼠标左右键的两个按钮分别隐藏在键盘左上角和右上角。虽然键盘看上去只有一个键区，好像没有数字小键盘，但其实它是隐藏在主键区中的。在按【NUM LOCK】键之后，主键区有蓝色标志的按键就会变成数字小键盘区域，如图5-22所示。

图5-22 雷柏键盘

3. 微软人体工程学键盘4000

这是一款外形非常漂亮、设计非常独特的键盘，在人体工程学上，极大限度地提高了用户的使用舒适程度。它的12°设计使人双手手腕保持自然的状态，长时间使用也不会感到疲惫，并且该键盘拥有5个自定义键，用户可以根据需要自定义它们的功能，如图5-23所示。

图5-23 微软人体工程学键盘

4. 双飞燕X7高敏战神G800

双飞燕X7高敏战神G800是一款专业的游戏键盘，如图5-24所示。具有防水功能，整个键盘完全经过了防水封胶处理，整体可放在水中使用或清洗，外观设计采用了经典红黑色调，红色的8个游戏常用键非常显眼；在左手位置上，除了标准按键外，左侧增加了4个按键；空格键下方增加了5个按键，左手可以控制更多的操作；空格键则采用了3段式设计，又增加了两个功能键。

双飞燕X7高敏战神G800键盘除了常规的3个键盘灯外还设计了"速"和"向"两个按键和按键信号灯，当用户在按下"速"和"向"任意一个按键时，其对应的信号灯会在无色（默认状态）、绿色、黄色和红色之间进行转换。其中，"速"对应的是按键反应灵敏度，而"向"键则改变按键的换位功能。这款键盘虽然采用的是107键设计，但和美式标准107键不同。G800键盘把美式标准107按键的【Power】、【Wake up】和【Sleep】三个键改为了【G13】、【G14】和【G15】功能键。

G800键盘拥有4段免驱变速功能，可以提高按键反应速度3倍。另外，G800还增加了12个立即可用键和7个多媒体按键，以及USB扩展口，且G800键盘仍然使用了PS/2接口保证了良好的兼容性。

图5-24 双飞燕X7高敏战神

5.2.6 键盘的选购指南

键盘作为电脑操作使用较为频繁的输入设备，其质量的优劣不仅关系着工作效率，还直接影响着使用者的使用感受，甚至手腕的健康。因此，为自己选购一款合适的键盘显得尤为重要。

1. 键盘功能

在购买键盘时一定要知道自己要用它来做什么，在功能上有什么需求，如，玩游戏时需要有较高的反应速率、更多的功能键，同时按键时不能冲突等。这样就可以先根据自己需要的功能确定所购买键盘的种类。很多品牌键盘在功能上已经明确分类，不同种类的键盘有不同的设计重心。

喜欢上网冲浪、看电影、听音乐等娱乐活动的用户可以考虑购买一个拥有多媒体按键的键盘；喜欢玩游戏，对键盘的操作性能要求较高的用户可以考虑购买一个专门为游戏设计的键盘。

2. 键盘手感

键盘的手感对于键盘性能非常重要，手感好的键盘可以使用户迅速而流畅地打字，并且在打字时不至于使手指、关节和手腕过于疲劳。检测键盘手感非常简单，只要用适当的力量按下按键，感觉其弹性、回弹速度、声音即可，不过检测键盘手感一定要亲自操作，而且要全面的检测键盘上的每一个键，包括数字键、上方的功能键等非常用键，对于字母键之类常用键，更要仔细检查。手感好的键盘应该弹性适中、回弹速度快而且无阻碍、声音低、键位晃动幅度小。如今的键位设计主要有两种，一种是为追求静音用户设计的X架构，另一种则为传统式的伞状直插键帽，两种键位的回起及静音效果均有不同，用户在购买时也需仔细考虑。

3. 生产工艺和质量

键盘的生产工艺和质量是直接影响到键盘能否长时间稳定工作的两大要素。在检查键盘的时候，首先用手抚摸键盘的表面和边缘，然后观察按键上的字母和数字，看其是否清晰，以及字母和数字是使用激光刻写的，还是使用油墨印刷的。

一般来说，拥有较高生产工艺和质量的键盘表面和边缘平整、无毛刺，同时键盘表面不是普通的光滑面，而是经过研磨。按键字母则是使用激光刻写上去的，非常清晰和耐磨。而普通印刷和激光刻写有很大区别，首先是印刷的字母会微微凸起，其次字母边缘会由于油墨的原因而有一些毛刺。

4. 键盘设计布局

在选购键盘时，除了应该选择更为舒适的人体工程学键盘之外，对于普通键盘也要注意以下几点。

❖ 要看键盘的表面弧度，如果键盘从上到下设计成一个小弧面，那么打起字来就更加舒服；

❖ 要注意键盘下方是否提供托板，以支撑通常是悬空的手腕；

❖ 要注意各种键位的设计，特别是一些常用的功能键位置是否能够轻易地按到。

5. 购买品牌

市场中，普通的键盘产品十几元，而名牌产品则需上百元，相差很大，不过需要强调的是，名牌键盘确实物有所值。由于键盘要天天使用，损耗很大，而名牌键盘无论是在原料应用、生产工艺、检测手段等方面都大大领先普通产品，质量和服务也更加有保证，因此与其贪小便宜而经常更换，不如一次多花些钱，买个放心。

目前市场上的键盘品牌主要有罗技（Logitech）、雷柏（Rapoo）、多彩（DELLUX）、戴尔（DELL）、雷蛇（Raxer）、微软（Microsoft）和双飞燕（Win2）等，不同厂商生产的键盘具有不同的技术特点。综合分析，罗技和双飞燕键盘在技术、做工、质量和售后服务等方面都还不错。

6. 辨别二手货

二手货通常都是一些用户在购买一两天后感觉不适而返回给商家的，还有一些二手货是一些不良商家把旧键盘重新包装后当新货售卖。辨别二手货首先要做的是在购买前检查包装是否完整无缺，尤其是包装盒上的封条是否被揭开，如果有撕掉的痕迹很可能是已拆开的产品。拆开包装后要仔细地查看产品底部，因为使用过的产品在产品底部的垫脚会留下划痕，或者在产品上留下使用痕迹，所以用户在购买时一定要看清楚产品外观。

第 **6** 章

电脑办公设备的选购

学习提示 》》

　　打印机、扫描仪和刻录机都是与电脑相连接的、重要的办公设备。使用打印机、扫描仪和互联网可以接收或放送传真，并可以实现打印、复印功能，而刻录机则可以将资料刻录于光盘中进行永久保存。

主要内容 》》

- 各类打印机
- 打印机选购指南
- 扫描仪的分类

- 扫描仪的工作原理
- 刻录机的分类
- 刻录机的选购指南

重点与难点 》》

- 认识各种打印机
- 掌握打印机的选购
- 了解扫描仪的类型

- 熟知扫描仪的性能指标
- 了解刻录机的类型
- 熟知刻录机的性能指标

学完本章后你会做什么 》》

- 了解各种类型的打印机
- 掌握选购打印机的技巧
- 了解各种类型的扫描仪

- 掌握选购扫描仪的技巧
- 了解各种类型的刻录机
- 掌握选购刻录机的技巧

图片欣赏 》》

6.1 了解与选购打印机

打印机是一种极其重要的电脑输出设备，它可以把电脑中的数据用可以识别的数字、字母、符号和图形等形式永久地输出到介质（主要是纸张）上，它实现了将大量信息轻松打印输出的目的。

6.1.1 针式打印机

针式打印机是一种特殊的打印机，和喷墨、激光打印机都存在很大的差异，而针式打印机的这种差异是其他类型的打印机不能取代的，正是因为如此，针式打印机一直都有着自己独特的市场份额，服务于一些特殊的行业用户。

1.组成部分

针式打印机的种类繁多，型式各异，一般分为打印机械装置和控制与驱动电路两大部分。

❖ 机械装置

打印机械装置主要包括字车与传动机构、打印针控制机构、色带驱动机构，走纸机构和打印机状态传感器，这些机构都为精密机械装置，以保证各种机构能实现下面的各种运动。

第一，字车与传动机构。字车是打印头的载体，打印头通过字车传动系统实现横向左、右移动，再由打印针撞击色带而印字。字车的动力源一般都用步进电动机，通过传动装置将步进电动机的转动变为字车的横向移动。一般用钢丝绳或同步齿形带进行传动。

第二，打印针控制机构。打印针是正确打印的关键。打印针控制机构实现打印针的出针和收针动作。通常利用电磁原理控制打印针的动作。

第三，色带驱动机构。打印针撞击色带，色带上的印油在打印纸上印出字符或图形。在打印过程中，打印头左、右移动时，色带驱动机构驱动色带也同时循环往复转动，不断改变色带被打印针撞击的部位，保证色带均匀磨损，从而既延长了色带的使用寿命，又保证了

打印出的字符或图形颜色均匀。

色带驱动机构一般利用字车电动机带动同步齿形带（如LQ-1600K）或钢（尼龙）丝绳驱动色带轴转动，也可采用两个单独的电动机（如某些彩色打印机）分别带动色带正、反向走带。

第四，走纸机构。该机构实现打印纸的纵向移动。当打印完一行后，由它走纸换行。走纸方式一般有摩擦走纸、齿轮馈送和压纸滚筒馈送等。其动力方式为通过牵引机构将步进电动机的转动转变为走纸移动。

第五，打印机状态传感器。对于不同的打印机来说，传感器的设置情况不同。通常有原始位置传感器（检测字车是否停在左边原始位置上）、纸尽传感器（检测所装的打印纸是否用完，用完则报警）、计时传感器（检测字车的瞬时位置）和机盖状态传感器（检测正在打印中的异常开打印机盖操作）等。

❖ 控制与驱动电路

第一，控制电路。打印机的控制电路均已采用了微机结构，所以打印机也就是一个完整的微型机。从处理器类别划分，有采用单片机扩展内存及接口电路构成的，也有采用CPU（处理器）设计的。从组成结构上划分，有采用单一CPU结构的，也有采用主从CPU过程控制结构的。对打印机的各种控制是通过软件进行的。在ROM中存储有点阵字库和控制程序，用户自定义的字符存储在行缓存RAM中。

第二，驱动电路。驱动电路的功能是在控制电路的控制下，由高压驱动走纸电动机、字车电动机控制打印针出针动作。

第三，接口电路。打印机与主机的连接有串行接口、并行接口及USB接口等。

第四，直流稳压电路。为打印机提供各种直流电源。

 专家指点

针式打印机可以打印多层介质、结构简单、耗材和维护成本很低，但有噪声大、分辨率低、体积大、打印速度慢等缺点，多用于银行和邮局等需要打印多层票据的场合。

2. 工作原理

针式打印机中的打印头由多支金属撞针依次排列组成，当打印头在纸张和色带上行走时，指定撞针会在到达某个位置后弹射出来，并通过击打色带将色素点转印到打印介质上。在打印头内的所有撞针都完成这一工作后，便能够利用打印出的色素点砌成文字或图画。如图6-1所示为针式打针机。

图6-1 针式打印机

6.1.2 喷墨打印机

喷墨打印机在打印图像时，需要进行一系列的繁杂程序。当打印机喷头快速扫过打印纸时，它上面的无数喷嘴就会喷出无数的小墨滴，从而组成图像中的像素。

1. 工作原理

当喷墨打印机喷头（一种包含数百个墨水喷嘴的设备）快速扫过打印纸时，其表面的喷嘴便会吐出无数小墨滴，从而组成图像中的像素，采用每英寸上的墨点数量来衡量打印质量，墨点的数量越多，打印出来的文字或图像就越清晰、越精确，如图6-2所示为一台彩色喷墨打印机。

图6-2 喷墨打印机

2. 打印机分类

按照不同的分类方式，打印机也分为不同的种类。按照目前喷墨打印机打印头的工作方式可以分为压电喷墨打印机和热气泡喷墨打印机。

❖ 压电喷墨打印机

压电喷墨打印机是将许多小的压电陶瓷放置到喷墨打印机的打印头喷嘴附近，利用它在电压作用下会发生形变的原理，适时地把电压加到它的上面。压电陶瓷随之产生伸缩使喷嘴中的墨汁喷出，在输出介质表面形成图案。

❖ 热气泡喷墨打印机

热气泡喷墨打印机是让墨水通过细喷嘴，在强电场的作用下，将喷头管道中的一部分墨汁气化，形成一个气泡，并将喷嘴处的墨水顶出喷到输出介质表面，形成图案或字符。

> ☺ **专家指点**
>
> 喷墨打印机噪声很小、速度快、打印效果好，但耗材比较贵，长时间不用时墨水很容易干涸，因此，多用于彩色输出，但不适合办公和大量打印。

6.1.3 激光打印机

激光打印机是将激光扫描技术和电子照相技术相结合的打印输出设备。较其他打印设备，激光打印机有打印速度快、成像质量高等优点；但使用成本相对高昂。目前，生产激光打印机的厂商主要有惠普、佳能、爱普生、利盟（Lexmark）、施乐、松下、联想等。

1. 基本结构

激光打印机是由激光器、声光调制器、高频驱动、扫描器、同步器及光偏转器等组成，如图6-3所示。其作用是把接口电路送来的二进制点阵信息调制在激光束上，之后扫描到感光体上。感光体与照相机构成电子照相转印系统，把射到感光鼓上的图文映像转印到打印纸上，其原理与复印机相同。

图6-3 激光打印机

激光打印机是将激光扫描技术和电子显像技术相结合的非击打输出设备。它的机型不同，打印功能也有区别，但工作原理基本相同，都要经过：充电、曝光、显影、转印、消电、清洁、定影七道工序，其中有五道工序是围绕感光鼓进行的。当把要打印的文本或图像输入到计算机中，通过计算机软件对其进行预处理；然后由打印机驱动程序转换成打印机可以识别的打印命令（打印机语言）送到高频驱动电路，以控制激光发射器的开与关，形成点阵激光束，再经扫描转镜对电子显像系统中的感光鼓进行轴向扫描曝光，纵向扫描由感光鼓自身的旋转实现。

2.基本原理

激光打印机工作过程所需的控制装置和部件的组成、设计结构、控制方法和采用的部件会因厂商和机型不同而有所差别，主要表现如下。

❖ 对感光鼓充电的极性不同。
❖ 感光鼓充电采用的部件不同。有的机型使用电极丝放电方式对感光鼓进行充电，有的机型使用充电胶辊（FCR）对感光鼓进行充电。
❖ 高压转印采用的部件有所不同。
❖ 感光鼓曝光的形式不同。有的机型使用扫描镜直接对感光鼓扫描曝光，而有的机型则使用扫描后的反射激光束对感光鼓进行曝光。

不过他们的工作原理基本一样。由激光器发射出的激光束，经反射镜射入声光偏转调制器，同时，由电脑送来的二进制图文点阵信息，从接口送至字形发生器，形成所需字形的二进制脉冲信息，由同步器产生的信号控制9个高频振荡器，再经频率合成器及功率放大器加至声光调制器上，对由反射镜射入的激光束进行调制。调制后的光束射入多面转镜，再经广角聚焦镜把光束聚焦后射至光导鼓（硒鼓）表面上，使角速度扫描变成线速度扫描，完成整个扫描过程。硒鼓表面先由充电极充电，使其获得一定电位，之后经载有图文映像信息的激光束曝光，便在硒鼓的表面形成静电潜像，经过磁刷显影器显影，潜像即转变成可见的墨粉像。再经过转印区，在转印电极的电场作用下，墨粉便转印到普通纸上，最后经预热板及高温热滚定影，即在纸上熔凝出文字及图像。在打印图文信息前，清洁辊把未转印走的墨粉清除，消电灯把鼓上残余电荷清除，再经清洁纸系统做彻底的清洁，即可进入新的一轮工作周期。

😊 **专家指点**

激光打印机按打印颜色可分为黑白激光打印机和彩色激光打印机，目前使用最多的是黑白激光打印机，适合办公用户选用，具有打印质量好、成本低、分辨率高、噪声低、速度快等优点。

▶ 6.1.4 LED打印机

LED打印机是目前最为先进的打印机。LED打印机是采用了一组发光二极管来进行扫描感光成像，LED感光成像采用了密集的LED阵列为光发射器，将数据信息的电信号转化为光信号后发射到感光鼓上成像。

1.工作原理

LED打印机是一种使用光成像技术的打印机，与激光打印机不同，LED打印机将成千上万个微小的LED发光二极管排列成一个队列，放置在感光鼓上方，打印机的每一个物理分辨率对应一个发光二极管，在打印信号的控制下，需要打印的部分LED管点亮，它们产生的光线通过聚集头直接投影在感光鼓表面，使感光鼓曝光，在单行感光完毕后，感光鼓转动，LED重新按打印要求点亮，使下一行进行感光，从而完成感光过程。

2. 技术特点

第一，OKI的LED打印机采用多灰度级的VDC技术，这种VDC技术改变了以前LED头的每个发光源只有2个灰度的极限，实现32个灰度级的打印，使打印过度层次更加自然，打印更加细腻。如图6-4所示为OKI的LED打印机。

图6-4 OKI的LED打印机

第二，采用微精细高清墨粉，这种独特的蜡制墨粉可大大增强打印质量，即使在普通纸上也可以呈现高清晰度及柔和的光泽处理，可实现高度清晰的文字及丰富的色彩表现，即使用同一图像反复打印，也可以达到始终如一的输出效果。

第三，OKI的LED打印机采用一次成像的平直走纸路径，这种走纸方式可有效地减少卡纸率，可以适应更厚的纸张通过，可打印268GSM的厚纸，并且OKI全系列产品可以打印1.2米的长幅纸。

第四，OKI的LED打印机采用了很多便利的打印机实用程序。例如：Print Control程序

可帮助管理员进行网络打印控制；Doc smart程序可提供各种办公中常遇到的模板；Print Super Vision程序可随时获取网络内打印情况报告；Web Print程序把Web界面缩到一个界面内进行打印等。

第五，LED发光头和感光鼓之间的距离非常小，所以打印机体积可以做到非常小。LED头全部都是用半导体元器件来做的，所以稳定性和可靠性非常好，使用寿命比较长。在设计上LED头自由度非常高，比如LED式的A4幅面打印机，要发展成A3幅面打印机只要把LED头延伸一下就可以了。所以从设计角度来讲，由于LED头小，可扩展性非常高，从设计阶段已经体现了节能的理念。

> **专家指点**
>
> 　　与激光打印机相比，LED打印机的移动部件更少，光源寿命更长，工作效率更高，体积、重量和噪声都小；另外，LED打印机还有节能、环保、故障率低的特点。
>
> 　　LED打印机的主要缺点就是分辨率低，提高打印效果比较困难。LED打印机也可以打印彩色图像，而且价格比激光打印机更便宜。

6.1.5 打印机选购指南

打印机的种类繁多，功能各异，因此，选购打印机首先要了解需要应用的领域和各种打印机的性能等要素。下面将介绍一些选购打印机的技巧供用户参考。

1. 用途

选购打印机一定要符合自己的实际需求，如针式打印机适合打印多层票据，喷墨打印机是将数码图片转换成照片的最佳选择，而激光打印机和LED打印机则适用于办公。根据不同的需求、用途选择打印机既可以提高工作效率，也可以节省费用。

2. 品牌

目前主流的打印机品牌有惠普、佳能、爱

普生、联想、兄弟、富士施乐，柯尼卡美能达、OKI、方正等。一般情况下，品牌打印机的质量、技术和信誉度在打印机市场中都是非常不错的，选购品牌打印机也是避免购买假冒或劣质产品的防范技巧之一。

3.成本

打印机的成本包括打印机自身和耗材两个方面，用户在选购时习惯关注一次性的投入（即打印机本身的价格），而往往忽视了最重要的后期耗材（如针式打印机的色带、喷墨打印机的墨盒、激光打印机和LED打印机的碳粉）的成本投入。

4.性能

打印机的主要性能包括打印速度、分辨率、色彩数量、介质类型和打印幅面等。几乎所有的打印机都能打印出清晰的文本文件，如果不是专业用户，打印质量方面不必要求太苛刻。最简单的判断方法是打印一张自己最常接触的样品图片或文档进行判断。

5.售后服务

服务是一个老生常谈的问题，在趋于同质化的时代，服务就成了商家另一个制胜法宝。除去产品的品质和价格问题，厂家的售前、售中、售后服务质量，往往关系到设备能否长期良好地运行，因此，这也是选购时应着重考虑的一项指标。

6.2 了解与选购扫描仪

扫描仪（scanner）是一种高精度的光电一体化产品，通过捕获图像并将之转换成电脑可以显示、编辑、存储和输出的数字化输入设备。常见的照片、文本页面、图纸、美术图画、照相底片、菲林软片，甚至纺织品、标牌面板、印制板样品等三维对象都可作为扫描对象，提取和将原始的线条、图形、文字、照片、平面实物转换成可以编辑及加入文件中的装置。

6.2.1 扫描仪的分类

扫描仪的种类繁多，按不同的分类标准可以划分出多种不同类型，如按输出颜色的不同，可分为黑白扫描仪和彩色扫描仪；按扫描方式的不同，可分为手持扫描仪、馈纸扫描仪、平板式扫描仪和滚筒扫描仪等，而目前最常用的就是平板式扫描仪。

1.根据扫描图像的大小分类

根据扫描图像的幅面大小可以将扫描仪分为小幅面的手持式扫描仪、中等幅面的台式扫描仪和大幅面的工程图扫描仪三种类型。

❖ 手持式扫描仪的扫描幅面最小，但体积小、重量轻、携带方便，多用于商品条形码和用户身份识别，其工作方式是用手移动扫描头来完成扫描工作，如图6-5所示。

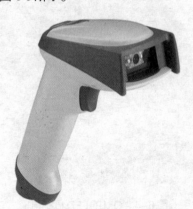

图6-5 手持式扫描仪

目前已经出现了能够扫描实物的3D手持扫描仪，能够侦测并分析现实世界中物体或环境的形状（几何构造）与外观资料（如颜色、表面反照率等性质），收集到的资料常被用来进行三维重建计算，在电脑中建立实际物体的数字模型。

 专家指点

手持式扫描仪的扫描精度相对较低，因此，其扫描质量与台式扫描仪和工程图扫描仪相比有较大的差距。

❖ 台式扫描仪的用途最广、功能最强、种类最多，其扫描尺寸通过为A4或A3幅面，特别适用于办公，如图6-6所示。

图6-6 台式扫描仪

❖ 工程图扫描仪是这三种扫描仪中扫描幅面最大、体积最大的类型，如图6-7所示。与前两种扫描仪相比，工程图扫描仪的扫描对象主要是测绘、勘探等方面的大型图纸。此外，在地理系统工程等方面也会用到扫描幅面较大的工程图扫描仪。

图6-7 工程图扫描仪

2.根据扫描方式分类

根据扫描方式的不同，可以将扫描仪分为激光扫描仪、馈纸扫描仪、平板式扫描仪和滚筒扫描仪四种类型。

❖ 激光扫描仪是一种能够测量物体三维尺寸的新型仪器，主要在工业生产领域中

检测产品的尺寸与形状，如图6-8所示。与普通扫描仪相比，激光扫描仪具有准确、快速且操作简单等优点。

图6-8 激光扫描仪

❖ 馈纸式扫描仪又称为小滚筒式扫描仪，是手持式扫描仪和夹板式扫描仪的中间产品。这种产品效率高，速度快，能够快速准确地处理个人和单位的一些文档、票据、名片等，如图6-9所示。

图6-9 馈纸式扫描仪

当前的馈纸式扫描仪大致分为三类，一是便携式扫描仪和名片扫描仪，这类扫描仪所针对的领域主要是机关单位，一般个人很少用到；一类是可连续扫描多页文档的馈纸式扫描仪，这类扫描仪应用范围较广，尤其是它出色的处理速度，受到不少单位和个人的青睐，像扫描票据、文档、图书等都是得心应手；最后一类就是集打印、传真、扫描等功能于一身的

一体机，这类机器多是采用馈纸式扫描方式，受到广大消费者的欢迎，并越来越普及。

馈纸式扫描仪的特点在于采用图像传感器固定而扫描原稿移动的扫描方式，有点像传真机。它的优点是体积小、耗电小（可以使用电脑提供的电源或内部电池）和采用自动进纸的方式（可以连接批量进行扫描），缺点是绝大多数的馈纸式扫描仪都使用了CIS扫描技术，光学分辨率一般只有300dpi。

❖ 平板式扫描仪是现在市场上的主流扫描仪产品，如图6-10所示。平板扫描仪大多数使用CIS和CDD技术，采用CDD技术的扫描仪性能上较优秀并可以实现实物扫描；而采用CIS技术的扫描仪价格比较便宜而且体积较小。其光学分辨率一般在300～8000dpi，色彩型号一般为24位彩色到48位彩色，扫描幅面一般为A4或A3，工作方式就像使用复印机一样，只需要把所需扫描的样品放在扫描仪内部，然后盖上扫描仪的封盖即可操作扫描仪进行扫描，使用起来非常方便。这种扫描仪除了可以扫描文件以外，还可以扫描书本、报纸、杂志甚至照片底片。

图6-10 平板式扫描仪

❖ 滚筒式扫描仪又称为鼓式扫描仪，它还有一个专业称谓"电子分色机"，如图6-11所示。它使用一种叫做光学倍增管（PMT）的技术，待扫描的文档被安放在一个玻璃筒上，在滚筒的中心有一个

传感器，它将从文档反射出的光拆分成三束。每一束光都要通过一个滤色镜进入光学倍增管，在那里光信号被转化成电信号。因为分色后的图档是以C、M、Y、K或R、G、B的形式记录色彩信息的，所以，这个过程就被叫成"分色"或"电分（电子分色）"。

图6-11 滚筒式扫描仪

滚筒式扫描仪是专业印刷排版领域应用最广泛的产品，同时，也是目前最精密的扫描仪器，能够捕获到正片和原稿中最细微的色彩。

6.2.2 扫描仪的工作原理

扫描仪是一种光、机、电一体化的高科技产品，它是将各种形式的图像信息输入计算机的重要工具，是继键盘和鼠标之后的第三代计算机输入设备。

自然界的每一种物体都会吸收特定的光波，而没被吸收的光波就会反射出去。而扫描仪就是利用这一原理来完成对稿件的读取工作。

扫描仪工作时发出的强光照射在稿件上，没有被吸收的光线将被反射到光学感应器上；光感应器接收到这些信号后，将这些信号传送到数模（D/A）转换器，数模转换器再将其转换成计算机能读取的信号，然后通过驱动程序转换成显示器上能看到的正确图像。待扫描的稿件通常可分为：反射稿和透射稿。前者泛指一般的不透明文件，如报刊、杂志等，后者包括幻灯片（正片）或底片（负片）。如果经常

需要扫描透射稿，就必须选择具有光罩（光板）功能的扫描仪。

 专家指点

当扫描对象为菲林软片或照片底片等透明材料时，由于光线会透过扫描材料，因此，扫描模级会由于收集不到足够的反射光线而无法完成工作。此时，用户只需利用一种被称为透射适配（TMA）的装置对扫描稿进行光源补偿后，扫描仪即可正常地完成工作。

6.2.3 扫描仪的性能指标

目前，人们主要从图像的扫描精度、灰度层次、色彩范围、扫描速度以及所支持的最大幅面等方面来衡量扫描仪的性能。下面将分别对这些性能指标进行简单的介绍。

1. 分辨率

分辨率是衡量扫描仪性能最主要的指标，它表示扫描仪对图像细节上的表现能力，即决定了扫描仪所记录图像的细致度，其单位为dpi（dots per inch）。通常用每英寸长度上扫描图像所含有像素点的个数来表示。dpi数值越大，扫描的分辨率越高，对图像细节的表现力就越强，扫描图像的品质也就越好。但在实际应用中，分辨率并不是越大越好因为对于扫描稿来说，其本身的图像质量是有限的，当扫描仪的分辨率大于某一特定值时，即使是提高扫描分辨率也无法提高所得图像的质量。

扫描分辨率一般有两种：真实分辨率（又称光学分辨率）和插值分辨率。

光学分辨率就是扫描仪的实际分辨率，它是决定图像的清晰度和锐利度的关键性能指标。

插值分辨率则是通过软件运算的方式来提高分辨率的数值，即用插值的方法将采样点周围遗失的信息填充进去，因此也被称作软件增强的分辨率。例如，扫描仪的光学分辨率为300PPI，则可以通过软件插值运算法将图像提高到600PPI，插值分辨率所获得的图像细节要少些。尽管插值分辨率不如真实分辨率，但它却能大大降低扫描仪的价格，且对一些特定的工作，例如扫描黑白图像或放大较小的原稿时十分有用。

2. 灰度级

灰度级决定了扫描仪所能区分的亮度层次范围。级数越多扫描仪所能分辨图像亮度的范围越大、层次越丰富，不同图像亮度间的过渡越自然。目前，多数扫描仪已经能够识别出256级的灰度，这比肉眼所能分辨出的层次还要多。

3. 色彩位数

该指标用于记录图像文件在表示每个像素点的颜色时所使用的数据位数，以bit为单位。就实际应用来看，色彩位数越多，图像内红、绿、蓝每个通道所能划分的层次也就越多，将其结合后可以产生的颜色数量也就越多，图像文件内各颜色间的过渡也就越真实、自然。以色彩位数为24bit的扫描仪为例，其能够产生的数量为2^{24}=16.67M种。

4. 扫描幅面

扫描幅面即扫描的尺寸大小，目前常见的扫描幅面主要有A4、A3、A0等，但对于馈纸式扫描仪来说，在扫描稿宽度合适的情况下，其长度不会受到限制。

5. 扫描速度

扫描速度决定了扫描仪完成一次扫描任务所花费的时间，是表示扫描仪工作效率的一项重要指标。不过，由于扫描速度会受到分辨率、色彩位数、灰度数、扫描幅面等各种因素的影响，因此，该指标通常用指定分辨率和图像尺寸下的扫描时间来表示。

6.2.4 扫描仪的接口类型

扫描仪的接口是指扫描仪与电脑主机的连接方式，其发展经历了从SCSI接口到EPP（Enhanced Parallel Port的缩写）接口技术，再到如今步入的USB时代，并且多是2.0接口的。下面就来认识一下这些扫描仪接口。

1.SCSI接口

SCSI接口扫描仪通过SCSI接口卡与电脑相连，数据传输速度快。缺点是安装较为复杂，需要占用一个扩展插槽和有限的电脑资源（中断号和地址）。如果你经常扫描大量的图档，应当选择SISC接口扫描仪，可节约不少时间。

2.EPP接口

EPP接口（打印机并口）用电缆即可连接扫描仪、打印机和电脑，安装简便。但其数据传输速度略慢于SCSI接口扫描仪，其扫描速度慢、扫描量也不大。虽然目前市场上还能看到EPP接口的扫描仪，但是几乎所有的厂商都已经停产。

3.USB接口

USB接口扫描仪速度快，并可以支持即插即用，与电脑的连接非常方便，有条件的用户，建议选购USB接口的扫描仪。自1999年推出以来，USB接口的扫描仪在家用市场上的占有率节节上升，已经成为公认的标准。

▶ 6.2.5 扫描仪的选购指南

在选购扫描仪时，一般情况下，都是通过对比技术指标的方式来挑选产品，然而，在多款扫描仪的价格和技术指标相差不大的情况下，往往会难以选择。选购扫描仪首先需要明确购买的目的，若是普通家庭使用，先考虑价钱和质量，其次才是性能。目前市场上的大部分扫描仪的性能都能满足普通家庭的需求。

1.品牌

目前扫描仪的主要品牌有中晶（MICROTEK）、佳能（Canon）、爱普生（EPSON）、汉王、清华紫光、惠普、明基、方正、联想和富士通等。在购买扫描仪时，应当优先选择产品质量有信誉保证的品牌，不要一味地认准便宜的产品。

在能够接受的价钱上，扫描仪的品质是首先需要注重的。无论扫描仪的性能如何强大，价钱如何便宜，但如果品质不好，用户使用起来也不会顺心。

2.扫描技术

目前平板扫描仪中主要使用CIS和CCD两种扫描技术，其中CIS（Contact Image Sensor，接触式图像传感器）扫描仪具有成本低、轻、超薄和不需预热等特点，不过扫描时必须和物体紧密接触，不能扫描实物；CCD（Charge Coupled Device，电荷耦合器件）扫描仪的亮度与色彩还原度在同样的分辨率下，实际效果都比CIS扫描仪好，并且它可以扫描立体实物。

对于那些文档扫描需求较大，偶尔会扫描一些彩色图片和照片的用户，可以选购CIS扫描仪。以文字识别为目的的扫描，关键不在于用CCD还是CIS，而在于扫描仪的分辨率。高于300dpi的分辨率就能很好满足需要，而且CIS的扫描仪体积小巧，不会占用太多工作环境；如果对彩色文档和彩色照片扫描要求较高的用户可以选购CCD扫描仪，这种扫描仪的成像质量相对较好。

3.分辨率

扫描仪的分辨率包括水平分辨率、垂直分辨率以及插值最大分辨率。以现在扫描仪市场上比较流行的600×1200dpi分辨率，插值（最大）分辨率为9600dpi的指标为例：水平分辨率（也称作光学分辨率）是600，垂直分辨率（也称作机械分辨率或运动分辨率）是1200，插值（最大）分辨率（也叫内插分辨率）为9600dpi，插值分辨率对普通用户意义不大，尤其是分辨率数值过大时将占用较大的内存和硬盘，得不偿失。

水平分辨率是三种分辨率中最重要的性能指标参数，因此，选择扫描仪时应该对水平分辨率严格把关，不可随意提高或降低要求，垂直分辨率虽然是多多益善，但由于对提高图像清晰度作用不太明显，所以可在保证水平分辨率的情况下靠后考虑，插值（最大）分辨率如上所述并非多多益善，可根据实际需要够用即可。普通用户可选择600×1200dpi分辨率的扫描仪，专业用户则应根据工作的实际需要，选用档次相匹配、分辨率较高的扫描仪。

4. 色彩位数

色彩位数是扫描仪所能捕获色彩层次信息的重要技术指标，高的色彩位可得到较高的动态范围，对色彩的表现也更加艳丽逼真。色彩位数将影响扫描效果的色彩饱和度及准确度。色位的发展很快，从8位到16位，再到24位，又从24到36、42、48。这与我们对扫描的物件色彩还原要求越来越高是直接联系的，因此，色位值越大越好。虽然目前市场上的家用扫描仪多为42bit（36bit还将继续存在），但48bit的扫描仪正在逐渐向主流行列迈进。而对于普通家庭使用的用户来说，选购24位彩色就已经足够了。

5. 扫描幅面

扫描幅面通常有A4、A4加长、A3、A1、A0等规格。大幅面扫描仪价格很高，一般的家庭和办公用户选用A4幅面的扫描仪就够了。办公需要的用户也可以考虑选购A3幅面甚至更大幅面的扫描仪。

6. 附送软件

扫描仪的功能都要通过相应的软件来实现，除驱动程序和扫描操作界面以外，几乎每一款扫描仪都会随机赠送一些图像编辑软件、OCR文字识别等软件。对不熟悉图形处理的用户，建议选择提供的配套软件操作，可以简单方便地使用扫描仪。扫描仪配套软件的选择对一般用户非常重要，选择不当，掌握操作有一定的困难。最好配套提供较详细的中文使用说明书。不熟悉英文的用户可选择中文操作界面的扫描仪，能较快地掌握操作。

例如，OCR软件的选用对办公室用户非常重要，它是目前扫描仪市场比较重要的软件技术，它实现了将印刷文字扫描得到的图片转化为文本文字的功能，提供了一种全新的文字输入手段，大大提高了用户工作的效率，同时也为扫描仪的应用带来了进步。选择时需要注意其是否能够识别各种印刷体、手写体、表格以及能否识别中英文混排等功能。

6.3 了解与选购刻录机

随着刻录机价格迅速下滑，个人拥有刻录机的数量也在迅速增多，现在一些品牌电脑中已经预装了刻录机。一些公司为了长期保存一些重要资料，也常使用刻录机将一些资料刻录在光盘中。刻录就是将数据从硬盘转换到光盘的过程，其过程需要专门的刻录软件来配合。

▶ 6.3.1 刻录机的分类

刻录机是一种可读写光盘数据的设备，刻录机使用的同时，还需要刻录盘片。刻录机类型主要有3种：一是普通的刻录机；二是Combo（康宝）；三是DVD刻录机。

1. 普通刻录机

普通刻录机就是CD-RW刻录机，这种刻录机需要借助专门的刻录软件才能将数据记录在盘上。但随着各种数据文件尤其是视频文件体积的"膨胀"，人们对容量的要求也越来越高，仅能刻录650MB数据的CD-RW刻录机已经显得捉襟见肘了。正因为如此，越来越多的人开始把目光转向了DVD刻录机。

2. Combo（康宝）

Combo（康宝）是集成了普通CD-ROM、刻录机和DVD-ROM三种功能为一体的刻录机。康宝的整体性能与各种单功能的产品有一定差距，其使用寿命也相对短一些。因此，康宝只是一个过渡性的产品，真正流行的还是DVD刻录机。

3. DVD刻录机

顾名思义，DVD刻录机就是用来刻录DVD光盘的，但也可以用来刻录普通的CD-R/RW光盘，另外，DVD刻录机本身还具备CD-ROM及DVD-ROM的功能。因此，DVD刻录机将成为光存储市场的主流产品。

▶ 6.3.2 刻录机的性能指标

高速的刻录必然会导致稳定性下降，具有良好性能的刻录机能够在长时间的使用过程中保持稳定的、良好的刻录能力，毕竟刻坏一张盘就意味着浪费时间和金钱，衡量刻录机的性能主要有刻录速度、接口方式、兼容性、使用寿命等因素。

1. 刻录速度

刻录机速度包括读取速度和写入速度，而后者才是刻录机的重要技术指标。市场上常见的有 8X、10X、12X、16X、24X[Max] 的读取速度和 2X、4X、5X、6X、8X 的写入速度。在实际的读取和写入时，由于光盘的质量或刻录的稳定度，读取的速度会降为 6 倍速、4 倍速甚至 2 倍速，刻录的速度也会降低。当然，高速就意味着刻录时间更短。

2. 接口方式

光盘刻录机按接口方式分，内置的有 SCSI 接口、IDE 和 SATA 接口，外置的有 SCSI、并口以及目前最新的 USB 接口等。SCSI 接口（无论外置内置）在 CPU 资源占用和数据传输的稳定性方面要好于其他接口，系统和软件对刻录过程的影响也低很多，因而它的稳定性和刻录质量最好。但 SCSI 接口的刻录机价格较高，还必须另外购置 SCSI 卡。IDE 和 SATA 接口的刻录机价格较低，兼容性较好，可以方便地使用主板的 IDE 和 SATA 设备接口，数据传输速度也不错，不过对系统和软件的依赖性较强，刻录质量要稍逊于 SCSI 接口的产品。

3. 缓存大小

缓存的大小是衡量光盘刻录机性能的重要技术指标之一。刻录时数据必须先写入缓存，刻录软件再从缓存区调用要刻录的数据，在刻录的同时后续数据写入缓存中，以保持要写入数据良好的组织和连续传输。如果后续数据没

有及时写入缓冲区，传输的中断则将导致刻录失败。因而缓冲的容量越大，刻录的成功率就越高。市场上的光盘刻录机的缓存容量一般在 512KB ～ 2MB 之间，最大的有 8M 缓存的产品，建议选择缓存容量较大的产品，尤其对于 IDE 和 SATA 接口的刻录机，缓存容量很重要。

4. 兼容性

兼容性分为硬件兼容性和软件兼容性，前者是指支持的刻录盘的种类；后者是指刻录软件。光盘刻录机需要有相应的驱动程序才工作，要尽量选择型号较普遍的、产量大的机器，这样支持的刻录软件才会多。

5. 使用寿命

刻录机的寿命用平均无故障运行时间来衡量，一般的刻录机寿命都在 12 ～ 15 万小时左右。这里指的是光盘刻录机正常使用寿命，如果不间断地刻录，大概寿命在 3 万小时左右。

6. 支持格式

刻录机的格式可以分四种：一种是 CD 刻录（包含 CD-RW 刻录），第二种是 DVD（包含 DVD-RW 刻录）刻录，第三种是 HDDVD 刻录，第四种是 Blu-ray Disk（BD）刻录机。还有一种是移动刻录机。使用刻录机可以刻录影音光盘、数据光盘等，方便地储存数据和携带数据。CD 容量是 700MB，DVD 容量是 4.5G（双层 8.5G），BD 的容量在 25G 以上（双层）。但是随着各种数据文件尤其是视频文件体积的增大，仅能刻录 650MB 数据的 CD-RW 刻录机已经显得捉襟见肘了，目前基本上多使用 DVD 刻录机。

7. 刻录方式

除整盘刻写、轨道刻写和多段刻写三种刻录方式外，刻录机还应支持增量包刻写（Incremental Packet Writing）的刻录方式。增量包刻录方式是为了减少追加刻录过程中盘片空间的浪费而由 Philips 公司开发出的。其最大优点是允许用户在一条轨道中多次追加刻写数

据，增量包刻录方式与软盘的数据记录方式类似，适用于经常仅需备份少量数据的应用。而且它有一种机制，当数据传输速度低于刻录速度时，不会出现"缓冲存储器欠载运行错误"而报废光盘，即它可以等待任意长时间，让缓冲存储器灌足数据。

6.3.3　刻录机的选购指南

经过多年的发展，DVD刻录机技术已经非常成熟，各大品牌之间的价格与性能差异已经非常小。由于一些消费者对DVD刻录机的知识并不太了解，面对众多的DVD刻录机品牌，想要从中挑选出高品质的产品不是一件容易的事。因此，一定要结合自己的预算以及实际需求来选择购买。下面提供了一些DVD刻录机的选购技巧供用户参考。

1. 稳定性

DVD刻录机在刻录和读取光盘时，对刻录机的稳定性有较高的要求，主要是DVD光盘容量很大，刻录的时间也较长，可靠的稳定性能保证光盘刻录的质量。一些稳定性差的刻录机很可能造成光盘碎裂。刻录机的高稳定性也是各厂家最主要追求的目标，因此在这方面，各品牌刻录机的稳定性技术都相对比较成熟。各厂家推出各种名目繁杂的防刻死技术正是DVD刻录机稳定性提高的一个体现。

2. 缓存

最初的刻录机在防刻死技术方面不是非常注重，因此当时缓存的大小对刻盘成功率有着至关重要的影响，不过现在缓存的作用越来越小了。大缓存可以有效避免缓存降低带来的刻录速度下降。现在市场主流的刻录机基本都采用了8M缓存，少数机型还是2M，而价格相差并不大，因此建议大家在购买刻录机时选用

8M缓存的产品。

3. 散热

刻录机在工作状态下都处于高速运转中，因此产生极大的热量，如果刻录机的散热效果不好，一方面刻录机的激光头寿命会大大缩减，另外刻录盘由于受热很容易变形，造成光盘碎裂，因此在购买刻录机时要注意机身在散热方面的处理手段是否合理。如一些厂商在面板增加散热孔，有的甚至配备散热风扇。

4. 兼容性

由于现在DVD刻录盘在制作上没有形成统一的标准，因此造成很多刻录机与刻录盘不兼容的问题，在选购时一定要认清刻录机可兼容的盘片规格，当然可兼容的类别越多越好。

5. 刻录盘

DVD刻录机应用最多的自然是刻录，因此在刻录盘的选择上要非常注意，主要是盘片的兼容性和价格两方面需要注意。目前市场上能够买到的DVD刻录盘有5种，分别是DVD–RAM、DVD–R、DVD–RW、DVD+R、DVD+RW，大家在购买的时候需选择适合自己DVD刻录机刻录格式的盘片，否则不能进行正常地刻录。在选购了刻录机后，大家一定要选择适合自己应用的刻录盘。

6. 保质期

DVD刻录机实际是一种易耗品，尤其是一些经常做数据备份工作的用户，刻录机的使用寿命就显得很重要。市场中一般品牌刻录机保质期在3个月，多的为1年，而一些知名品牌保质期长达3年。因此在选购时大家可以根据各自的应用频率、刻录机的损耗选择相应的保质期限。

第二篇

组装实战篇

第 7 章

电脑硬件组装过程

学习提示 »

电脑组装就是把CPU、内存安装在主板上，再把主板、显卡、硬盘、光驱、电源等设备安装在机箱内，再通过机箱内部的连接线将各设备连接在一起，最后连接各种外部设备的过程。

主要内容 »

- 装机的必备工具
- 装机的注意事项
- 组装电脑的流程
- 安装电脑内部设备
- 安装电脑外部设备
- 连接内/外部连线

重点与难点 »

- 了解装机的必备工具和注意事项
- 熟知装机的流程
- 安装机箱电源
- 安装CPU和散热风扇
- 安装硬盘和光驱
- 连接耳机和音箱

学完本章后你会做什么 »

- 做好装机前的必备准备
- 清楚组装电脑的整个流程
- 掌握安装CPU和散热风扇的操作
- 安装内存和主板的操作
- 安装硬盘和光驱的操作
- 正确连接各种连接线

图片欣赏 »

7.1 电脑组装前的准备工作

组装电脑要求用户不仅要有扎实的基础知识，也要有较强的动手能力。一般人们选购了全部硬件后，都会找专业的装机人员组装。如果条件允许最好亲自动手组装，这样不但可以提高动手能力，也可以在电脑出现故障时自己能够解决。

7.1.1 装机的必备工具

"工欲善其事，必先利其器"，组装电脑时需要用到的工具不多，但一套顺手、齐全的安装工具可以让整个装机过程事半功倍。下面将分别介绍各种组装电脑时必备的常用工具。

1.磁性十字螺丝刀

电脑中主要的硬件设备多是使用十字螺丝进行固定的，因此，准备一把十字螺丝刀是必不可少的。十字螺丝刀的头部最好带有磁性，不仅方便螺丝的固定和拆卸，当细小的螺丝不小心掉进机箱中时，还可以用它来吸取，如图7-1所示。

图7-1 十字螺丝刀

2.一字螺丝刀

在组装电脑过程中部分硬件会采用一字螺丝进行固定，这样一来就可能会用到一字螺丝刀。另外，一些CPU散热风扇的固定和拆卸也会用到一字螺丝刀。通常情况下，一字螺丝刀的作用是拆卸产品包装盒或包装封条等，如图7-2所示。

图7-2 一字螺丝刀

3.尖嘴钳

尖嘴钳的主要目的是拆卸机箱后面那些材质较硬的各种挡板或小铁片，以免金属挡板划伤皮肤，如图7-3所示。

图7-3 尖嘴钳

4.镊子

镊子主要用于夹取螺丝钉、跳线帽和其他的一些小零件，如图7-4所示。

图7-4 镊子

5.导热硅脂

导热硅脂又称为散热膏，如图7-5所示，是安装CPU必不可少的用品。它具有良好的导热性能与绝缘性，主要涂抹在CPU的表面，填补CPU与散热片之间的空隙，帮助CPU更好地散热。一般盒装CPU和CPU散热风扇的包装中会带有导热硅脂，部分散热风扇散热器与

CPU接触位置会预先涂覆散热硅脂，用户无需另外涂抹，直接安装即可。

图7-5 导热硅脂

6.扎线

扎线主要用来缠绕机箱中的各种电源线和数据线，不然机箱中各种连线相互缠绕就会显得很杂乱，而且也不利于机箱通风散热，如图7-6所示。

图7-6 扎线

7.1.2 装机的注意事项

组装电脑是一项比较细致的工作，任何不当或错误的操作都有可能使组装好的计算机无法正常工作，严重时甚至会损坏电脑硬件。因此，在装机前还需要对组装电脑时的各种注意事项进行简单的了解。

1.释放静电

人体所带的静电可能会损坏电子元器件或者破坏存储芯片中的数据，因此，在动手组装电脑之前一定要先释放人体中的静电。消除静电的方法很简单，可以用流动的水流洗手，或者用手去触摸暖气片、水管等接地的金属物体，如果有条件则最好佩带防静电手套。

2.防止液体注入电脑内部

多数液体都具有导电能力，因此，在组装电脑的过程中，必须防止液体进入电脑内部，以免造成短路而使配件损坏。建议用户在组装电脑时，不要将水、饮料等液体摆放在电脑附近。

3.避免粗暴安装

必须遵照正确的安装方法来组装各配件，对于不懂或不熟悉的地方一定要仔细查看说明书，或咨询专业人士，在拆卸挡板、安装硬件、连接数据线或固定螺丝时，不要强拆强装，用力一定要适度，以免导致部件变形或折断。

7.1.3 组装电脑的流程

在组装电脑硬件时，一定要按照正常的顺序将电脑硬件安装在主机箱内，才不至于影响某些硬件的安装，下面介绍一些组装电脑的基本流程。

- ❖ 将主机的电源安装在主机箱中。
- ❖ 将CPU安装在主板上，并安装CPU风扇，再将内存安装在主板上。
- ❖ 将主板、内存条固定在主机箱中，再将主机箱中的电源开关、重新启动按钮和各种指示灯连接线连接到主板上。
- ❖ 将硬盘、光驱安装到机箱中，并使用螺丝固定好。
- ❖ 将显卡、声卡和网卡等板卡设备安装于主板上，并将显示器与显卡连接好。
- ❖ 将键盘、鼠标、耳机、音箱连接到主机上，并将电源线连接好。

7.2 安装电脑内部设备

电脑的主要部件基本上都安装在机箱内部，可见其重要性。因此，机箱内各部件的安装方法是否正确，直接决定着组装完成后的计算机是否能够正常使用。

7.2.1 安装机箱电源

机箱和电源的安装，主要是对机箱进行拆封，并将电源安装在机箱内。从目前计算机配件市场的情况来看，虽然品牌、型号多种多样，但机箱的内部构造却基本相同，只是箱体的材质和外形设计有所不同而已。而由于电源位于机箱的最上方，因此，要最先安装电源，具体操作步骤如下。

步骤 01 将机箱拆装后放在地面上，将电源安放于电源舱中，如图7-7所示。

图7-7 安放电源

步骤 02 用大螺丝将电源固定在机箱中，并使用十字螺丝刀拧紧，如图7-8所示。

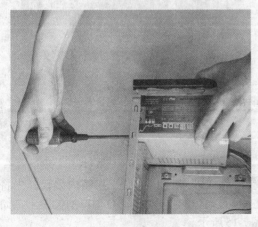

图7-8 固定电源

7.2.2 安装CPU和散热风扇

在把主板安装到机箱内部之前需要先将CPU安装到主板上，因为主板安装到机箱内部之后，空间就变得狭小了，再安装CPU就可能会受到空间的限制，操作起来将不太方便。另外，有些CPU散热风扇采用背部支架来固定，所以一定要先装好CPU和散热风扇。安装CPU和散热风扇的具体操作步骤如下。

步骤 01 将主板平放于地面或桌面上，并在其下方垫上报纸或书籍，在主板上打开CPU插槽，如图7-9所示。

图7-9 CPU插槽

步骤 02 打开CPU插槽的固定杆，将CPU对准插槽后，轻轻将CPU压入插槽中，如图7-10所示，压回固定杆，完成CPU的安装。

图7-10 安装CPU

专家指点

在安装CPU时可以遵循三角对三角原则，在CPU背面和CPU插槽上均有一个小三角，只要将三角对准后就不会安装错误了。

步骤 **03** 将散热风扇置于CPU风扇托架上，并确定好安装的位置，如图7-11所示。

图7-11　安放散热风扇

步骤 **04** 将散热风扇四个角上的固定脚固定于主板上，并将风扇的电源接头安插到主板三针或四针电源接口上，如图7-12所示。

图7-12　固定风扇和连接电源

 专家指点

由于Intel和AMD的CPU及风扇的结构有一定的不同。因此，在安装时一定要多多注意，如Intel风扇使用固定脚，而AMD使用固定扣具。

7.2.3　安装内存和主板

安装内存条就是将内存条正确安插在内存插槽中。而主板的安装主要是将其固定在机箱内部。安装时，需要先将机箱背面I/O接口区域的接口挡片拆下，并换上主板盒内的接口挡片。安装内存和主板的具体操作步骤如下。

步骤 **01** 将内存插槽两端的卡口向外扳开，如图7-13所示。

图7-13　扳开缺口

步骤 **02** 将内存条对准所要安装的插槽缺口，两手按住内存条两端的上方，并同时用力向下压，当听到"咔"的声音时，内存插槽两旁的卡子已经自动卡住了内存条，如图7-14所示。

图7-14　安装内存条

步骤 **03** 将主板安装于机箱内之前，先将主板I/O端口的挡板放于I/O端口的位置上，如图7-15所示。

图7-15 I/O挡板的位置

步骤 04 确定将I/O接口的挡板固定于机箱上，如图7-16所示。

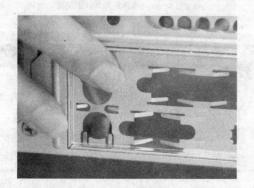

图7-16 固定挡板

步骤 05 将主板放入机箱前，找到并安装好主板的机箱电源线，如图7-17和图7-18所示。

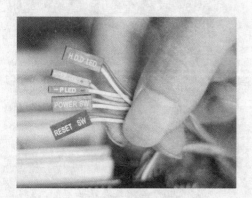

图7-17 机箱电源线

步骤 06 将主板倾斜放入机箱内，并将主板上I/O接口与机箱上的挡板对应好，如图7-19所示。

图7-18 安装电源线

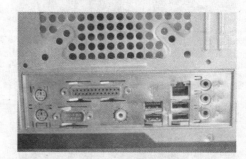

图7-19 安装挡板

步骤 07 将主板放入机箱内，确认主板与定位孔对齐后，使用螺丝刀和螺丝将主板固定于机箱中，如图7-20和图7-21所示。

图7-20 固定螺丝1

图7-21 固定螺丝2

⬛ 7.2.4 安装硬盘和光驱

硬盘和光驱是电脑系统中极为重要的外部存储设备，如果没有这些设备，用户将很难长时间存储大量的数据，也无法获取各种多媒体光盘上的信息。安装硬盘和光驱的具体操作步骤如下。

步骤 01 确定硬盘的数据接口向外，找一个硬盘托架，将无接口一端对准硬盘托架位置放入，如图7-22所示。

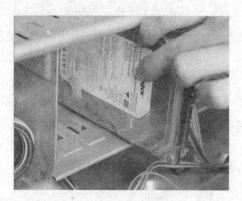

图7-22 放入硬盘

😊 **专家指点**

由于硬盘是很精密的数据存储设备，所以在安装时应当格外小心，并轻拿轻放。对于固定硬盘的螺丝钉也不可过长，以免损坏硬盘里的印刷电路板。

步骤 02 将硬盘的螺丝孔与硬盘托架上的螺丝孔对齐，使用螺丝刀与螺丝钉将硬盘固定，如图7-23所示。

图7-23 固定硬盘

步骤 03 将机箱前面需要安装光驱位置的挡板卸下，如图7-24所示。

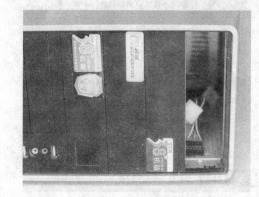

图7-24 卸下光驱挡板

😊 **专家指点**

在拆卸机箱前的挡板时一定要小心，最好使用尖嘴钳进行拆卸，以防划伤手指。另外，也不要使用蛮力拆卸，否则非常容易损坏挡板。

步骤 04 注意光驱方向，再将光驱从外向里插入光驱托架中，如图7-25所示。

图7-25 插入光驱

步骤 05 将光驱放入托架中后，调整光驱位置，使光驱与机箱上的螺丝孔对齐，再使用螺丝钉将光驱固定，如图7-26所示。

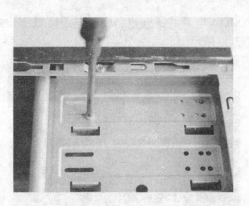

图7-26 固定光驱

7.2.5 安装显卡

目前的显卡已经全部采用了PCI-E×16总线接口，其高效的数据传输能力暂时缓解了图形数据的传输瓶颈。与之相对应，主板上的显卡插槽也已经全部采用了PCI-E×16插槽。安装显卡的具体操作步骤如下。

步骤 01 在主板上找到PCI-E显卡插槽，扳开显卡上的卡口，将显卡的"金手指"对准插槽，双手按住显卡上方，并同时垂直向下将其压入插槽中，如图7-27所示。

图7-27 插入显卡

步骤 02 显卡插入插槽中后，卡口自动闭合并卡住显卡，确定显卡安插好后，使用螺丝刀和螺丝钉将显卡固定在机箱上，如图7-28所示，完成显卡的安装。

图7-28 固定显卡

7.2.6 连接机箱内部连线

在之前的安装过程中，已经将主机内的各种硬件设备安装在机箱内部了。但这并不代表主机的安装过程就结束了，还需要将各设备的数据线和电源线等进行连接，才能使各设备正常运行。连接机箱内部连线的具体操作步骤如下。

步骤 01 在主板上找到主板电源线接口（24针脚的长方形接口），再将电源线接口插入至接口中，如图7-29所示。

步骤 02 将CPU的电源接口插入位于主板上的4口CPU辅助电源接口上，如图7-30所示。

图7-29　插入电源线

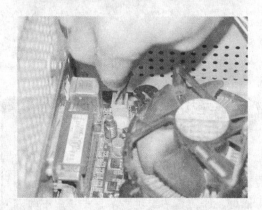

图7-30　插入CPU电源接口

步骤 03 将硬盘的SATA接口数据线插入硬盘数据线接口处，如图7-31所示。

图7-31　插入硬盘数据线

步骤 04 将硬盘数据线的另一端连接到主板的SATA接口上，如图7-32所示。

步骤 05 在主机电源的电源接口中找到一

个SATA电源线，连接到硬盘电源接口上，如图7-33所示。

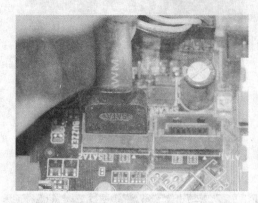

图7-32　连接主板SATA接口

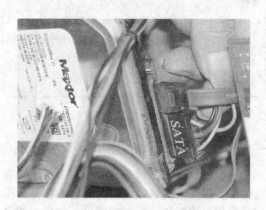

图7-33　连接SATA电源线

步骤 06 将主机电源上的白色电源接口，插至光驱电源接口上，如图7-34所示。

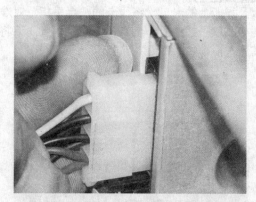

图7-34　插入光驱电源接口

步骤 07 将光驱数据线一端插在光驱的数据线接口上，如图7-35所示。

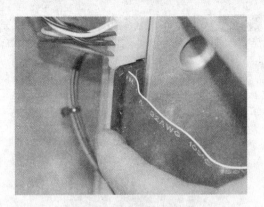

图7-35 插入光驱数据线

步骤 08 在主板上找到IDE接口,再将光驱数据线的另一端插在IDE接口上,如图7-36所示。

图7-36 连接光驱数据线与IDE接口

步骤 09 在机箱内找到前置音频跳线,并将其插入至主板的前置音频接口上,如图7-37所示。

图7-37 插入前置音频跳线

步骤 10 在机箱中找到前置USB跳线,如图7-38所示。

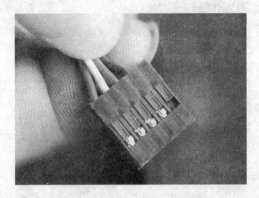

图7-38 USB跳线

步骤 11 在主板上找到USB跳线接口(通常情况下主板上会有标记),如图7-39所示。

图7-39 USB跳线接口

步骤 12 将前置USB跳线轻轻插入至主板上的USB跳线接口上,如图7-40所示。

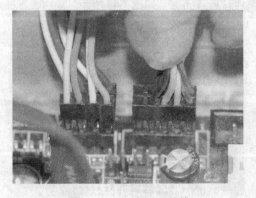

图7-40 连接USB跳线

步骤 **13** 连接好各种设备的电源线、数据线以及机箱内各种跳线后，整理好内部连线，如图7-41所示。

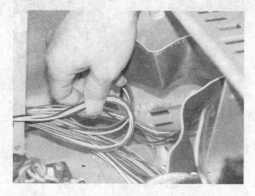

图7-41 整理内部连线

步骤 **14** 使用扎线将内部连线有序地绑扎好，使整个机箱内部整洁，如图7-42所示。

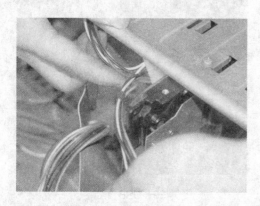

图7-42 绑扎内部连线

步骤 **15** 将主板侧面的挡板安装好并使用螺丝钉将其固定，如图7-43所示。

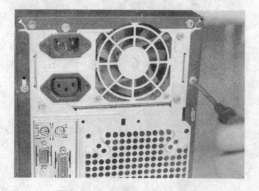

图7-43 固定主板侧面挡板

步骤 **16** 至此，整个机箱内部设备安装完毕，如图7-44所示。

图7-44 机箱整体

7.3 安装电脑外部设备

组装完结构复杂的主机后，接下来就只需将主机与显示器、键盘、鼠标等外部设备进行连接了，这样，整个装机过程便大功告成了。

7.3.1 连接显示器

显示器不仅决定用户能否看到显示效果，还直接关系着用户的视力健康。正因为如此，LCD显示器以其无闪烁、无辐射的健康理念，成为现在购买显示器的首选。

1. 组装显示器

一般购买的液晶显示器都是未组装的，但其组装的操作也是十分简单的，而且购买时的包装盒内都有图文结合的说明书。

目前，常见的液晶显示器主要由显示屏、底座和颈管3部分组成，每个部件上都有与相邻部件进行连接的锁扣或卡子，将各部件依次连接在一起即可。

2. 连接显示器

显示器的正常工作需要电源和输入信号，大部分的显示器可以直接使用220V交流电，并采用ATX电源接口。由于显示器已经是成品。因此，只要将显示器、主机、电源相连接即可，具体操作步骤如下。

步骤 01 将显示器的梯形VGA接口与主机显卡的VGA接口连接好，并拧紧VGA接口两端的旋钮，如图7-45所示。

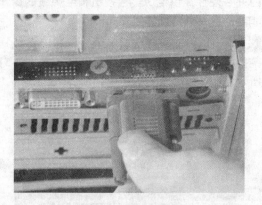

图7-45 连接VGA接口

步骤 02 将显示器的电源线插到显示器连接电源位置，如图7-46所示。

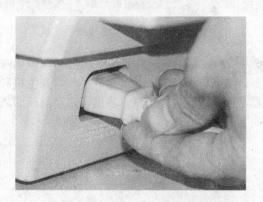

图7-46 连接显示器电源线

步骤 03 将显示器电源线的另一端插头插到电源插座上。

7.3.2 连接键盘和鼠标

键盘和鼠标是电脑中最为重要的两种输入设备。目前，大部分的键盘和鼠标与主机的连接采用PS/2接口，在安装键盘和鼠标时，只要区分好两者的区别就不容易插错位置。

将主机平放后，可以发现机箱后有两个PS/2接口，一个为紫色，一个为绿色，其中，紫色的PS/2接口为键盘接口，绿色的PS/2接

口则为鼠标接口，而且键盘和鼠标的PS/2接口也分别是紫色和绿色，正如"紫键绿标"。连接键盘和鼠标的具体操作步骤如下。

步骤 01 将主机箱平放，将键盘的PS/2接口内的定位柱对准主机背面相同颜色的PS/2接口定位孔，再轻轻推入接口内即可完成键盘与主机的连接，如图7-47所示。

图7-47 连接键盘接口

步骤 02 将鼠标的PS/2接口与主机的绿色PS/2接口相连，即可完成鼠标与键盘的连接，如图7-48所示。

图7-48 连接鼠标接口

☺ 专家指点

无线鼠标和键盘与有线鼠标和键盘的区别只是在信号的传输上。无线的键盘和鼠标上配备了无线发射装置，在电脑接口上需要安装无线接收装置，只要通信配对成功，无线键盘、鼠标即可安装成功。

7.3.3 连接耳机和音箱

随着多媒体概念的不断普及，如今的家庭用户在购买电脑的同时都会选购耳机或音箱等音频输出设备。因此，连接耳机和音箱也是组装电脑过程中一个必经的操作。有些耳机会同时带有MIC（麦克风）和音频输出功能，因此，这里重点介绍耳机的连接方法，具体操作步骤如下。

步骤 01 将耳机对应的音频输出插头，对准主机后I/O接口的音频输出插孔处，轻轻插入，如图7-49所示。

图7-49 连接音频输出

步骤 02 采用与上同样的方法，将麦克风插头插入至主机后I/O接口的麦克风插孔处，如图7-50所示，完成耳机和麦克风的连接。

图7-50 连接麦克风

7.3.4 连接机箱电源线

一般机箱电源采用梯形接口，在连接完其他硬件之后需要为其接上交流电，以便为机箱内的各硬件提供电源。连接机箱电源线的操作非常简单，具体操作步骤如下。

步骤 01 准备好主机电源线，将电源线插头插入至机箱背面的电源接口上，如图7-51所示。

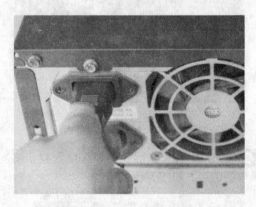

图7-51 连接机箱电源线

步骤 02 将电源线的另一端插至电源插座上，按下电源插座上的电源开关，打开主机和显示器电源开关，当显示器出现启动画面即表面电脑组装成功。

第8章

设置与应用BIOS

学习提示 》

组装好硬件之后，就需要对电脑的基本输入输出（即BIOS）系统进行相应的管理和设置了。BIOS是电脑中最基础、最重要的程序，使用计算机的过程中，都会接触到BIOS，它在计算机系统中起着非常重要的作用。

主要内容 》

- BOIS的概念
- BIOS的分类
- BOIS与CMOS的区别

- 进入BOIS设置界面
- 设置电源管理
- 退出BIOS设置界面

重点与难点 》

- 进入BIOS设置界面
- 设置电源管理
- 设置日期和时间

- 从硬盘和光驱启动
- 设置开机引导顺序
- 退出BIOS设置界面

学完本章后你会做什么 》

- 了解BIOS的概念
- 清楚BIOS的基本类型
- 明白BIOS与CMOS的区别

- 掌握设置时间的方法
- 掌握进入BIOS设置界面的方法
- 掌握退出BIOS的方法

图片欣赏 》

  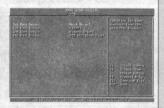

8.1 BIOS基础知识

BIOS主要是用来控制计算机硬件最基本的信息输入/输出系统。它是电脑系统启动和正常运转的基石，BIOS设置是否合理在很大程度上决定着主板、甚至整台电脑的性能，任何操作系统都建立在此基础上。

8.1.1 BIOS的概念

BIOS是英文Basic Input/Output System的缩写，即基本输入/输出系统。它实际上是被固化在电脑主板上的ROM芯片中的一组程序，为电脑提供最低级、最直接的硬件控制。准确地说，BIOS是硬件与软件之间的一个"转接器"，或者说是一个接口，用来解决硬件的即时需求，并按照软件对硬件的操作要求执行具体的任务。

最初的BIOS保存在主板的ROM（只读存储器）芯片中，是一种可以一次性写入多次读取的集成芯片。随着BIOS的发展，采用了可擦写EPROM和电可擦写编程EEPROM作为载体，其中EPROM可以写入一次，而EEPROM则可以进行多次擦写。

按功能划分，BIOS由三个部分组成，一是自检及初始化程序；二是硬件中断处理；三是程序服务请求。电脑启动时就是由这三部分来完成的。

8.1.2 BIOS的分类

BIOS芯片都插在主板上专用的芯片插槽里，上面贴有激光防伪标签，既可以防止紫外线照射使EPROM里的内容丢失，又可以让用户很容易辨认属于哪类BIOS。

主板BIOS按厂商来分，主要有Award BIOS、AMI BIOS、Phoenix BIOS三种类型，下面将分别进行介绍。

❖ Award BIOS是由Award Software公司开发的BIOS产品，功能较为齐全，支持许多新硬件，目前市面上大多数主板都采用了这种BIOS。

❖ AMI BIOS是AMI公司出品的BIOS系统软件，开发于20世纪80年代中期，早期的286、386大多采用AMI BIOS，它对各种软、硬件的适应性好，能保证系统性能的稳定。到20世纪90年代后，随着绿色节能电脑的出现，AMI却没能及时推出新版本来适应市场，从而慢慢淡出了市场。

❖ Phoenix BIOS是Phoenix公司的产品，多用于高档的原装品牌机和笔记本电脑上，其画面简洁，便于操作。

8.1.3 BIOS与CMOS的区别

BIOS与CMOS并不是相同的概念，BIOS是用来设置硬件的一组计算机程序，该程序保存在主板上的一块只读EPROM或EEPROM芯片中。有时也将放置BIOS程序的芯片，简称为BIOS。CMOS则是计算机主板上的一块可读写的RAM芯片，用来保存当前系统的硬件配置及设置信息和用户对BIOS设置参数的设定，其内容可以通过程序进行读写。CMOS芯片由系统电源和主板上的可充电电池供电，而且这种芯片的功耗非常低，即使系统断电，也可以由主板上的备用电池供电，能维持其所保存的数据在几年内不会丢失。

BIOS与CMOS既相关又不同，BIOS中的系统设置程序是完成CMOS参数设置的手段；CMOS既是BIOS设置系统参数的存放场所，又是BIOS设置系统参数的结果。

8.2 BIOS常用设置

由于现在的BIOS程序智能化程度很高，出厂的设置基本上是最佳设置，所以装机时需要设置的选项已非常少。但熟练应用BIOS常用的参数设置，将电脑的相关功能配置完全，使电脑能够正常运行是非常必要的。

8.2.1 进入BIOS设置界面

由于各电脑的主板不同，因此BIOS设置

也会不同，但是其功能和设置选项大体相似，因此用户在掌握一种BIOS设置时，可以举一反三地进行其他主板BIOS的设置。

进入BIOS设置画面主要有三种方法：开机启动时按热键、用系统提供的软件和用可读写CMOS的应用软件。

按下特定的热键可以进入BIOS设置画面，下面列出进入BIOS设置画面的常用按键方式。

❖ Award BIOS：按【Delete】键。
❖ AMI BIOS：按【Delete】键或者按【Esc】键。
❖ Phoenix BIOS：按【F2】键。

启动电脑，按【Delete】键，即可进入BIOS配置主界面，如图8-1所示。

图8-1 BIOS设置界面

BIOS设置画面主要由4个部分组成，分别为标题区、注解区、菜单选项区和操作提示区，下面分别向用户介绍一下这4个部分。

1.标题区

标题区中记录了使用BIOS的系统信息，位于界面的最上方。

2.菜单选项区

菜单选项区中列出了可供使用的菜单选项，通过这些选项可对选项中的内容进行设置，是界面最大的区域。

3.注解区

注解区主要是对当前选定的菜单项进行解释，为用户要选择的操作提供简单的说明，位于界面最下方。

4.操作提示区

操作提示区列出了可进行的键盘操作，如按【Esc】键可以退出BIOS的设置，位于界面的右侧部分。

8.2.2 设置电源管理

用户可以根据需要在BIOS中设置电源管理，它的主要作用是用来控制主板和显示器中的电源管理，使用该功能可以定时关闭视频显示和硬盘驱动器，达到节能的目的。设置电源管理的具体操作步骤如下。

步骤 01 开机后，按【Delete】键进入BIOS设置界面，使用方向键选择"Power"选项卡，进入电源管理界面，如图8-2所示。

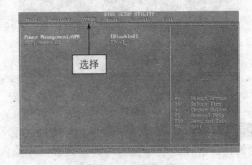

图8-2 电源管理界面

步骤 02 选择合适的选项，按【Enter】键确认，弹出"Options"对话框，使用方向键上下移动选择"Enabled"选项后按【Enter】键确认，如图8-3所示。

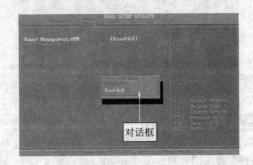

图8-3 选择"Enabled"选项

步骤 03 按【F10】键，保存并退出BIOS界面，弹出提示信息框，使用方向键，选择"OK"选项，按【Enter】键确认，计算机会自动重新启动，完成电源管理设置。

8.2.3 设置日期和时间

电脑中的时间设置是以24小时为计算单位的，日期的设置格式为"星期，月/日/年"，用户可以根据需要在BIOS中设置。

步骤 01 开机后，按【Delete】键进入BIOS设置界面，在"Masn"选项卡中选择"System Time"选项，如图8-4所示。

图8-4 选择"System Time"选项

步骤 02 以修改为成"15点30分20秒"为例，在选择选项右侧的时钟设置数值中输入"15"，如图8-5所示。

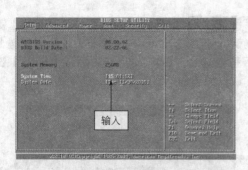

图8-5 设置小时

步骤 03 按【Tab】键，进入分钟设置，输入"30"，如图8-6所示。

步骤 04 再次按【Tab】键，进入秒钟设置，输入"20"，如图8-7所示。

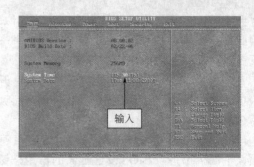

图8-6 设置分钟

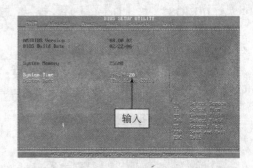

图8-7 设置秒钟

步骤 05 在BIOS设置画面中，选择"System Date"选项，如图8-8所示。

图8-8 选择选项

步骤 06 以修改成2011年5月22日为例，执行操作后，即可通过键盘输入月份"05"，如图8-9所示。

步骤 07 按【Tab】键，进入日期设置，输入"22"，如图8-10所示。

步骤 08 再次按【Tab】键，进入年份设置，输入"2011"，如图8-11所示。

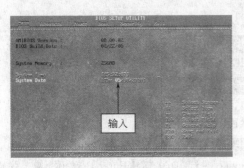

图8-9 设置月份

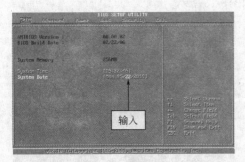

图8-10 设置日期

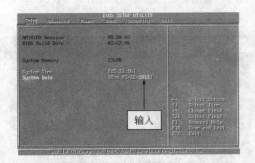

图8-11 设置年份

步骤 09 按【F10】键，保存并退出 BIOS 界面，此时会弹出提示信息框，移动方向键，选择"OK"选项，按【Enter】键确认，计算机会自动重新启动，完成时间和日期设置。

8.2.4 设置从硬盘启动

硬盘的参数设置直接影响硬盘的运行速率，因而，硬盘参数设置是一个很重要的操作，在安装或进入系统时，可以通过从硬盘启动设置系统。设置从硬盘启动的具体操作步骤如下。

步骤 01 开机后，按【Delete】键进入 BIOS 设置界面，如图8-12所示。

图8-12 BIOS设置界面

步骤 02 选择"Boot"选项卡，其中显示了"Boot"选项卡的各项设置，如图8-13所示。

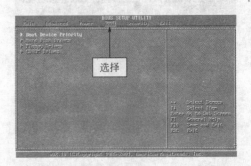

图8-13 "Boot"选项卡

步骤 03 选择"Boot Device Priority"，按【Enter】键确认，即可进入启动设置界面，如图8-14所示。

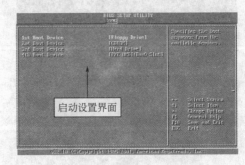

图8-14 进入启动设置界面

步骤 04 选择"1st Boot Device"选项，按【Enter】键确认，弹出"Options"对话框，使用方向键上下移动选择"Hard Drive"选项，

如图8-15所示。

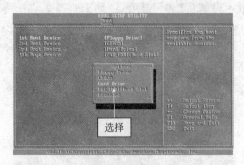

图8-15　选择"Hard Drive"选项

步骤　05　按【Enter】键确认，并返回到启动设置界面，此时第一启动项为硬盘启动，如图8-16所示。

图8-16　设置第一启动项

步骤　06　按【F10】键，保存并退出BIOS，弹出提示信息框，选择"OK"选项，如图8-17所示；按【Enter】键重启电脑，完成设置。

图8-17　选择"OK"选项

8.2.5　设置从光驱启动

安装操作系统除了从硬盘启动外，还可以进入BIOS设置界面设置系统从光驱启动。设置从光驱启动的具体操作步骤如下。

步骤　01　开机后，按【Delete】键进入BIOS设置界面，选择"Boot"选项卡。

步骤　02　选择"Boot Device Priority"选项，按【Enter】键确认，进入启动设置界面。

步骤　03　使用方向键选择"1st Boot Device"选项，按【Enter】键确认，弹出"Options"对话框，选择"CDROM"选项，如图8-18所示。

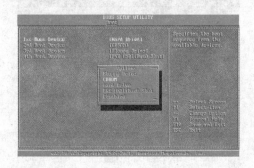

图8-18　选择"CDROM"选项

☺ 专家指点

在"Options"对话框中，"CDROM"表示"从光驱启动"；"Floppy Drive"表示"从软盘启动"，该启动方式已经很少使用了。

步骤　04　按【Enter】键确认，并返回到启动设置界面，此时第一启动项为光驱启动，如图8-19所示。

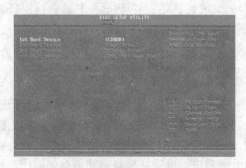

图8-19　设置为光驱启动

步骤 **05** 按【F10】键,保存并退出BIOS界面,弹出提示信息框,选择"OK"选项;按【Enter】键确认,计算机会自动重新启动,完成从光驱启动设置。

8.2.6 设置开机引导顺序

在BIOS设置界面中,用户可以根据需要设置开机引导顺序,设置开机引导顺序后,在启动电脑时,系统会根据所设置的开机引导顺序进行启动。设置开机引导顺序的具体操作步骤如下。

步骤 **01** 开机后,按【Delete】键进入BIOS设置界面,使用方向键选择"Boot"选项卡。

步骤 **02** 选择"Boot Device Priority"选项,按【Enter】键确认,进入启动设置界面。

步骤 **03** 使用方向键选择"1st Boot Device"选项,按【Enter】键确认,弹出"Options"对话框,选择"CDROM"选项,表示将"从光驱启动"设置为第一启动项,如图8-20所示。

图8-20 设置第一启动项

步骤 **04** 使用方向键选择"2st Boot Device"选项,按【Enter】键确认,弹出"Options"对话框,使用方向键选择"Hard Drive"选项,按【Enter】键确认,表示将"从硬盘启动"设置为第二启动项,如图8-21所示。

步骤 **05** 使用方向键选择"3st Boot Device"选项,按【Enter】键确认,弹出"Options"对话框,选择"PXE UNDI"选项,如图8-22所示,按【Enter】键确认。

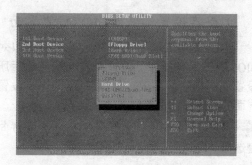

图8-21 设置第二启动项

图8-22 设置第三启动项

步骤 **06** 使用方向键选择"4st Boot Device"选项,按【Enter】键确认,弹出"Options"对话框,选择"Disabled"选项,按【Enter】键确认,表示取消启动项的选择,开机引导顺序操作设置完毕,如图8-23所示。

图8-23 设置第四启动项

8.2.7 退出BIOS设置界面

退出BIOS设置界面有两种方法,一是完成BIOS参数设置后,保存当前设置再退出BIOS,二是不保存设置并退出。

1.保存设置再退出BIOS设置界面

在BIOS中设置相应选项后，用户可以对BIOS进行保存操作，但只有当电脑启动后所设置的选项才能生效，保存并退出BIOS设置界面的具体操作步骤如下。

步骤 01 在BIOS设置界面中，使用方向键选择"Exit"选项卡，如图8-24所示。

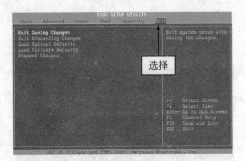

图8-24 选择"Exit"选项卡

步骤 02 选 择 "Exit Saving Changes" 选项，按【Enter】键确认，弹出提示信息框，选择"OK"选项，如图8-25所示。

图8-25 提示信息框

步骤 03 按【Enter】键确认，退出BIOS设置界面，计算机会自动重新启动。

2.不保存设置并退出设置界面

在BIOS设置画面中，用户也可以不保存对BIOS的设置，直接退出BIOS设置界面，其具体操作步骤如下。

步骤 01 在BIOS设置画面中，用方向键选择"Exit"选项卡。

步骤 02 选 择 "Discard changes and exit setup now" 选项，按【Enter】键确认，弹出提示信息框，根据提示选择"OK"选项，即可退出BIOS设置界面并不保存设置，如图8-26所示。

图8-26 提示信息框

第 9 章

分区与格式化硬盘

学习提示 >>

　　设置好BIOS后，在安装系统前还需进行一项必经的工作，那就是对硬盘进行分区和格式化，分区是否合理会直接影响到电脑的运行与使用方便性，而格式化分区所选用的文件系统是数据安全的基础保障。

主要内容 >>

- 认识硬盘分区的类型
- 了解文件系统格式
- 使用系统安装盘分区与格式化
- 使用PM软件进行分区
- 使用DM进行分区与格式化

重点与难点 >>

- 了解文件系统格式
- 使用安装盘创建分区
- 使用安装盘删除分区
- 使用PM创建分区
- 使用PM调整分区容量
- 使用DM分区格式化

学完本章后你会做什么 >>

- 清楚硬盘分区的类型
- 清楚文件系统的三种格式
- 掌握创建和删除分区的方法
- 掌握格式化分区的方法
- 掌握Partition Magic软件的分区方法
- 掌握DM软件分区的方法

图片欣赏 >>

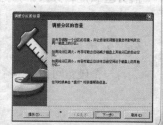

9.1 硬盘分区的基础知识

硬盘分区是指对硬盘的物理存储空间进行逻辑划分、将一个较大容量的硬盘分成多个大小不同的逻辑区间。将一个硬盘划分出若干个分区时，分区的数量和每个分区的容量大小是由用户根据需要自定划分的。

9.1.1 认识硬盘分区的类型

硬盘的分区是对硬盘进行虚拟区域的划分，硬盘可分为物理硬盘和逻辑硬盘。其中，物理硬盘是平常所看到的硬盘实物，是真实存在的，而经过硬盘分区具有"C："、"D："等盘符的驱动器称为逻辑硬盘。逻辑硬盘是操作系统管理和控制物理硬盘的操作对象，它并不是真实存在的，而是在物理硬盘上划分的虚拟区域。

在对硬盘进行分区时，可以将物理硬盘划分为多个虚拟的逻辑分区，其中主要包括主分区、扩展分区和逻辑分区三种。

1. 主分区

主分区也称为基本分区。主分区中不能再划分其他类型的分区，因此每个主分区都相当于一个逻辑磁盘。在这一点上主分区和逻辑分区很相似，但主分区是直接在硬盘上划分的，逻辑分区则需建立于扩展分区中。

实际上在早期的硬盘分区中并没有主分区、扩展分区、逻辑分区的概念，每个分区的类型都是现在所称的主分区。由于硬盘仅仅为分区保留了64个字节的存储空间，而每个分区的参数占据16个字节，故主引导扇区中总共只能存储4个分区的数据，也就是说一块物理硬盘只能划分为4个逻辑磁盘。在具体的应用中，4个逻辑磁盘往往不能满足实际需求。为了建立更多的逻辑磁盘供操作系统使用，引入了扩展分区和逻辑分区，并把原来的分区类型称为主分区。

2. 扩展分区

一个硬盘可以有一个主分区、一个扩展分区，也可以只有一个主分区没有扩展分区，逻辑分区可以有若干个。主分区是硬盘的启动分区，它是独立的，也是硬盘的第1个分区，分出主分区后，其余的部分可以分成扩展分区。一般情况下，会将剩下的部分分成扩展分区，但扩展分区是不能直接用的，它是以逻辑分区的方式来使用，所以扩展分区可以分成若干逻辑分区。它们是包含的关系，所有的逻辑分区都是扩展分区的一部分。

3. 逻辑分区

逻辑分区是硬盘上一块连续的区域，不同之处在于，每个主分区只能分成一个驱动器，每个主分区都有各自独立的引导块，可以用FDISK设定为启动区。一个硬盘上最多可以有4个主分区，而扩展分区上可以划分出多个逻辑分区，这些逻辑分区没有独立的引导块，不能用FDISK设定为启动器，主分区和扩展分区都是DOS分区。

9.1.2 了解文件系统格式

所谓的磁盘分区格式指的是文件命名、存储和组织的总体结构，即通常所说的文件系统格式。对于不同的操作系统，其所支持的分区格式也不一样。例如，对于Windows操作系统来说，它所支持的格式为FAT16、FAT32和NTFS等；而对于Linux操作系统，它所支持的格式为Ext2、Ext3和swap等，目前最常用的是Windows操作系统。

1.FAT16

FAT（File Allocation Table）是"文件分配表"的意思，FAT16就是16位文件分配表。FAT16分区格式是MS-DOS和早期的Windows 3X以及Windows 95操作系统中使用的一种磁盘分区格式，它采用16位的文件分配表，从最早的DOS、Windows 3X、Windows 95到目前仍然在使用的Windows 98操作系统都支持FAT16分区格式，它是目前得到操作系统支持最多的磁盘分区格式。它相对于其他分区格式其速度快，CPU资源耗用少，所以至今仍是各类机器硬盘常用的分区格式。但FAT16分区格式也有很多缺点，如此分区格式最多只能管理2GB的容量（一个分区）就是其中之一，另外一个缺点就是利用FAT16格式分区的硬盘利用效率比较低。

2.FAT32

该格式采用32位的文件分配表，使其对磁盘的管理能力大大增强，突破了FAT16对每一个分区的容量只有2GB的限制。运用FAT32分区格式后，用户可以将一个大硬盘定义成一个分区，而不必分为几个分区使用，这极大地方便了用户对硬盘的管理工作。

而且FAT32还具有一个最大的优点，即在一个不超过8GB的硬盘分区中，FAT32分区格式的每个簇容量都固定为4KB，与FAT16相比，这极大地减少了硬盘空间的浪费，提高了硬盘的使用率。

目前，支持这种磁盘分区格式的操作系统有早期版本的Windows操作系统、Windows 2000、Windows XP和Windows Server 2003操作系统等。但是这种分区格式化方式也存在着以下一些缺点。

- ❖ 采用FAT32格式分区的磁盘，由于文件分配表的扩大，因此其运行速度比采用FAT16格式分区的硬盘要慢。
- ❖ 由于DOS系统和一些早期的应用软件不支持这种分区格式，所以采用这种分区格式后，就无法再使用老的DOS操作系统和一些低版本的应用软件了。

3.NTFS

NTFS是Windows NT操作环境和Windows NT高级服务器网络操作系统环境出现的文件系统格式，微软公司的Windows NT/2000/XP/2003/Vista/7都支持这种文件系统。

NTFS还为多用户操作系统提供了不同访问控制、隐私和安全管理、磁盘压缩、数据加密、磁盘配额、动态磁盘管理等功能。

NTFS格式与FAT16、FAT32分区格式不同的是，它在安全性和稳定性方面更出色，可以通过对用户的使用权限进行严格地限制，使每个用户只能按照系统赋予的权限进行操作，

这样就充分保证了系统与数据的安全。利用NTFS分区格式进行分区还有一个优点，就是在用户的使用过程中不易产生文件碎片，并且还能对用户的操作进行记录。

9.2 使用系统安装盘进行分区与格式化

Windows操作系统的安装光盘都带有分区、格式化以及删除分区的功能，而这种分区方法也是最方便和直接的分区方法，使用系统安装盘进行分区后便可以直接安装操作系统。

9.2.1 创建分区

在安装Windows操作系统时，首先需要对硬盘进行分区操作，而使用Windows系统安装盘可以很轻松、快速地创建新分区。下面以Windows 7操作系统为例讲解创建分区的具体操作步骤。

步骤 01 设置启动顺序为从光驱启动，将安装光盘放入光驱并重新启动电脑，安装程序自动启动并进入安装界面，如图9-1所示。

图9-1 进入安装界面

步骤 02 稍等片刻，弹出"安装Windows"对话框，单击"下一步"按钮，如图9-2所示。

步骤 03 进入"您想将Windows安装在何处"界面，单击"驱动器选项（高级）"链接，如图9-3所示。

图9-2 单击"下一步"按钮

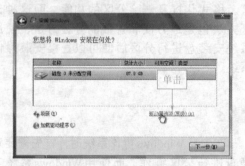

图9-3 单击"驱动器选项（高级）"按钮

步骤 04 进入相应的界面，单击"新建"链接，如图9-4所示。

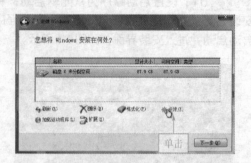

图9-4 单击"新建"按钮

 专家指点

在"您想将Windows安装在何处"界面中，用户还可以单击"扩展"链接，即可使用系统安装盘创建扩展分区对象。

步骤 05 进入相应界面，按【Backspace】键，清除程序默认的数值大小，用户根据需要

输入想要设置的磁盘分区大小，单击"应用"按钮，如图9-5所示。

图9-5 单击"应用"按钮

步骤 06 执行操作后，弹出提示信息框，单击"确定"按钮，即可创建第一个新分区，如图9-6所示。

图9-6 创建新分区

步骤 07 采用与上述相同的方法，创建其他的分区，如图9-7所示。

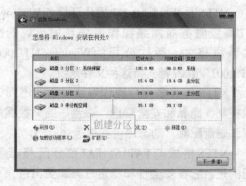

图9-7 创建其他分区

9.2.2 删除分区

在安装Windows操作系统时，使用系统光盘删除分区也是十分方便的，但是删除分区以后磁盘里的所有数据会全部丢失，因此，在删除分区操作之前，最好使用其他磁盘将电脑上的一些重要文件进行备份。删除分区的具体操作步骤如下。

步骤 01 参照9.2.1小节使用的系统安装盘分区方法，进入创建分区的界面，选择需要删除的分区，再单击"删除"链接，如图9-8所示。

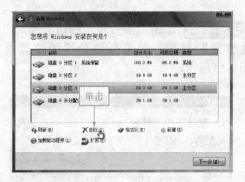

图9-8 单击"删除"链接

步骤 02 执行操作后，弹出提示信息框，单击"确定"按钮，如图9-9所示。

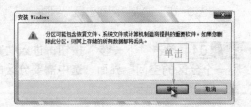

图9-9 单击"确定"按钮

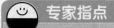专家指点

除了上述方法可以弹出提示信息框外，用户还可以在键盘上直接按【D】键。

步骤 03 执行操作后，即可删除分区，删

除过后的磁盘又变成了未划分的空间，如图9-10所示。

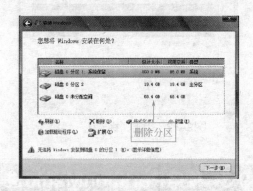

图9-10 删除分区

9.2.3 格式化分区

使用系统安装盘进行磁盘分区后，需要对磁盘进行格式化操作，才可以安装操作系统，否则将不能被系统承认，无法使用。格式化分区的具体操作步骤如下。

步骤 01 将系统光盘放入光驱，并进行磁盘分区后，在磁盘分区界面中，选择一个分区类型为主分区的磁盘分区为系统盘，如图9-11所示。

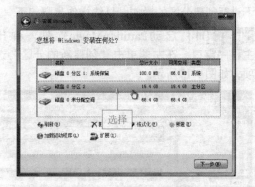

图9-11 选择系统盘

步骤 02 在界面中，单击"格式化"链接，如图9-12所示；在弹出的提示信息框中单击"确定"按钮，即可格式化硬盘。

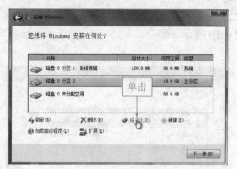

图9-12 单击"格式化"链接

9.3 使用PartitionMagic进行分区

PartitionMagic是当前最好用的硬盘分区及管理工具之一。它采用全图形化操作,支持多种分区格式,可以不破坏硬盘现有数据并重新改变分区大小,还可以合并相邻分区、转换分区格式、隐藏硬盘分区等。

9.3.1 创建分区

使用Windows版的PartitionMagic来创建分区,就是在已经分区硬盘上减少一些其他分区的可用空间,获得一个新的空间,并创建成一个新的分区。下面以在Windows XP操作系统下讲解创建分区的操作,具体操作步骤如下。

步骤 01 启动PartitionMagic软件,弹出主程序窗口,在左侧单击"创建新的分区"选项,如图9-13所示。

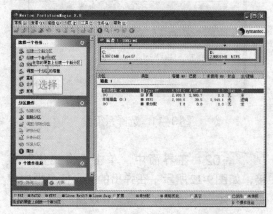

图9-13 单击"创建新的分区"选项

步骤 02 弹出"创建新的分区"对话框,如图9-14所示。

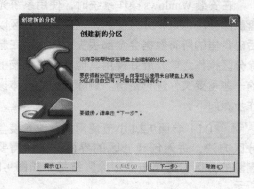

图9-14 "创建新的分区"对话框

步骤 03 单击"下一步"按钮,进入"创建位置"界面,选择新建分区的位置,如图9-15所示。

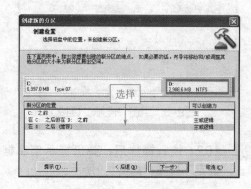

图9-15 进入"创建位置"界面

步骤 04 单击"下一步"按钮,进入"减少哪一个分区的空间"界面,选中需要分区的位置,如图9-16所示。

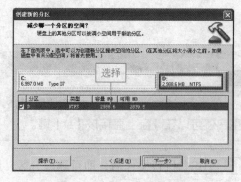

图9-16 选中分区的位置

步骤 05 单击"下一步"按钮，进入"分区属性"界面，在其中可以设置新分区的容量、卷标以及分区类型等，如图9-17所示。

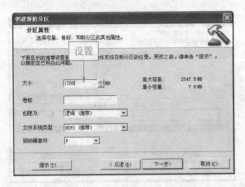

图9-17 "分区属性"界面

步骤 06 单击"下一步"按钮，进入"确认选择"界面，在其中有一个在新建分区之前和之后的对比图，如图9-18所示。

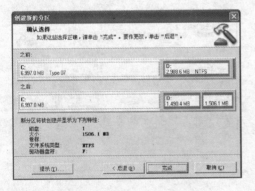

图9-18 "确认选择"界面

步骤 07 单击"完成"按钮，返回程序主界面，在硬盘分区列表中显示新创建的分区，如图9-19所示，此时新创建分区还不能正常使用。

 专家指点

　　在程序主界面的左下方有3个挂起操作，如果用户对之前的操作不满意，则可以单击"撤销"按钮，即可撤销之前的分区操作。

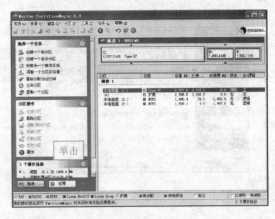

图9-19 显示新创建的分区

步骤 08 在主程序窗口的左下方，单击"应用"按钮，弹出"应用更改"对话框，如图9-20所示。

图9-20 "应用更改"对话框

步骤 09 单击"是"按钮，弹出"警报"对话框，单击"确定"按钮，操作完成后重新启动计算机，即可创建新的分区。

9.3.2 调整分区容量

　　在最初对硬盘进行分区时，可能会因为容量大小分配得不合理，造成电脑在运行过程中遇到某些分区容量太大，硬盘空间不能充分利用，而某些分区容量太小，引起容量不足的现象。此时，可利用PartitionMagic软件，在不影响硬盘数据的情况下来，利用调整分区大小的功能来合理调节分区容量。调整分区容量的具体操作步骤如下。

步骤 01 启动PartitionMagic软件，打开PartitionMagic程序主窗口，在左侧单击"调整一个分区的容量"选项，弹出"调整分区的容量"对话框，如图9-21所示。

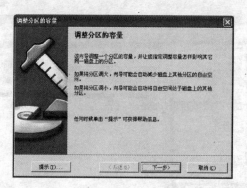

图9-21　"调整分区的容量"对话框

步骤 02 单击"下一步"按钮,进入"选择分区"界面,选择需要调整的分区选项,如图9-22所示。

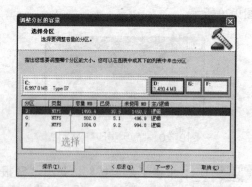

图9-22　选择分区

步骤 03 单击"下一步"按钮,进入"指定新建分区的容量"界面,在"分区的新容量"下方的数值框中输入所要设置的容量大小,如图9-23所示。

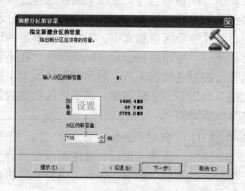

图9-23　设置容量大小

步骤 04 单击"下一步"按钮,进入"提供给哪一个分区空间"界面,选择相应的分区,如图9-24所示。

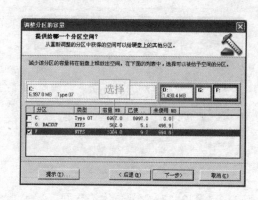

图9-24　选择分区

步骤 05 单击"下一步"按钮,进入"确认分区调整容量"界面,如图9-25所示。

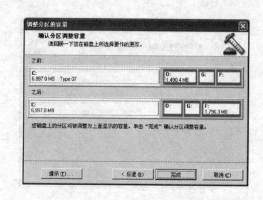

图9-25　"确认分区调整容量"界面

专家指点

在PartitionMagic程序主界面中,不同的磁盘颜色,代表了不同的磁盘性质,如主分区、扩展分区以及未分配分区等,以便用户区分各磁盘。

步骤 06 单击"完成"按钮,返回程序主界面,显示调整容量后的磁盘大小,如图9-26所示。

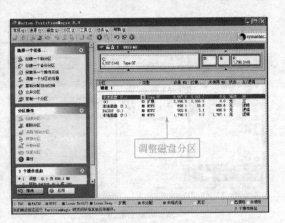

图9-26　显示磁盘大小

步骤 07 在窗口左下方，单击"应用"按钮，弹出"应用更改"对话框，单击"是"按钮，弹出"警报"对话框，单击"确定"按钮，重新启动计算机，即可调整分区容量。

9.3.3 转换分区类型

在安装操作系统时，可能会将不同分区设置为不同的文件系统类型，如果使用系统自带的格式化功能更改分区类型，那么分区中的数据就会丢失。使用PartitionMagic软件中的"转换分区格式"功能，可以实现在不丢失数据的前提下，转换分区的类型。转换分区类型的具体操作步骤如下。

步骤 01 启动PartitionMagic软件，打开主程序窗口，在其中选择"本地磁盘D："选项，再在窗口左侧单击"转换分区"选项，如图9-27所示。

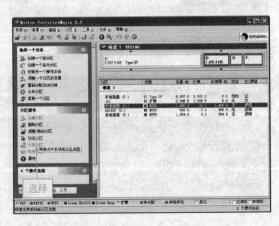

图9-27　选择合适选项

步骤 02 弹出"转换分区"对话框，在"转换为"选项组中，选中"FAT32"单选钮，如图9-28所示。

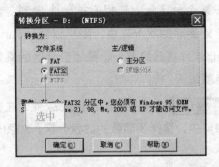

图9-28　选中"FAT32"单选钮

步骤 03 单击"确定"按钮，弹出"警告"对话框，如图9-29所示。

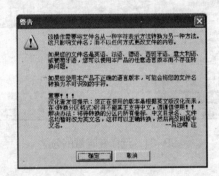

图9-29　"警告"对话框

步骤 04 单击"确定"按钮，即可转换分区类型，如图9-30所示。

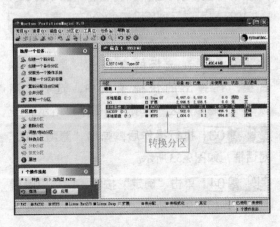

图9-30　转换分区类型

▶ 9.3.4 隐藏硬盘分区

电脑使用过程中，总会有一些重要数据存储于某个分区上，若担心被他人看到、修改或意外删除的状况发生，则可以使用Partition Magic软件将其隐藏。隐藏硬盘分区的具体操作步骤如下。

步骤 01 启动PartitionMagic软件，在主程序窗口中，选择要隐藏的磁盘分区，如图9-31所示。

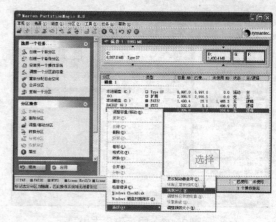

图9-32 选择"隐藏分区"选项

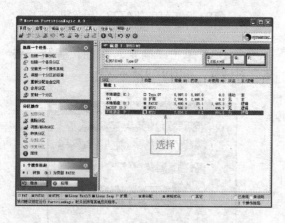

图9-31 选择要隐藏的分区

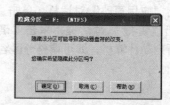

图9-33 "隐藏分区"对话框

 专家指点

利用PartitionMagic软件隐藏硬盘分区，只是针对其他计算机而言，在本计算机中还是可以看到所隐藏的分区。

步骤 02 在选择的盘符上，单击鼠标右键，在弹出的快捷菜单中，选择"高级"→"隐藏分区"选项，如图9-32所示。

步骤 03 执行操作后，弹出"隐藏分区"对话框，如图9-33所示。

步骤 04 单击"确定"按钮，即可隐藏硬盘分区，如图9-34所示。

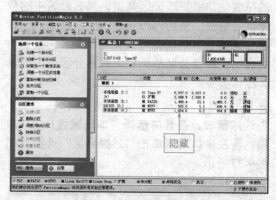

图9-34 隐藏磁盘分区

 专家指点

隐藏硬盘分区后，用户若想显示出隐藏后的硬盘分区，可以在隐藏的硬盘分区上，单击鼠标右键，在弹出的快捷菜单中，选择"高级"|"显现分区"选项。

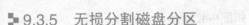

9.3.5　无损分割磁盘分区

无损分区指的是将一个含有数据的分区分割成两个分区，并且可以自定义每个分区中保存的数据。无损分割磁盘分区的具体操作步骤如下。

步骤 01 启动 PartitionMagic 软件，在主界面中，选择需要分割的分区并单击鼠标右键，在弹出的快捷菜单中选择"调整容量/移动"选项，如图9-35所示。

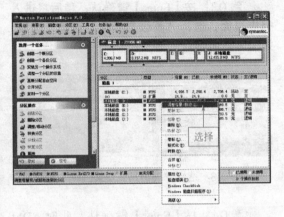

图9-35　选择"调整容量/移动"选项

😊 **专家指点**

除了运用上述方法可以执行"调整容量/移动"选项外，用户还可以选择左侧"分区操作"选项组中的"调整/移动分区"选项。

步骤 02 弹出"调整容量/移动分区"对话框，将鼠标移至右侧的控制柄上，单击鼠标左键并向左侧拖曳，至合适位置后释放鼠标，即可调整自由空间的适合容量大小，如图9-36所示。

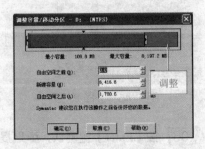

图9-36　"调整容量/移动分区"对话框

步骤 03 单击"确定"按钮，返回程序主界面，可以看到调整的磁盘变小了，而多了一部分自由空间，选择多余的自由空间，单击鼠标右键，在弹出的快捷菜单中选择"创建"选项，如图9-37所示。

步骤 04 弹出"创建分区"对话框，在其中设置分区的类型以及盘符，如图9-38所示。

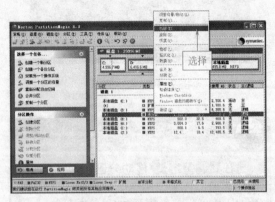

图9-37　选择"创建"选项

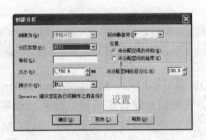

图9-38　"创建分区"对话框

步骤 05 单击"确定"按钮，即可创建新的分区，在主界面的左下方，单击"应用"按钮，弹出"应用更改"对话框，单击"是"按钮，弹出"警告"对话框，如图9-39所示。

图9-39　"警告"对话框

步骤 06 单击"确定"按钮，计算机重新启动，当界面上显示Please manually reboot your computer时（如图9-40所示），再次手动重启计算机，即可完成调整分区的操作。

项，如图9-42所示。

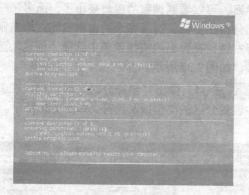

图9-40　显示信息

 专家指点

在"调整容量/移动分区"对话框中，用户还可以在"自由空间之前"右侧的数值框中手动输入自由空间的容量。

9.4　使用DM进行分区与格式化

DM是Hard Disk Management Program的简称，它可以对硬盘进行格式化和校验等管理工作，提高硬盘的使用效率，下面以DM 9.56为例介绍硬盘的分区与格式化，具体操作步骤如下。

步骤 01 将带有DM的工具光盘放入光盘驱动器中，设置从光驱启动，程序会自动运行，直到DM加载成功显示欢迎界面，如图9-41所示。

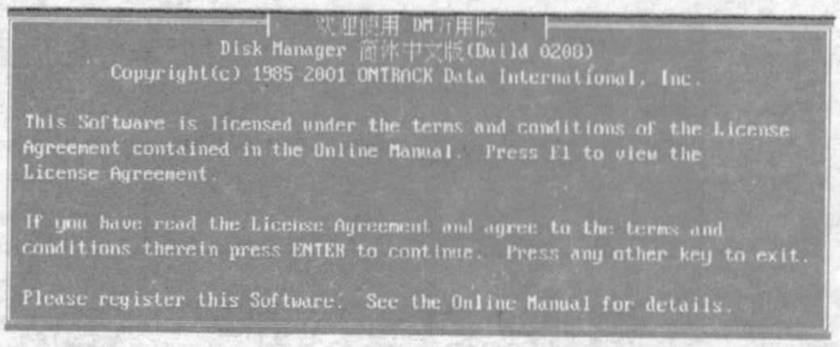

图9-41　显示欢迎界面

步骤 02 按【Enter】键确认，进入DM主菜单页面，使用方向键，选择"高级选项"选

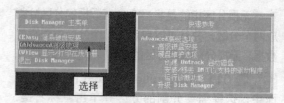

图9-42　选择"高级选项"选项

步骤 03 按【Enter】键确认，稍后将进入相应页面，选择"高级方式安装磁盘"选项，如图9-43所示。

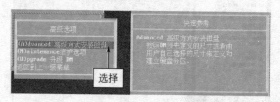

图9-43　选择"高级方式安装磁盘"选项

步骤 04 按【Enter】键确认，此时，DM会检测当前计算机上所有硬盘的型号，如果是多硬盘的计算机，则需要进行选择，该处只找到了一个硬盘，如图9-44所示。

图9-44　选择硬盘

步骤 05 DM提示用户选择磁盘分区的格式，这里选择第二项，如图9-45所示。

图9-45　选择第二项

步骤 06 按【Enter】键确认，弹出提示信息框，提示用户是否将所选驱动器进行格式化

操作，如图9-46所示。

图9-46 信息提示框1

步骤 **07** 选择"（Y）ES"选项，按【Enter】键确认，进入下一个页面，用户可根据需要选择分区方式，这里选择"由你自己决定"选项，如图9-47所示。

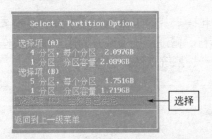

图9-47 选择"由你自己决定"选项

步骤 **08** 按【Enter】键确认，进入下一个页面，输入主分区容量大小，如图9-48所示。

图9-48 输入容量大小

步骤 **09** 按【Enter】键确认，采用与上面类似的方法，创建其他分区，如图9-49所示。

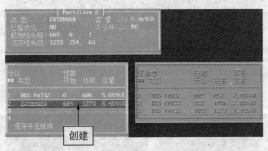

图9-49 创建其他分区

步骤 **10** 使用方向键选择"保存并且继续"选项，按【Enter】键确认，弹出提示信息框，提示用户是否快速格式化，如图9-50所示。

图9-50 信息提示框2

步骤 **11** 选择"（Y）ES"选项，按【Enter】键确认，程序继续弹出提示信息框，提示用户如果继续操作会擦除硬盘上的所有数据，如图9-51所示。

图9-51 信息提示框3

步骤 **12** 选择"（Y）ES"选项，按【Enter】键确认，DM提示在该硬盘上建立的分区已经被成功格式化，如图9-52所示。

图9-52 分区已格式化

步骤 **13** 按【Enter】键确认，进入DM最后一个画面，提示任务完成，如图9-53所示。重新启动计算机，完成分区与格式化操作。

图9-53 提示任务完成

第10章

安装Windows操作系统

学习提示 》》

　　组装好电脑，并做好了BIOS设置和硬盘分区工作后，接下来就是安装操作系统了，操作系统是控制其他程序运行、管理系统资源并为用户提供操作界面的系统软件集合，是电脑必不可少的一种系统软件。

主要内容 》》

- 安装Windows XP操作系统
- 安装Windows Vista操作系统
- 安装Windows 7操作系统

重点与难点 》》

- 安装Windows XP配置要求
- 安装Windows XP操作系统
- 安装Windows Vista配置要求
- 安装Windows Vista操作系统
- 安装Windows 7配置要求
- 安装Windows 7操作系统

学完本章后你会做什么 》》

- 清楚Windows XP配置要求
- 掌握安装Windows XP方法
- 清楚Windows Vista配置要求
- 掌握安装Windows Vista方法
- 清楚Windows 7配置要求
- 掌握安装Windows 7方法

图片欣赏 》》

10.1 安装Windows XP操作系统

Windows XP操作系统是目前使用最为广泛的操作系统之一，与其他Windows操作系统相比，它的稳定性、易用性、可靠性更容易被大众所接受，使用起来也更加轻松容易，因此，它是用户使用最多的操作系统。

10.1.1 安装系统的配置要求

在安装Windows XP操作系统之前，一定要对其系统的硬件配置要求有所了解，如果配置较低，而强行安装Windows XP操作系统，则会造成系统无法安装、电脑无法运行等问题。

1.Windows XP系统最低配置要求

Windows XP操作系统相对于以前版本的Windows操作系统来说，可以适应更多新的硬件设备和技术，但Windows XP操作系统对运行环境有一定的要求，只有在规定的硬件环境内，才能正常安装并运行系统，Windows XP操作系统的最低配置要求如下。

- ❖ CPU：主频800MHz的AMD或Inter的CPU。
- ❖ 内存：128MB以上。
- ❖ 硬盘：20GB以上。
- ❖ 显卡：集成显卡。
- ❖ 声卡：集成声卡。
- ❖ 光驱：CD-ROM。

2.Windows XP系统推荐配置要求

对于Windows XP操作系统较为理想的配置，首先要加强处理器的运算性能，提高内存、硬盘、显卡等硬件设备的性能，这样才能让系统运行得更好、更快，适应工作需求，下面推荐一套安装Windows XP操作系统理想的配置要求，内容如下。

- ❖ CPU：主频1.0GHz以上的AMD或Inter的CPU。
- ❖ 内存：最低512MB。

- ❖ 硬盘：80GB以上。
- ❖ 显卡：显存128M以上的PCI-E接口显卡。
- ❖ 声卡：最新的PCI声卡。
- ❖ 光驱：DVD刻录光驱。

10.1.2 安装Windows XP操作系统

确定电脑硬件符合Windows XP操作系统的配置要求后，便可开始安装Windows XP操作系统了。下面以光盘安装的方式，介绍Windows XP操作系统的安装方法。由于各电脑的性能不同，因此，Windows XP操作系统的安装大约会耗时1～1.5小时不等的时间。

步骤 01 将Windows XP安装光盘放入光驱，并重新启动计算机，开机后，按【Delete】键进入BIOS设置界面，如图10-1所示。

图10-1　BIOS设置界面

😊 **专家指点**

由于安装Windows XP操作系统是通过光盘安装的，因此，必须通过进入BIOS设置界面，设置从光驱启动安装程序。

步骤 02 使用方向键选择"Boot"选项卡，选择"Boot Device Priority"选项，按【Enter】键确认，进入启动设置界面，如图10-2所示。

步骤 03 按【Enter】键确认，弹出"Options"对话框，使用方向键选择"CDROM（从光驱启动）"选项，如图10-3所示。

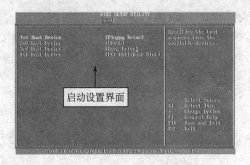

图10-2　进入启动设置界面

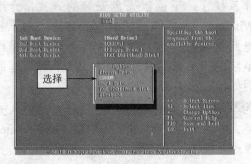

图10-3　选择"CDROM"选项

步骤 **04** 按【Enter】键确认，返回到启动设置界面，此时第一启动项设置为从光驱启动，如图10-4所示。

图10-4　设置为从光驱启动

步骤 **05** 按【F10】键，保存并退出BIOS，在弹出的提示信息框中选择"OK"选项，按【Enter】键确认，计算机自动重新启动，安装程序自动启动并进入安装界面，如图10-5所示。

步骤 **06** 稍等片刻，进入"欢迎使用安装程序"界面，如图10-6所示。

图10-5　安装界面

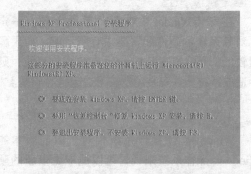

图10-6　"欢迎使用安装程序"界面

步骤 **07** 保持默认选项，按【Enter】键确认，进入"Windows XP许可协议"界面，如图10-7所示。

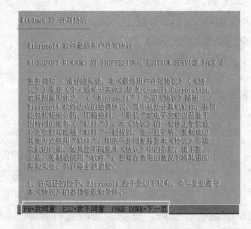

图10-7　"Windows XP许可协议"界面

步骤 **08** 按【F8】键，即可同意以上协议，并进入选择磁盘分区界面，如图10-8所示。

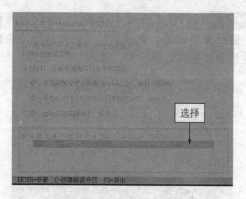

图10-8 选择磁盘分区界面

步骤 09 按【C】键，进入创建分区界面，按【Backspace】键，清除程序默认数值，再输入想设置的磁盘分区大小，如图10-9所示。

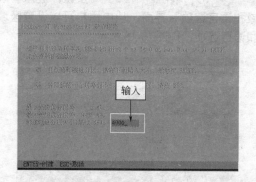

图10-9 输入分区大小

步骤 10 输入完成后，按【Enter】键确认返回上一个界面，从中用户可以发现创建的磁盘分区显示在分区列表中，并以盘符"C"表示，参照上一章中的相关内容介绍，将其他未划分的空间进行分区，如图10-10所示。

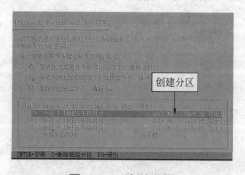

图10-10 创建分区

步骤 11 选择一个合适的磁盘为系统盘，按【Enter】键确认，进入磁盘格式化界面并选择一种格式化方式，如图10-11所示。

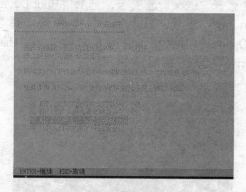

图10-11 选择格式化方式

步骤 12 按【Enter】键确认，安装程序将对所选磁盘进行格式化，如图10-12所示。

图10-12 磁盘格式化

步骤 13 格式化完成以后，安装程序开始将光盘中的文件复制到硬盘上的Windows文件夹中，如图10-13所示。

图10-13 复制文件

步骤 14 复制完成后，安装程序将加载和保存信息，重新启动电脑，开机后，按【Delete】键进入BIOS设置画面，使用方向键选择"Boot"选项卡，选择"Boot Device Priority"选项，按【Enter】键确认，弹出"Options"对话框，使用方向键选择"Hard Drive"选项，如图10-14所示。

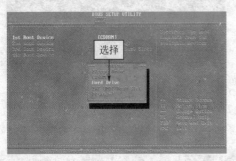

图10-14 选择"Hard Drive"选项

步骤 15 按【Enter】键确认，返回到启动设置界面，此时第一启动项设置为从硬盘启动，如图10-15所示。

图10-15 设置为从硬盘启动

步骤 16 按【F10】键，保存并退出BIOS，此时会弹出提示信息框，移动方向键，选择"OK"选项，如图10-16所示。

图10-16 选择"OK"选项

步骤 17 按【Enter】键确认，此时计算机会自动重新启动，重新启动之后安装程序会自动启动并进入安装界面，如图10-17所示。

图10-17 进入安装界面

步骤 18 单击"下一步"按钮，进入"区域和语言选项"界面，从中用户可以设置区域和语言选项，如图10-18所示。

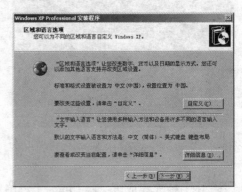

图10-18 "区域和语言选项"界面

步骤 19 单击"下一步"按钮，进入"自定义软件"界面，要求用户输入姓名和单位，如图10-19所示，输入相关信息。

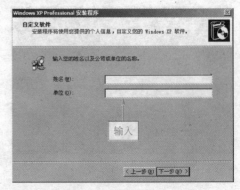

图10-19 "自定义软件"界面

步骤 20 单击"下一步"按钮，进入"您的产品密钥"界面，如图10-20所示，在其中输入Windows XP的产品序列号。

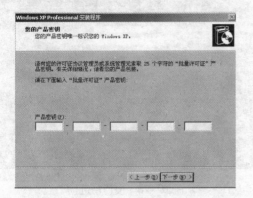

图10-20 "您的产品密钥"界面

步骤 21 单击"下一步"按钮，进入"计算机名和系统管理员密码"界面，根据实际需要设置密码，如图10-21所示。

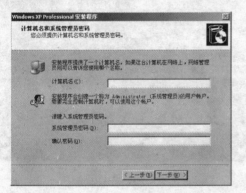

图10-21 "计算机名和系统管理员密码"界面

步骤 22 单击"下一步"按钮，进入"日期和时间设置"界面，在其中用户可以设置系统的日期和时间，如图10-22所示。

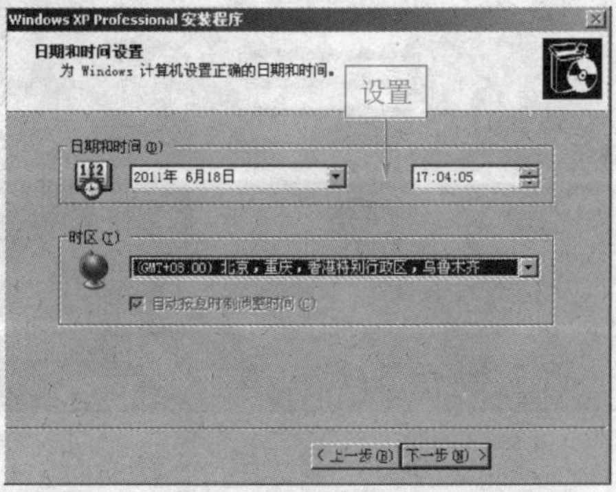

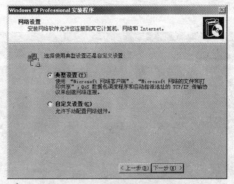

图10-22 "日期和时间设置"界面

步骤 23 单击"下一步"按钮，进入"网络设置"界面，在其中选择网络设置的类型，如图10-23所示。

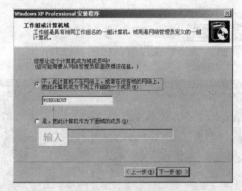

图10-23 选择网络设置类型

步骤 24 单击"下一步"按钮，进入"工作组或计算机域"界面，如图10-24所示。

图10-24 "工作组或计算机域"界面

步骤 25 单击"下一步"按钮，电脑将重新启动并进入"欢迎使用Microsoft Windows"界面，如图10-25所示。

图10-25 "欢迎使用Microsoft Windows"界面

步骤 26 单击"下一步"按钮，进入"这台计算机如何连接到 Internet"界面，用户可根据实际情况选中相应的单选钮，如图 10-26 所示。

图 10-26　选中相应的单选钮

步骤 27 单击"下一步"按钮，进入下一个界面，保持默认设置，如图 10-27 所示。

图 10-27　保持默认设置

步骤 28 单击"下一步"按钮，进入下一个界面，在其中设置用户名、密码以及 ISP 服务站，如图 10-28 所示。

步骤 29 单击"下一步"按钮，进入下一个界面，选中相应单选钮，如图 10-29 所示。

步骤 30 单击"下一步"按钮，进入下一个界面，如图 10-30 所示，根据需要在各文本框中输入相应的用户名称。

图 10-28　设置各选项

图 10-29　选中单选钮

图 10-30　输入用户名称

在"谁会使用这台计算机"界面中，如果只有一个用户使用，那么，就在"您的姓名"文本框中输入使用该电脑的用户名称即可。如果还有其他用户使用该电脑，则可以依次在"第二个用户"等文本框中输入其他使用该电脑的用户名称。

步骤 **31** 单击"下一步"按钮，进入"谢谢"界面，并显示相关的提示信息，如图10-31所示。

图10-31 "谢谢"界面

步骤 **32** 单击"完成"按钮，完成Windows XP操作系统的安装，系统自动重启后登录Windows XP桌面，至此，Windows XP安装完成，如图10-32所示。

图10-32 Windows XP桌面

10.2 安装Windows Vista操作系统

Windows Vista操作系统是2007年1月30日正式向市场发行出售的，该操作系统可以在提供一个应用于通信、娱乐、多媒体等多项支持的良好平台同时，通过对操作系统的开机、动态搜索、自动化的网络和设备连接等功能的优化，让用户享受更加方便、快捷的系统操作环境。

10.2.1 安装系统的配置要求

Microsoft公司针对不同的市场定位，推出了多个不同版本的Windows Vista操作系统，包括家庭普通版、家庭高级版、商业版和旗舰版。这些版本在功能和价格上有着一定的区别，但在系统安装要求上是基本一致的，Microsoft公司推出每一款Windows操作系统时都会提供一套配置要求。因此，在安装Windows Vista操作系统前一定要对电脑的硬件配置有所了解。

1.Windows Vista系统最低配置要求

在安装Windows Vista操作系统之前，首先要了解Windows Vista操作系统的硬件配置要求，为了确保组装的计算机能够运行Windows Vista，也为了用户能够获得对Windows Vista及其所有新功能的最佳体验，电脑的最低配置要求如下。

- CPU：主频1.0GHz。
- 内存：512MB。
- 硬盘：20GB。
- 显卡：支持DirectX 9显卡、Super VGA显卡。
- 光驱：DVD光驱。

 专家指点

Vista一词源于拉丁语言的Vedere，有"远景"、"展望"之意，微软公司将其下一代具有里程碑意义的操作系统命名为Vista，除了希望它能展望未来，断续执掌操作系统大旗之外，更是为了未来个人电脑乃至其他个人电子设备的技术创新铺路。

2.Windows Vista 系统推荐配置要求

为了 Windows Vista 操作系统可以运行得更快、更好，官方在标明最低硬件配置要求外，还推荐了一套适中的配置要求，内容如下。

- ❖ CPU：主频 2.0GHz 或以上。
- ❖ 内存：1GB 的物理内存。
- ❖ 硬盘：80GB。
- ❖ 显卡：支持 DirectX 9 显卡、Pixel shader 2.0 的 128MB 显存或 WDDM 显卡。
- ❖ 光驱：DVD 刻录光驱。

3.使用者推荐配置

由于 Windows Vista 操作系统使用者的使用侧重点不同，因此，在配置上还有一定的差别。如果想让 Windows Vista 操作系统运行得更加完美，可以参照以下的电脑硬件配置要求。

- ❖ CPU：主频 2.0GHz 以上的 32 位或 64 位 CPU。
- ❖ 内存：1.5GB 以上。
- ❖ 硬盘：80GB 以上，主分区至少 15GB。
- ❖ 显卡：DirectX 9 显卡、Pixel shader 2.0 的 128MB 显存或 WDDM 显卡。
- ❖ 光驱：DVD 光驱、DVD 刻录光驱。

专家指点

不同版本的 Windows Vista 操作系统有着不同的特点。

Vista 家庭普通版适用于具有最基本计算机操作需求的用户，它可以满足用户家庭工作和学习需要，如上网冲浪等基本操作。

Vista 家庭高级版具有 Windows 媒体中心功能，可以轻松地欣赏视频、音乐和数码照片等多媒体元素，是家用台式机和笔记本电脑首选的版本。

Vista 商业版是一款专门用于满足小型企业需要的操作系统，与家庭版相比拥有更强的功能，该版本增强了系统的安全性，是各企业级用户的首选版本。

Vista 旗舰版包括 Vista 所有版本的功能，它可以提供企业级的安全性和顶级的家庭数字娱乐体验，该版本是 Windows Vista 中功能最强大的版本。

▶ 10.2.2 安装 Windows Vista 操作系统

安装 Windows Vista 操作系统大概需要占据 7～8GB 的磁盘空间，是 Windows XP 操作系统占用空间的 5 倍，但 Vista 操作系统的安装时间却比安装 XP 操作系统的时间要短，只需要半小时左右。下面介绍 Windows Vista 操作系统的安装方法，具体操作步骤如下。

步骤 01 将 Windows Vista 安装光盘放入光驱，重新启动计算机；开机按【Delete】键进入 BIOS 设置界面，使用方向键选择"Boot"选项卡，进入启动设置界面，设置从光驱启动，按【Enter】键确认，系统对光盘进行检测，并读取光盘中的文件，如图 10-33 所示。

图 10-33　文件加载界面

步骤 02 文件读取完毕后，进入选择安装语言界面，在其中选择需要安装的语言、时间和货币格式、键盘和输入法各选项，如图 10-34 所示。

图 10-34　设置各选项

步骤 03 单击"下一步"按钮，进入"现在安装"界面，如图 10-35 所示。

图10-35 "现在安装"界面

图10-38 "请阅读许可条款"界面

步骤 04 单击"现在安装"按钮，进入"键入产品密钥进行激活"界面，在文本框中输入产品密钥，如图10-36所示。

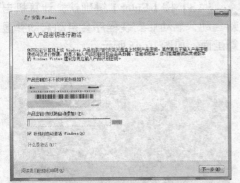

图10-36 "键入产品密钥进行激活"界面

步骤 05 单击"下一步"按钮，进入"选择要安装的操作系统"界面，在列表框中选择需要安装的版本，如图10-37所示。

图10-37 "选择要安装的操作系统"界面

步骤 06 单击"下一步"按钮，进入"请阅读许可条款"界面，阅读条款后选中"我接受许可条款"复选框，如图10-38所示。

步骤 07 单击"下一步"按钮，进入下一个界面，选择合适的选项，如图10-39所示。

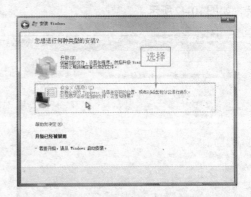

图10-39 选择合适选项

步骤 08 进入"您想将Windows安装在何处"界面，指定安装位置，如图10-40所示。

图10-40 指定安装位置

步骤 09 单击"下一步"按钮，进入"正在安装Windows"界面，显示开始安装Windows Vista的进度，如图10-41所示。

图10-41 显示安装进度

步骤 10 系统自动安装所需功能，此过程中无需人为操作，系统将自动重启并进行安装，如图10-42所示。

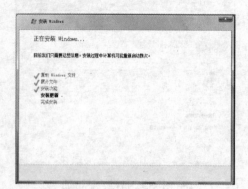

图10-42 安装所需功能

步骤 11 安装完成后，系统自动重启，开机按【Delete】键，进入BIOS设置界面；选择"Boot"选项卡，在其中选择"Boot Device Priority"选项，按【Enter】键确认，弹出"Options"对话框，按【Enter】键确认，弹出对话框，选择"Hard Drive"选项，如图10-43所示。

图10-43 选择"Hard Drive"选项

步骤 12 按【Enter】键确认，返回启动设置界面，此时第一启动项为从硬盘启动，按【F10】键，保存并退出BIOS，会弹出提示信息框，选择"OK"选项，如图10-44所示。

图10-44 选择"OK"选项

步骤 13 按【Enter】键确认，计算机自动重新启动，启动后安装程序会自动启动并显示更新画面，如图10-45所示。

图10-45 显示更新画面

步骤 14 更新完毕后，再次显示"正在安装Windows"界面，如图10-46所示。

图10-46 "正在安装Windows"界面

步骤 15 完成安装后，系统将再次重新启动，开机后弹出"设置Windows"窗口，在"选择一个用户名和图片"界面中，设置计算机用户名、密码和图片，如图10-47所示。

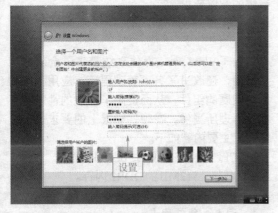

图10-47 设置各选项

步骤 16 单击"下一步"按钮，进入"输入计算机名并选择桌面背景"界面，输入计算机的名称，如图10-48所示。

图10-48 输入计算机名称

步骤 17 单击"下一步"按钮，进入"复查时间和日期设置"界面，设置日期和时间，如图10-49所示。

 专家指点

在"设置Windows"界面中，用户可以根据需要和提示进行相应选项的设置，也可以保持默认设置，等安装成功后，通过打开"控制面板"进行计算机名称、图片、密码等选项的操作。

图10-49 设置日期和时间

步骤 18 单击"下一步"按钮，进入"非常感谢"界面，单击"开始"按钮，如图10-50所示。

图10-50 单击"开始"按钮

步骤 19 执行操作后，系统开始复制文件，请稍候，如图10-51所示。

图10-51 开始复制文件

步骤 **20** 文件复制完成,操作系统将再次重新启动,稍等片刻,进入登录界面,输入登录密码,如图10-52所示;单击"登录"按钮,即可登录Windows Vista系统桌面。

输入

图10-52 显示登录界面

 专家指点

在 Windows Vista登录界面中,若用户没有为系统设置密码,按【Enter】键,即可直接进入系统桌面。单击界面右下方的"关闭"按钮,可关闭Windows Vista操作系统。

10.3 安装 Windows 7 操作系统

Windows 7操作系统是自Windows问世以来变化最大的版本,具有更易用、更快速、更简单、更安全、更智能以及娱乐性更强等特性。Windows 7作为Windows Vista的继任者,其优点之多吸引了广大用户与各厂商,绚丽的界面、快速的启动和关闭功能足以让用户满意。

10.3.1 安装系统的配置要求

对于国内的大部分计算机用户来说,Windows是惟一一个熟悉的操作系统,而Windows 7是微软最新推出的操作系统,在其前任的Windows XP和Windows Vista基础上引入了多项变化和改进。随着现在操作系统功能的不断完善,对计算机的硬件也提出了越来越高的要求。下面先来了解一下Windows 7操作系统的配置要求。

1.Windows 7操作系统最低配置要求

由于Windows 7操作系统带来了全新的用户界面,还改进了各项管理程序、应用程序和解决问题的组件,从而提高了系统的性能和可靠性。理所当然,在硬件配置上的要求也随之增高,主要内容如下。

❖ CPU:1.0GHz的32位或64位。
❖ 内存:512MB的DDR2内存。
❖ 硬盘:20GB以上。
❖ 显卡:集成显卡。
❖ 光驱:DVD光驱。

2.Windows 7操作系统推荐配置要求

相比Windows Vista操作系统的配置要求,Windows 7操作系统的配置要求低很多。如果用户想让Windows 7运行得更为流畅,就需要提高处理器的性能,Windows 7操作系统的推荐配置要求如下。

❖ CPU:奔腾3.0GHz(或相同级别)以上(如双核)的AMD、Intel的CPU。
❖ 内存:1GB以上。
❖ 硬盘:80GB以上。
❖ 显卡:支持DX10,128MB显存、PCI-E接口的显卡。
❖ 光驱:DVD刻录机。

10.3.2 安装 Windows 7 操作系统

操作系统是计算机运行的基础,是人机交互的重要界面,作为微软公司隆重推出的新一代Windows 7操作系统,受到了广大用户的关注。了解并准备好安装Windows 7操作系统后,一定要掌握正确安装系统的方法和流程,才能创建一个安全稳定的工作环境。安装Windows 7操作系统的具体操作步骤如下。

步骤 **01** 将Windows 7系统安装盘放入光驱,并设置从光驱启动,重新启动计算机,当

屏幕上显示提示信息后，如图 10-53 所示，快速按下任意键。

图 10-53　显示信息提示

步骤 02 稍等片刻，弹出 Windows 7 安装界面，选择"我的语言为中文（简体）"选项，如图 10-54 所示。

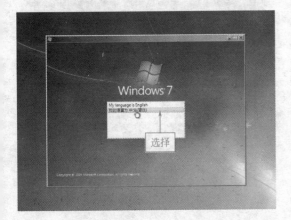

图 10-54　选择语言选项

 **专家指点**

　　在 Windows 7 安装界面中，如果用户需要安装英文版语言方式的操作系统，则可选择"My language is English"选项。那么，之后的安装提示语言均会以英文显示。

步骤 03 弹出"安装 Windows"对话框，根据需要设置各选项，如图 10-55 所示。

步骤 04 单击"下一步"按钮，进入下一个界面，单击"现在安装"按钮，如图 10-56 所示。

图 10-55　设置各选项

图 10-56　单击"现在安装"按钮

步骤 05 稍等片刻，进入"请阅读许可条款"界面，选中"我接受许可条款"复选框，如图 10-57 所示。

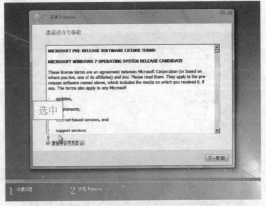

图 10-57　选中"我接受许可条款"复选框

步骤 06 单击"下一步"按钮，进入"您想进行何种类型的安装"界面，选择"自定义（高级）"选项，如图 10-58 所示。

图10-58 选择"自定义（高级）"选项

步骤 07 进入"您想将Windows安装在何处"界面，单击"驱动器选项"按钮，根据提示指定安装位置，如图10-59所示。

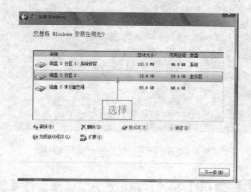

图10-59 选择指定安装位置

步骤 08 单击"下一步"按钮，系统开始安装文件，并显示安装进度，如图10-60所示。

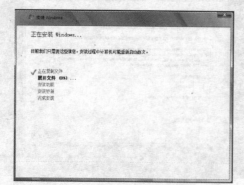

图10-60 显示安装进度

步骤 09 系统自动安装所需的功能，在此过程中无须人为控制，系统可能重启多次，安装完成后，弹出"设置Windows"对话框，在其中

输入用户名及计算机名称，如图10-61所示。

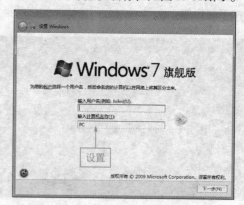

图10-61 "设置Windows"对话框

步骤 10 单击"下一步"按钮，进入"为账户设置密码"界面，在其中设置密码及密码提示，如图10-62所示。

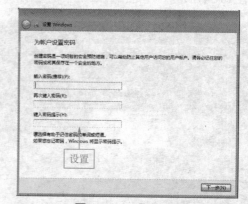

图10-62 设置密码

步骤 11 单击"下一步"按钮，进入"键入产品密钥进行激活"页面，在相应的文本框中输入正确的产品密钥，如图10-63所示。

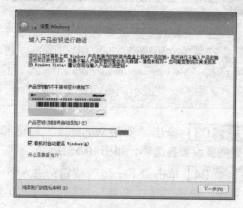

图10-63 输入产品密钥

 专家指点

在"键入产品密钥进行激活"界面中，当用户输入产品密钥时，该密钥一般在系统光盘的包装盒上可以找到。在此，用户必须输入了产品密钥，才能进行下一步操作。

步骤 12 单击"下一步"按钮，进入"帮助自动保护计算机以及提高Windows的性能"界面，选择"使用推荐设置"选项，如图10-64所示。

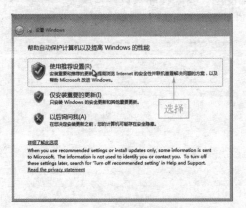

图10-64 选择"使用推荐设置"选项

步骤 13 进入"复查时间和日期设置"界面，用户可以根据实际情况进行设置，如图10-65所示。

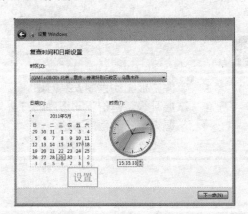

图10-65 设置时间和日期

步骤 14 单击"下一步"按钮，进入"请选择计算机当前的位置"界面，选择"工作网

络"选项，如图10-66所示。

图10-66 选择"工作网络"选项

步骤 15 进入"Windows 7旗舰版"界面，显示系统正在完成您的设置进度，如图10-67所示。

图10-67 正在完成用户的设置

步骤 16 稍等片刻，登录Windows 7桌面，完成Windows 7系统的安装，如图10-68所示。

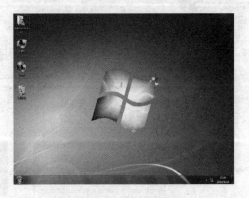

图10-68 Windows 7桌面

第11章

安装与管理驱动程序

学习提示 >>

驱动程序是让计算机系统与硬件设备进行通信的一种程序代码，只有正确安装了驱动程序，硬件设备才能正常使用。驱动程序有其专有属性，需要"对号入座"，因此，用户一定要根据硬件的型号来了解驱动程序的相关操作。

主要内容 >>

- 驱动程序的基础知识
- 安装各硬件驱动程序
- 升级、备份和恢复驱动程序

重点与难点 >>

- 驱动程序的分类
- 驱动程序的作用
- 主板驱动程序的安装

- 声卡驱动程序的安装
- 升级驱动程序
- 恢复驱动程序

学完本章后你会做什么 >>

- 了解驱动程序的分类
- 获取驱动程序的方法
- 知晓驱动程序的安装顺序

- 掌握主板驱动程序安装方法
- 掌握升级、备份驱动程序的方法
- 掌握恢复驱动程序方法

图片欣赏 >>

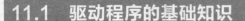

11.1 驱动程序的基础知识

驱动程序（Device Driver）全称为"设备驱动程序"，是一种可以使计算机和硬件设备通信的特殊程序。相当于硬件的接口，操作系统只能通过这个接口，才能控制硬件设备的工作，假如某设备的驱动程序未能正确安装，便不能正常工作。

11.1.1 驱动程序的分类

一台电脑需要安装驱动的设备主要有主板、显卡、声卡、网卡等，这些设备中声卡和网卡大多是板载的，其型号更新换代速度不快，所以很多高版本的操作系统都自带有声卡和网卡驱动，而主板驱动和显卡驱动的更新换代比较频繁。

1. 主板驱动

❖ 按厂商分类

主板驱动根据厂商可分为Intel芯片组主板驱动、AMD芯片组主板驱动、NVIDIA芯片组主板驱动、VIA威盛芯片组主板驱动、SIS芯片组主板驱动等。

❖ 按芯片组分类

不同芯片组对应不同的驱动程序，同一品牌不同型号的主板芯片组，驱动程序也不相同。比如当前主流Intel主板，按芯片组不同可分为Intel G45、Intel X48、Intel P35、Intel P45、Intel X58、Intel P55芯片组。当前主流AMD主板，按芯片组不同可以分为AMD 785G、AMD 780G、AMD 790GX芯片组。

2. 显卡驱动

当今显卡性能越来越高，显卡型号也越来越多。一个月就有可能出现新的型号，所以显卡驱动也是频繁更新。

❖ 按厂商分类

在独立显卡市场，目前主要有两家厂商垄断，它们是NVIDIA公司和AMD公司（以前的ATI公司，被AMD公司收购了）。因此，显卡驱动分N卡驱动和A卡驱动。

在集成显卡领域中除了NVIDIA公司和AMD公司外，还有Intel公司和SIS公司也出产集成显卡，它们也要安装相应的显卡驱动才能使用。

❖ 按显卡芯片分类

显卡芯片组决定了显卡的性能，不同显示芯片使用的驱动程序也不相同。

当前主流的N卡，按显示芯片可以分为GeForce 9800 GT、GeForce 9600GT、GeForce GTX 260、GeForce 9400GT、GeForce 9500GT、GeForce GTS 250等型号。

当前主流A卡，按显示芯片可以分为Radeon HD 4830、Radeon HD 4850、Radeon HD 4350、Radeon HD 4870、Radeon HD 4770、Radeon HD 4670、Radeon HD 4890等型号。

3. 声卡驱动

现在声卡基本上都是集成在主板上，不同厂商和型号的声卡使用的驱动程序也不相同。

❖ 按厂商分类

Creative（创新）在独立声卡和外置式声卡领域是业界老大，占有大部分市场份额。

VIA（威盛）也主攻独立声卡芯片，乐之邦的声卡就有很多产品采用VIA（威盛）的声卡芯片。

Realtek（瑞昱）在集成声卡领域中，可谓是一家独大。它的ALC系列占据了大部分集成声卡市场。

❖ 按声卡芯片分类

不同品牌不同型号的声卡芯片，采用的驱动程序也不相同，如果手头没有驱动盘只有查看声卡芯片型号、厂商等信息，再到互联网上去下载相应驱动程序。

当前板载声卡以Realtek（瑞昱）的ALC系列应用最多，主要有ALC888、ALC888S、ALC1200等声卡芯片。

4. 网卡驱动

网卡现在也大部分是集成在主板上，不需要单独购买。网卡可以分为独立网卡和集成网卡，还有无线网卡。网卡及芯片生产厂商很多，网卡驱动主要是以网卡芯片来进行分类。不同品牌的网卡，使用的驱动程序也不相同。

❖ Realtek（瑞昱）

Realtek（瑞昱）在集成网卡领域中，也占有很大优势，很多主板都集成Realtek（瑞昱）的网卡芯片。目前比较主流的有Realtek RTL8111C千兆网卡、Realtek RTL8111DL千兆网卡。

❖ Broadcom

很多高端主板都采用Broadcom公司的BCM系列网卡芯片。当前比较主流的网卡芯片有BCM5721/ 5751、BCM5788网卡芯片等。

11.1.2　驱动程序的作用

驱动程序就像一座桥梁，用来连接操作系统和硬件设备，实现两者之间的通信。硬件如果缺少了驱动程序的"驱动"，那么本来性能非常强大的硬件就无法根据软件发出的指令进行工作了，硬件就成了一个空壳子，毫无用武之地。因此，驱动程序被誉为"硬件的灵魂"、"硬件的主宰"以及"硬件和系统之间的桥梁"等。

1. 向系统传送信息

驱动程序能够解释各种BIOS不能支持的硬件设备，当安装了新的硬件后，它负责告诉系统该硬件设备的作用。

2. 向硬件设备下达命令

当操作系统需要实现某个功能时，就会首先把指令传达给驱动程序，然后驱动程序再调动硬件以最有效的方式完成。

从理论上来说，所有的硬件设备都需要安装相应的驱动程序才能正常工作，但事实上也并非如此，如CPU、内存、键盘等设备并不需要安装驱动程序也可以正常工作，而显卡、声卡、网卡等却一定要安装驱动程序。

出现这种现象的原因主要是有些硬件设备是由操作系统和BIOS直接支持的，从而不再需要安装驱动程序了，而BIOS其实也是一种驱动程序。

11.2　获取驱动程序的方式

由于每一款硬件设备的版本与型号不同，所需要的驱动程序也是各不相同的，这是针对不同版本的Windows操作系统而出现的。如在Windows Vista操作系统下的驱动程序和在Windows 7操作系统下的驱动程序肯定是不同的。所以在安装各项驱动程序之前，一定要根据操作系统的版本和硬件设备的型号来选择不同的驱动程序。获取驱动程序的方式通常有以下三种，下面分别进行介绍。

11.2.1　操作系统自带驱动程序

有些操作系统中附带有大量的通用驱动程序，如Windows 7操作系统中就附带了大量的通用驱动程序，用户电脑上的许多硬件在安装完操作系统后就自动被正确识别了，更重要的是系统自带的驱动程序都经过了微软WHQL数字签名，可以保证与操作系统不会发生兼容性故障。

11.2.2　硬件设备厂赠送驱动程序

一般来说，各种硬件设备的生产厂商都会针对自己硬件设备的特点开发专门的驱动程序，并采用软盘或光盘的形式在销售硬件设备的同时，一并免费提供给用户，这些由设备厂商直接开发的驱动程序都有较强的针对性，它们的性能比Windows操作系统附带的驱动程序要好一些。

11.2.3　网上下载驱动程序

除了上述获取驱动程序的方式外，许多硬件厂商也会将相关驱动程序放到网上，供用户下载，由于这些驱动程序大多是硬件厂商最新推出的升级版本，它们的性能及稳定性无疑比用户驱动程序盘中的驱动程序更好。因此，建议用户应经常下载并更新最新的硬件驱动程序，以便对系统进行升级。另外，如果驱动程序光盘丢失，在区分硬件的型号后，也可以通过互联网搜索并下载驱动程序。

11.3 安装各硬件驱动程序

如果把电脑比如成一辆跑车，那么各种驱动程序就是这辆车的润滑油，好的驱动程序能够最大限度地提高电脑性能。若没有安装相应的驱动程序，那由各硬件组成的电脑就无法正常工作。因此，安装各硬件设备的驱动程序是势在必行的。

11.3.1 驱动程序的安装顺序

在正式安装各硬件的驱动程序之前，首先得了解一下安装驱动程序的操作顺序，以便帮助用户在接下来的工作中可以更加高效地完成各硬件驱动程序的安装。

安装硬件驱动程序一定要注意安装顺序，如果安装顺序不正确，则会造成系统不稳定的情况发生，正确的安装顺序不仅能够保证系统的稳定性，更有利于系统性能发挥至最佳状态。驱动程序的安装顺序如下。

❖ 第一，安装主板驱动程序。
❖ 第二，安装显卡驱动程序。
❖ 第三，安装声卡驱动程序。
❖ 第四，安装网卡驱动程序。
❖ 第五，安装其他外部设备驱动程序（如打印机、扫描仪等）。

11.3.2 主板驱动程序的安装

主板驱动程序主要是用来开启主板芯片组的内置功能及特性，主板驱动一般有主板识别管理硬盘的IDE驱动程序或补丁。以安装Intel主板驱动程序为例，讲解具体的操作步骤。

步骤 01 打开主板驱动程序文件夹，选择驱动程序文件，如图11-1所示。

步骤 02 双击鼠标左键，弹出"英特尔芯

片组设备软件"对话框，如图11-2所示。

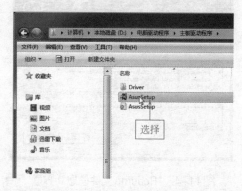

图11-1 选择驱动程序文件

图11-2 "英特尔芯片组设备软件"对话框

步骤 03 单击"下一步"按钮，进入"许可协议"界面，如图11-3所示。

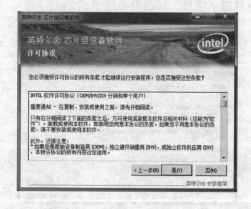

图11-3 进入"许可协议"界面

步骤 04 单击"是"按钮，进入"Readme文件信息"界面，如图11-4所示。

图11-4 "Readme文件信息"界面

步骤 05 单击"下一步"按钮，进入"安装进度"界面，开始安装驱动程序，如图11-5所示。

图11-5 开始安装驱动程序

步骤 06 安装进度完成后，界面中显示相应的提示信息，如图11-6所示。

图11-6 显示提示信息

步骤 07 单击"下一步"按钮，进入"安装完毕"界面，选中相应的单选钮，单击"完

成"按钮，如图11-7所示，完成主板驱动程序的安装操作。

图11-7 单击"完成"按钮

专家指点

在购买主板时，通常包装盒中会附带一张主板驱动程序光盘，使用该驱动程序不仅可以解决硬件和软件的兼容性问题，还在一定程度上可以对系统整体的性能进行优化。

11.3.3 显卡驱动程序的安装

显卡驱动指的是显示设备的驱动，显卡驱动的作用在所有驱动中可以说是最重要的一种。安装显卡驱动程序可以使显卡能够被操作系统识别，显示器才能够正常地显示图像。以安装NVIDIA显卡驱动程序为例讲解具体的操作步骤。

步骤 01 打开显卡驱动程序文件夹，选择驱动程序图标，如图11-8所示。

图11-8 选择应用程序图标

步骤 02 双击鼠标左键，弹出显卡驱动程序的安装对话框，保持默认的安装路径，如图11-9所示。

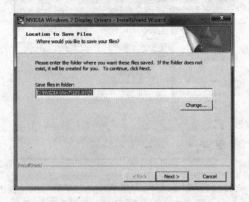

图11-9 保持默认的安装路径

步骤 03 单击"Next"按钮，进入"Extracting Files"界面，并显示系统读取进度，如图11-10所示。

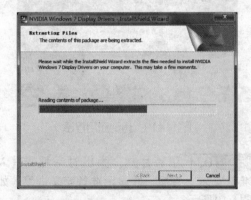

图11-10 "Extracting Files"界面

步骤 04 稍等片刻后，弹出"Overwrite Protection"对话框，如图11-11所示。

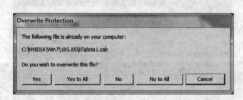

图11-11 "Overwrite Protection"对话框

步骤 05 单击"Yes to All"按钮，稍等片刻后，弹出相应的对话框，并在"准备安装"界面中，显示准备安装进度，如图11-12所示。

图11-12 显示安装进度1

步骤 06 弹出"NVIDIA Windows 7[32-bit]显卡驱动程序"对话框，单击"下一步"按钮，如图11-13所示。

图11-13 弹出对话框

步骤 07 进入"许可证协议"界面，单击"是"按钮，如图11-14所示。

图11-14 单击"是"按钮

步骤 08 弹出"正在安装驱动程序组件"对话框，开始安装驱动程序，并显示安装进度，如图11-15所示。

图11-15　显示安装进度2

步骤 09 稍等片刻后，将进入完成界面，单击"完成"按钮，如图11-16所示，完成显卡驱动程序的安装。

图11-16　选择语言选项

😊 **专家指点**

　　显卡驱动程序是电脑中比较重要的驱动程序，如果显卡没有安装驱动程序，那么在电脑上只能看到较低质量画面和较小的分辨率。

▶ **11.3.4　声卡驱动程序的安装**

　　声卡是多媒体电脑中不可或缺的重要设备之一，它可以分为独立声卡和集成声卡两种。在安装声卡驱动程序时一定要注意驱动程序的型号。下面以安装Realtek声卡驱动程序为例讲解具体的操作步骤。

步骤 01 打开声卡驱动程序文件夹，选择

驱动程序图标，如图11-17所示。

图11-17　选择驱动程序图标

步骤 02 双击鼠标左键，弹出启动程序对话框，启动应用程序，如图11-18所示。

图11-18　启动应用程序

步骤 03 稍等片刻，弹出对话框，进入"准备安装"界面，并显示准备安装进度，如图11-19所示。

图11-19　"准备安装"界面

步骤 04 准备安装完成后，进入欢迎使用界面，如图11-20所示。

图11-20 "欢迎使用"界面

步骤 05 单击"下一步"按钮，进入"安装状态"界面，并显示安装进度，如图11-21所示。

图11-21 显示安装进度

步骤 06 安装完成后，进入安装完成界面，单击"完成"按钮，如图11-22所示；重启电脑，完成声卡驱动程序的安装。

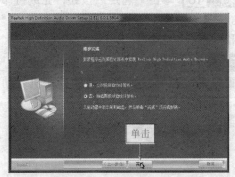

图11-22 单击"完成"按钮

▶ 11.3.5 打印机驱动程序的安装

安装完主板、显卡和声卡等驱动程序后，计算机就可以使用了。如果因为工作需要而使用打印机的话，并不是直接和电脑连接后就可

以使用，还需要安装打印机驱动程序才能使用。下面以安装"HP1020"打印机为例讲解安装打印机驱动程序的具体操作步骤。

步骤 01 打开"打印机驱动程序HP1020"窗口，选择应用程序图标，如图11-23所示。

图11-23 选择应用程序图标

步骤 02 双击鼠标左键，弹出"欢迎"对话框，如图11-24所示。

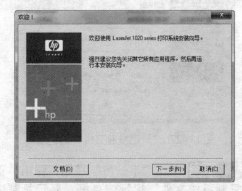

图11-24 "欢迎"对话框

步骤 03 单击"下一步"按钮，弹出"最终用户许可协议"对话框，如图11-25所示。

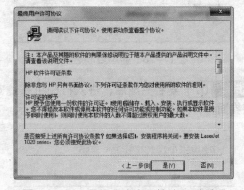

图11-25 "最终用户许可协议"对话框

步骤 04 单击"是"按钮，弹出"型号"对话框，选择打印机型号，如图11-26所示。

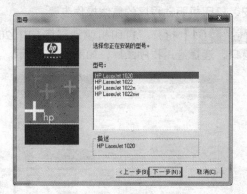

图11-26 "型号"对话框

步骤 05 单击"下一步"按钮，弹出"开始复制文件"对话框，如图11-27所示。

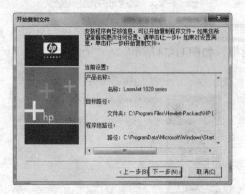

图11-27 "开始复制文件"对话框

步骤 06 单击"下一步"按钮，弹出"正在复制系统文件"提示信息框，显示复制进度，如图11-28所示。

图11-28 显示复制进度

步骤 07 复制完成后，进入打印机系统安装界面，开始安装打印机，如图11-29所示。

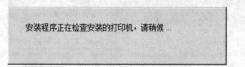

图11-29 开始安装打印机

步骤 08 安装完成后，弹出"安装完成"对话框，取消选中各复选框，如图11-30所示。

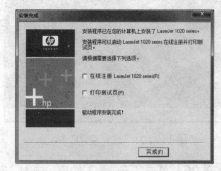

图11-30 取消选中各复选框

步骤 09 单击"完成"按钮，在弹出对话框中显示相关的安装信息，如图11-31所示。

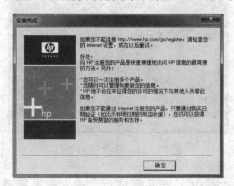

图11-31 显示安装信息

步骤 10 单击"确定"按钮，完成打印机驱动程序的安装，单击"开始"菜单中的"设备和打印机"命令。

步骤 11 弹出"设备和打印机"窗口，在该窗口中，即可显示新安装的打印机驱动程序，如图11-32所示。

图11-32 显示打印机驱动程序

11.4 升级、备份和恢复驱动程序

在Windows操作系统安装好各驱动程序后，电脑基本上就可以正常运行了。但随着硬件的不断更新，硬件驱动也不断地升级，另外，为了防止驱动程序被破坏，还需要将驱动程序进行备份，以便在需要的时候用其进行恢复。安装好各驱动程序，更需要管理好各驱动程序。

11.4.1 升级驱动程序

安装Window操作系统后，系统所自带的驱动程序并不一定是最好的，其性能也可能不高，因此，及时升级并更新驱动程序，以便排除驱动程序中的错误并提高硬件性能。升级驱动程序可以通过系统自带的升级驱动程序功能，也可以利用其他软件进行驱动程序的升级。下面通过系统自带的升级驱动程序的功能来讲解升级驱动程序的方法，具体操作步骤如下。

步骤 01 单击"开始"菜单中的"控制面板"命令，打开"控制面板"窗口，单击"设备管理器"链接，如图11-33所示。

图11-33 单击"设备管理器"链接

步骤 02 打开"设备管理器"窗口，展开"显示适配器"选项，在其展开的选项上单击鼠标右键，在弹出的快捷菜单中选择"更新驱动程序软件"选项，如图11-34所示。

步骤 03 弹出"更新驱动程序软件"对话框，选择"自动搜索更新的驱动程序软件"选项，如图11-35所示。

图11-34 选择"更新驱动程序软件"选项

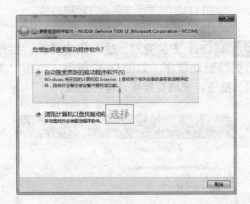

图11-35 选择合适选项

步骤 04 进入"正在联机搜索软件"界面，开始搜索软件，完成搜索后，进入"正在下载驱动程序软件"界面，显示下载驱动程序的进度，如图11-36所示。

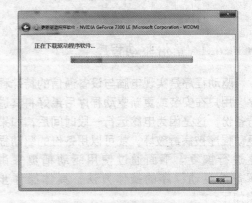

图11-36 显示下载进度

步骤 05 驱动下载完成后，进入"正在安装驱动程序软件"界面，显示安装驱动程序的进度，如图11-37所示。

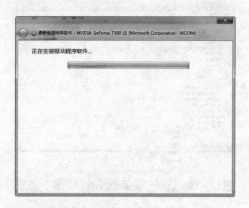

图11-37　显示安装驱动程序进度

步骤 06 安装完成，进入相应界面，提示已更新驱动程序，如图11-38所示，单击"关闭"按钮，完成更新驱动程序的操作。

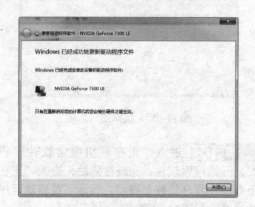

图11-38　完成驱动程序更新

11.4.2　备份驱动程序

驱动程序是实现电脑与设备通信的特殊程序，用户在安装或更新驱动程序后最好将其进行备份，这是因为电脑运行一段时间后，如果驱动程序被病毒破坏，就可以用备份的驱动程序进行恢复。下面通过使用驱动精灵来讲解备份驱动程序的操作方法，具体操作步骤如下。

步骤 01 在桌面上双击"驱动精灵"图标，弹出驱动精灵程序启动界面，并显示开始检测硬件进度，如图11-39所示。

图11-39　显示检测硬件进度

步骤 02 稍等片刻后，打开"驱动精灵"窗口，单击窗口上方的"驱动管理"按钮，如图11-40所示。

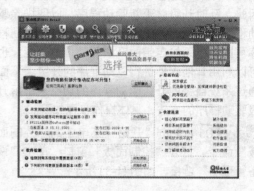

图11-40　单击"驱动管理"按钮

步骤 03 执行操作后，进入"驱动管理"界面，如图11-41所示。

图11-41　"驱动管理"界面

步骤 04 切换至"驱动备份"选项卡，选中所有选项前的复选框，单击"开始备份"按钮，如图11-42所示。

图11-42 单击"开始备份"按钮

步骤 05 开始备份驱动程序，并显示备份进度，如图11-43所示；稍等片刻后，即可完成驱动程序的备份。

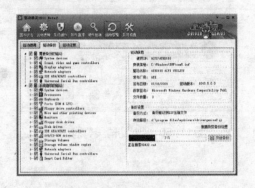

图11-43 显示备份进度

11.4.3 恢复驱动程序

在电脑运行过程中，各驱动程序都有可能遭到人为或病毒的破坏，若驱动程序受损，那电脑的部分硬件就无法正常运行。此时，用户可以恢复之前所备份的驱动程序，使各硬件恢复正常运行。恢复驱动程序的具体操作步骤如下。

步骤 01 启动驱动精灵程序，打开"驱动精灵"窗口，单击"驱动管理"按钮，切换至"驱动还原"选项卡，如图11-44所示。

步骤 02 单击"文件路径"右侧的按钮，弹出"打开"对话框，选择合适的压缩文件，如图11-45所示。

图11-44 切换至"驱动还原"选项卡

图11-45 选择压缩文件

步骤 03 双击压缩文件，返回"驱动精灵程序"窗口，在"驱动还原"选项卡中，显示了所有的驱动程序信息，如图11-46所示。

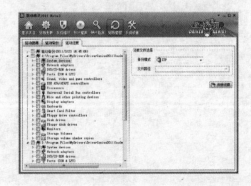

图11-46 显示所有驱动程序信息

步骤 04 在左侧列表框中选中相应复选框，单击"开始还原"按钮，如图11-47所示。

步骤 05 弹出"安装驱动"对话框，显示正在还原进度，如图11-48所示。

图11-47　单击"开始还原"按钮

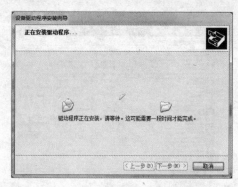

图11-49　显示驱动程序安装进度

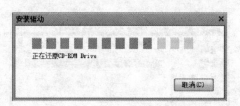

图11-48　"安装驱动"对话框

步骤 06 稍后将弹出"设置驱动程序安装向导"对话框，开始恢复驱动程序，并显示正在安装驱动程序进度，如图11-49所示。

步骤 07 驱动程序恢复完成后，弹出"驱动精灵"对话框，单击"是"按钮，如图11-50所示，重新启动后完成恢复驱动程序操作。

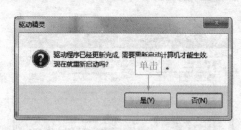

图11-50　"驱动精灵"对话框

第12章

检测与测试系统性能

学习提示 »

　　刚刚组装的电脑，以及升级了硬件的电脑，通常需要进行一些负荷较大的运算测试，因此，使用性能检测软件对电脑的性能进行检测，可以及时帮助用户了解电脑整个系统的性能，并对电脑进行优化和保护。

主要内容 »

- 电脑性能检测的必要性
- 检测电脑性能的方法
- 检测电脑性能的条件
- 电脑性能测试软件
- 查看系统中各硬件参数

重点与难点 »

- 性能测试的必要性
- Mem Test 软件
- SiSoftware Sandra 软件
- 检测电脑性能的方法和条件 CPU-Z
- 查看CPU、硬盘等参数

学完本章后你会做什么 »

- 了解性能测试的必要性
- 掌握Mem Test检测内存的方法
- 掌握HD Tune的测试方法
- 清楚检测性能的方法与条件
- 掌握CPU-Z的测试方法
- 掌握查看硬件参数的方法

图片欣赏 »

12.1 电脑性能检测基础

电脑组装好后，用户可以使用一些专业的性能检测软件来检测系统性能，测评整个硬件搭配是否合理，也可以使用各种专业的测试软件来对某一硬件进行单独地测试。这样可以确认电脑硬件是否能够正常工作及其各部件之间的兼容性。

12.1.1 电脑性能测试的必要性

对电脑进行性能测试，主要是对CPU、内存、主板、显卡、显示器、声卡和硬盘等硬件的测试，从而获得各硬件的性能指标，了解硬件的实际参数是否与商家宣传的参数相符，这样，才能更加确认电脑的性能和品质。

12.1.2 检测电脑性能的方法

从电脑的组成来说，电脑的性能可以通过两种方法来进行测试，一是常用软件，二是专业的硬件检测软件。针对软件和硬件分别进行检测，可以更加全面地了解整个电脑系统的运行与配置。

1.常用软件检测

检测电脑性能最简单、直接的方法就是让电脑运行常用的软件，通过查看软件启动、运行的速度和功能的使用是否正常等。简单地说就是判断电脑的性能是否能够满足软件的使用要求，这也是检测一台电脑在日常应用条件下最直观的表现。

一般来说，测试可以分为几类：图像处理测试、网络性能测试、游戏操作测试、视频播放测试、压缩测试、文件拷贝传输测试等，这些都关系到电脑的整体系统性能。

2.专用硬件检测软件

用户可以运行一些专业的硬件测试软件，如Mem Test测试内存的稳定性；使用CPU-Z测试CPU运行速度；使用HD Tach检测硬盘底层性能；使用Display X检测液晶显示器的显示性能；使用HWiNFO32检测电脑的全部硬件；使用SiSoftware Sandra测试整机性能等。

运行各软件后得到的分数，用户可以与网上的参考得分进行比较，即可获得电脑的性能评价。

12.1.3 检测电脑性能的条件

之前分别介绍了一些常用软件测试电脑运行情况，以及使用专业、单独的检测硬件性能的软件，它们大多数需要在Windows操作系统中运行，而部分软件对硬件和驱动都还有特殊的要求。因此，检测电脑性能时需要注意以下条件。

❖ 安装操作系统和驱动程序，并安装好所有补丁程序（包括系统补丁和驱动程序补丁），并保证所安装的驱动程序是最稳定的版本。

❖ 整理硬盘分区的磁盘碎片，避免磁盘碎片对测试结果产生较大的影响。

❖ 安装检测软件，部分软件为绿色软件无需安装，则可跳过这一步；检测软件最好安装在非系统分区，安装完成后最好重新启动一次电脑。

❖ 关闭无用的软件和程序，最好能够断开网络（除非检测软件需要联网），然后关闭防火墙和杀毒软件，只运行基本的系统组件。

❖ 运行检测软件进行硬件性能检测，程序运行结束记录检测结果，条件允许时可多次重复检测，求出平均值作为最终的检测数值。

❖ 将检测结果与基准测试结果进行对比，分析产生这种结果的原因，再提升性能较差的硬件，使其与整台电脑兼容。

12.2 电脑性能测试软件

了解常用的性能测试方法后，还需要对一些硬件检测软件进行一定的了解。下面将介绍几种常用的硬件和系统检测软件，帮助用户快速、准确地把握各硬件的检测方法。

12.2.1 Mem Test

Mem Test是少数可以在Windows操作系统中运行的内存检测软件之一，它通过长时间的运行彻底地检测内存的稳定性，同时可以测试储存和检索数据的能力，让用户知道正在使用的内存是否可靠，使用Mem Test检测内存的具体操作步骤如下。

步骤 01 启动Mem Test软件，打开软件窗口，保持默认设置，如图12-1所示。

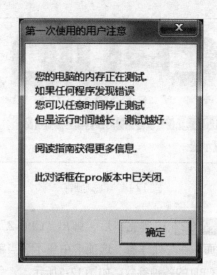

图12-2 软件测试提示信息

图12-1 保持默认设置

图12-3 测试内存

用户可以在窗口中自定义设置测试的内存容量，但测试范围不得超过1024MB，因为标准版（即免费版）只能测试1024MB容量的内存。

步骤 02 单击"开始测试"按钮，若程序是首次运行，会弹出一个用户对话框，提示用户软件测试的相关信息，如图12-2所示。

步骤 03 单击"确定"按钮，开始测试内存，测试通过1000%覆盖，即可表示内存的问题不大，如图12-3所示。

12.2.2 CPU-Z

CPU-Z是一款著名的CPU测试软件，它支持的CPU种类较多，软件的启动速度和检测速度较快，可以全面测试CPU有关信息，如处理器名称、厂商、时钟频率、核心电压和CPU所支持的多指令集等信息。另外，还可以检测主板和内存的相关信息，具备内存双通道检测功能，使用CPU-Z的具体操作步骤如下。

步骤 01 启动CPU-Z软件，软件开始检测各硬件信息，如图12-4所示。

图12-4 检测硬件

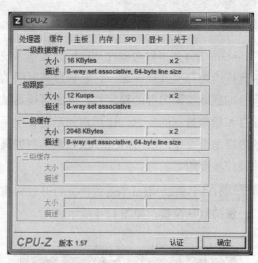

图12-6 "缓存"选项卡

步骤 02 检测完毕后，弹出"CPU-Z"软件界面，在"处理器"选项卡中显示了当前电脑中CPU的各种参数，如图12-5所示。

![图12-5 CPU-Z 处理器选项卡]

图12-5 "处理器"选项卡

![图12-7 CPU-Z 主板选项卡]

图12-7 "主板"选项卡

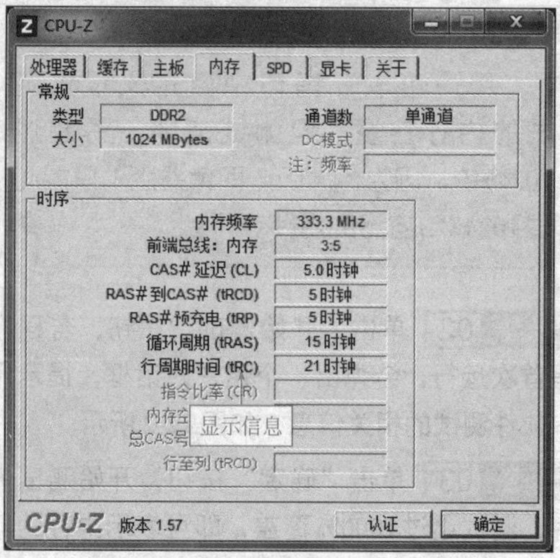

步骤 03 切换至"缓存"选项卡，即可查看一级缓存和二级缓存大小的相关信息，如图12-6所示。

步骤 04 切换至"主板"选项卡，即可查看主板、BIOS、图形接口的相关信息，如图12-7所示。

步骤 05 切换至"内存"选项卡，查看内存的类型、大小、通道数等相关信息，如图12-8所示。

![图12-8 CPU-Z 内存选项卡]

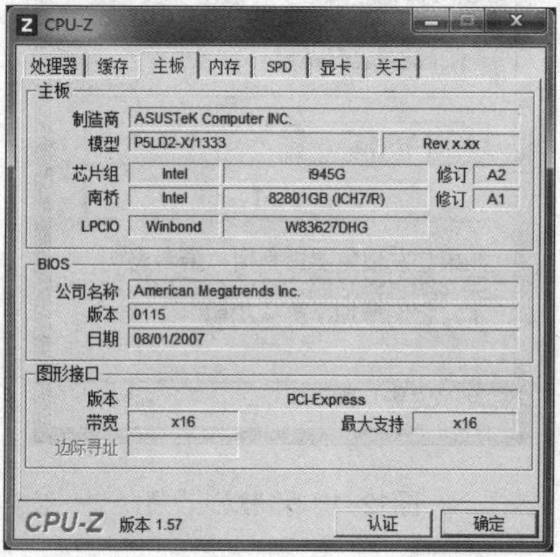

图12-8 "内存"选项卡

步骤 06 切换至"SPD"选项卡,单击"插槽＃1"右侧的下三角按钮,在弹出的列表框中选择"插槽＃2"选项,如图12-9所示。

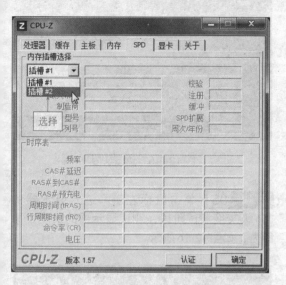

图12-9 选择"插槽＃2"选项

步骤 07 执行操作后,即可查看到内存的模块大小、最大带宽、型号等信息,如图12-10所示。

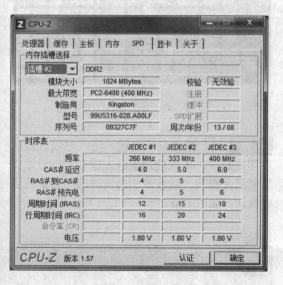

图12-10 "SPD"选项卡

步骤 08 切换至"显卡"选项卡,即可查看显卡的名称、显存大小等信息,如图12-11所示。

图12-11 "显卡"选项卡

12.2.3 Display X

Display X是一款CRT显示器和液晶显示器专用的检测软件,除检测显示器的灰度、对比度、亮度、色彩、聚集等常规项目外,还可以检测液晶显示器的坏点、延迟时间等项目。使用Display X的具体操作步骤如下。

步骤 01 启动Display X软件后,打开"Display X"窗口,菜单栏上显示了各种测试项目,如图12-12所示。

图12-12 Display X窗口

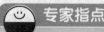 **专家指点**

使用Display X测试显示器时,它会以全屏的方法进行检测,若要退出全屏或结束检测,按【Esc】键即可。

步骤 02 单击"常规完全测试"菜单，立即测试显示器的对比度，如图12-13所示。

图12-13 测试对比度

 专家指点

Display X是一款比较智能的显示器检测软件，每一项的检测画面都会有中文提示，帮助用户了解每个测试的目的、作用与分析方法。

步骤 03 在窗口中单击鼠标左键，测试显示器的对比度，如图12-14所示。

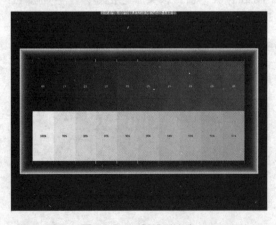

图12-14 测试对比度

步骤 04 单击鼠标左键，进入显示器的灰度测试阶段，颜色的过渡越平滑越好，如图12-15所示。

图12-15 测试灰度

步骤 05 单击鼠标左键，进入显示器的256级灰度测试阶段，测试显示器的灰度还原能力，如图12-16所示。

图12-16 测试256级灰度

步骤 06 单击鼠标左键，进入呼吸效应黑色测试阶段，再次使用鼠标左键单击呼吸效应黑色测试界面，观察黑白过渡时画面边缘是否有抖动，如图12-17所示。

 专家指点

测试呼吸效应阶段时，依次单击鼠标左键，将会分别切换至黑、白、黑、白、黑5个界面，帮助用户仔细观察显示效果。

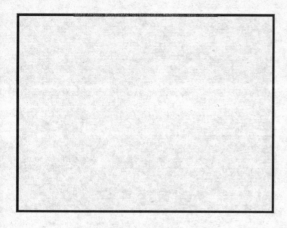

图12-17　测试呼吸效应

图12-19　测试会聚

步骤 07 单击鼠标左键，进入几何形状测试阶段，观察圆形和正方形是否变形，如图12-18所示。

图12-18　测试几何形状

☺ **专家指点**

测试几何形状会经历黑色和白色两个界面，测试的主要目的是检测显示屏幕尺寸是否规范、正确，用户可以使用尺子对长度和高度进行测量。

步骤 08 单击鼠标左键，进入会聚测试阶段，观察各个位置的文字是否清晰，如图12-19所示。

☺ **专家指点**

会聚主要是测试显示器的聚集能力和文字显示效果。在测试时，特别要注意各个边角位置的文字显示是否清晰，是否有无阴影等。聚焦性能好的显示器其各位置的显示效果大致相同，而文字显示效果与其自身的聚焦性能、亮度、对比度的调节以及显卡的质量都有很大的关系。

另外，用户可根据显示器的大小选择合适的分辨率进行测试，分辨率太高或太低均会影响测试结果。

步骤 09 单击鼠标左键，进入色彩测试阶段，观察颜色的鲜艳度和通透性，如图12-20所示。

图12-20　测试色彩

图12-22 交错测试

测试色彩时会有一定的波段，当色彩测试到某一阶段时会停止继续测试，而再重新进行测试，这是为了检测某一色段间色彩效果是否正常、稳定。

步骤 10 单击鼠标左键，进入纯色测试阶段，反复单击鼠标左键，仔细观察纯色画面是否有坏点，如图12-21所示。

步骤 12 单击鼠标左键，进入锐利测试阶段，好的显示器可以很清晰地看到每条线，如图12-23所示，再次单击鼠标左键，返回Display X窗口。

图12-21 纯色测试

图12-23 锐利测试

纯色主要目的是为了检测LCD画面中的坏点。在测试时，可单击鼠标左键改变测试画面颜色，画面会依次切换至黑色、红色、绿色、蓝色、洋红色、黄色、青色和灰色8个颜色。

12.2.4 HD Tune

HD Tune是一款硬盘性能诊断测试工具，它能检测硬盘的数据传输速率、突发数据传输速率、数据存取时间、CPU使用率、健康状态、温度及扫描磁盘表面等。另外，还可以对硬盘的版本、容量、缓存大小以及当前的传送模式进行检测。使用HD Tune检测硬盘的具体操作步骤如下。

步骤 11 单击鼠标左键，进入交错测试阶段，观察画面是否出现干扰现象，如图12-22所示。

步骤 01 启动HD Tune软件，打开"HD Tune"窗口，在菜单栏下方显示了当前计算机

测试交错的主要目的是为了检测显示器共有的一种自然干扰现象，它会对显示效果产生一定的影响。在测试时，通过单击鼠标左键，画面将分别显示为竖线、横线、细点和方点。

所安装硬盘的版本、型号、容量和温度，如图12-24所示。

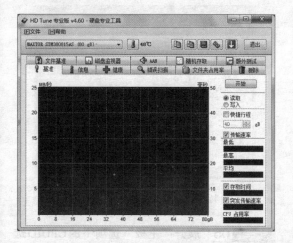

图12-24 HD Tune窗口

步骤 **02** 切换至"文件基准"选项卡，设置"驱动器"等选项，再单击"开始"按钮，如图12-25所示。

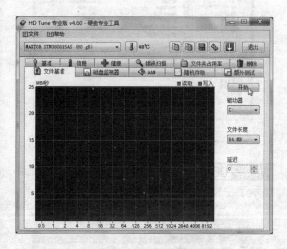

图12-25 "文件基准"选项卡

步骤 **03** 软件开始对驱动器的读取和写入速度进行检测，并在图表中显示相应的数据，如图12-26所示。

步骤 **04** 检测完毕后，即可通过图表查看所选驱动器的读取和写入速度，如图12-27所示。用户可以用同样的方法检测其他驱动器，或利用其他选项检测硬盘。

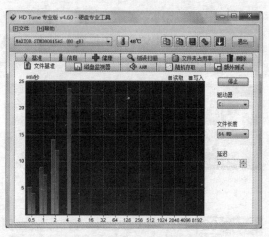

图12-26 正在检测磁盘

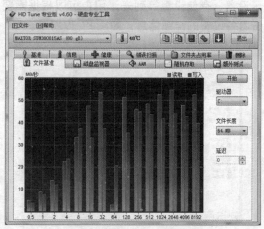

图12-27 查看检测结果

专家指点

HD Tune是一款非常简单且智能的硬盘检测软件，用户可以根据需要和提示对硬盘的各驱动器的性能进行检测。

12.2.5 EVEREST

EVEREST是一个检测软硬件系统信息的工具，它可以详细地显示出个人电脑中每一个设备的信息，并可以支持成千上万种主板、显卡、并口/串口设备等的检测，还支持对各种各样处理器的侦测。使用EVEREST检测系统的具体操作步骤如下。

步骤 01 启动EVEREST软件，软件开始检测电脑性能，如图12-28所示。

图12-28 检测电脑性能

步骤 02 打开"EVEREST"窗口，在左侧窗格中详细显示可以检测的计算机软硬件的各种设备信息，如主板、操作系统、服务器、显示设置、存储设置等列表，用户可以根据需要查看各设备的详细信息，如图12-29所示。

图12-29 "EVEREST"窗口

步骤 03 在左侧窗格中展开"计算机"选项，显示相关信息，如图12-30所示。

图12-30 展开"计算机"选项

步骤 04 选择"系统摘要"选项，右侧窗口中即可显示相关信息，如图12-31所示。

图12-31 选择"系统摘要"选项

步骤 05 展开"主板"选项下的CPUID选项，在右侧窗格中查看相关信息，如图12-32所示。

图12-32 选择"CPUID"选项

步骤 06 选择"主板"选项，右侧窗口中显示了主板的相关信息，如图12-33所示。

图12-33 选择"主板"选项

步骤 07 选择"内存"选项，右侧窗口中显示了内存的相关信息，如图12-34所示。

图12-34 选择"内存"选项

步骤 08 展开"显示设备"项目下的"图形处理器（GPU）"选项，在右侧窗格中即可查看相关信息，如图12-35所示。

图12-35 选择"图形处理器（GPU）"选项

步骤 09 选择"显示器"选项，右侧窗格显示了显示器的相关信息，如图12-36所示。

图12-36 选择"显示器"选项

步骤 10 展开"存储设备"项目下的"逻辑磁盘驱动器"选项，在右侧窗格中即可查看磁盘信息，如图12-37所示。

图12-37 选择"逻辑磁盘驱动器"选项

步骤 11 选择ATA选项，右侧窗格中显示了ATA的相关信息，如图12-38所示。

图12-38 选择ATA选项

步骤 12 选择菜单栏中的"工具"→"系统稳定性测试"命令，如图12-39所示。

图12-39 选择"系统稳定性测试"命令

步骤 13 弹出系统稳定性测试窗口，保持默认设置，如图12-40所示。

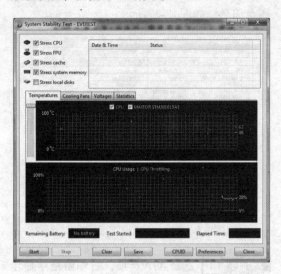

图12-40 系统稳定性测试窗口

步骤 14 单击"Start"按钮，即可开始测试系统的温度变化，如图12-41所示。

图12-41 开始测试温度变化

😊 **专家指点**

系统稳定性的测试主要是从CPU中进行测试和分析的，而测试"Temperatures"主要是测试CPU在100%的工作进程中温度的变化。

步骤 15 切换至"Cooling Fans"选项卡，查看CPU在100%的工作进程中散热风扇的变化，如图12-42所示。

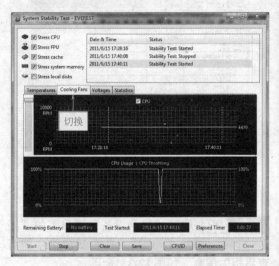

图12-42 查看散热风扇的变化

😊 **专家指点**

在测试过程中单击"Stop"按钮，即可暂时停止系统的测试操作，重新单击"Start"按钮即可重新开始测试系统。

步骤 16 切换至"Voltages"选项卡，查看CPU在100%的工作进程中电压的变化，如图12-43所示。

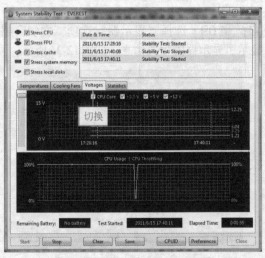

图12-43 查看电压变化

步骤 17 切换至"Statistics"选项卡，查看CPU在100%的工作进程中各种统计信息，如图12-44所示。

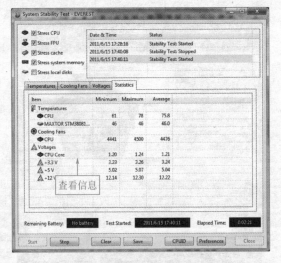

图12-44 查看各种统计信息

步骤 18 单击"Stop"按钮，停止检测，再单击"Close"按钮，即可返回EVEREST窗口，如图12-45所示。

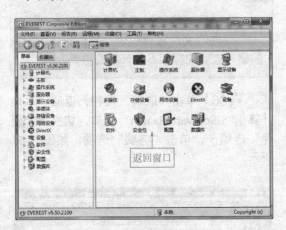

图12-45 返回EVEREST窗口

12.2.6 SiSoftware Sandra

SiSoftware Sandra是一款功能强大的系统分析测试工具，拥有超过30种以上的分析与测试功能模块。SiSoftware Sandra除了可以提供详细的硬件信息外，还可以进行产品的性能对比，并提供性能改进建议，还可以帮助用户将分析报告列表保存下来。使用SiSoftware Sandra测试系统的具体操作步骤如下。

步骤 01 启动SiSoftware Sandra软件，打开"本地计算机-SiSoftware Sandra"窗口，其中显示了"工具"、"性能测试"、"硬件"、"软件"、"支持"和"我的最爱"6大模块，如图12-46所示。

图12-46 "本地计算机–SiSoftware Sandra"窗口

步骤 02 切换至"工具"选项卡，在"电脑维修"选项组中单击"性能指标"选项，如图12-47所示。

图12-47 单击"性能指标"选项

 专家指点

在"家庭版"选项卡中双击相应的选项，即可切换至对应的选项卡中，如双击"工具"选项，即可切换至"工具"选项卡的窗口。

步骤 03 弹出"性能指标"窗口，选中"刷新结果通过运行基准"单选钮，如图12-48所示。

图12-48 选中"刷新结果通过运行基准"单选钮

 专家指点

如果使用该软件测试过电脑系统性能，那么，"显示以前的结果"单选钮将被激活，从中就可以查看以前的电脑性能。

步骤 04 单击"确定"按钮，即可弹出"性能指标"对话框，开始对电脑性能进行分析和检测，这个过程会需要一段时间，如图12-49所示。

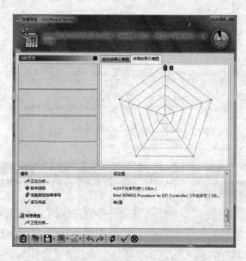

图12-49 分析与检测电脑性能

步骤 05 检测完成后，对话框的右上侧将以图表的形式显示详细的检测结果，并提供一些硬件升级参考信息，如图12-50所示。

图12-50 检测完成

 专家指点

在对话框的"模块"选项区中，若某一些硬件的文件分析错误，则表示该部分的硬件或驱动程序需要升级或更新。

步骤 06 单击"取消"按钮，返回"本地计算机-SiSoftware Sandra"窗口，切换至"硬件"选项卡，单击"电脑"选项，如图12-51所示。

图12-51 单击"电脑"选项

专家指点

在"硬件"选项卡中会有许多硬件的检测选项，若电脑中没有安装该硬件，那么对应的硬件选项呈灰色图标显示。

步骤 07 稍等片刻，弹出"电脑"对话框，在下方的下拉列表框中可查看到当前电脑的概况信息，如图12-52所示。

图12-52 电脑概况信息

图12-53 查看主板信息

图12-54 查看处理器信息

步骤 08 单击"取消"按钮，返回"本地计算机-SiSoftware Sandra"窗口，单击"主板"选项，稍等片刻，弹出"主板"对话框，即可查看主板的相关信息，如图12-53所示。

步骤 09 单击"取消"按钮，返回"本地计算机-SiSoftware Sandra"窗口，单击"处理器"选项，弹出"处理器"对话框，查看处理器相关信息，如图12-54所示。

步骤 10 单击"取消"按钮，返回"本地计算机-SiSoftware Sandra"窗口，单击"显示器与显示卡"选项，弹出"显示器与显示卡"对话框，查看显示器与显示卡的相关信息，如图12-55所示。

图12-55 查看显示器与显示卡信息

12.3 查看系统中各硬件参数

查看系统中各硬件参数的方法主要有以下5种：在控制面板中查看系统中的设备管理器，可查看一些硬件（信息量较少）；在计算机启动画面中可查看一些硬件（此处的信息可作假）；用专门的软件来查询，比如Hwinfo或者优化大师，这个分析得比较详细；拆机直接看相应的硬件，此方法最可靠；单击"开始"菜单中的"运行"命令，然后在弹出的"运行"对话框中输入"dxdiag"，在打开的"DriectX诊断工具"对话框中即可看到主要硬件的信息。

12.3.1 查看CPU主频和内存大小

通过计算机的属性，查看CPU主频和内存容量大小的具体操作步骤如下。

步骤 01 在Windows 7操作系统中，用鼠标右键单击桌面上的"计算机"图标，在弹出的快捷菜单中选择"属性"选项，如图12-56所示。

图12-56 选择"属性"选项

步骤 02 弹出"系统"窗口，在"系统"选项组中即可查看到系统的CPU型号和内存大小等参数，如图12-57所示。

图12-57 查看CPU主频和内存大小

12.3.2 查看硬盘容量

查看硬盘容量可以通过"设备管理器"进行查看，其具体操作步骤如下。

步骤 01 在Windows 7操作系统中，用鼠标右键单击桌面上的"计算机"图标，在弹出的快捷菜单中选择"属性"选项。

步骤 02 打开"系统"窗口，单击右侧的"高级系统设置"链接，弹出"系统属性"对话框，切换至"硬件"选项卡，单击"设备管理器"按钮，如图12-58所示。

图12-58 "硬件"选项卡

步骤 03 打开"设备管理器"窗口，展开"磁盘驱动器"选项，即可查看硬盘的型号及容量，如图12-59所示。

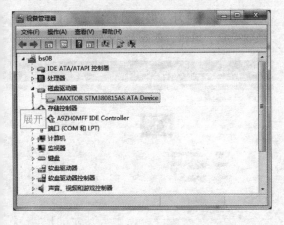

图12-59 展开"磁盘驱动器"选项

图12-61 "控制面板"窗口

12.3.3 查看键盘属性

键盘是重要的输入设备,清楚键盘的型号与接口等属性,更加有助于用户掌握和使用键盘,通过控制面板即可查看键盘的相关属性,其具体操作步骤如下。

步骤 01 单击"开始"菜单中的"控制面板"命令,如图12-60所示。

图12-60 单击"控制面板"命令

步骤 02 打开"控制面板"窗口,单击"键盘"链接,如图12-61所示。

步骤 03 弹出"键盘属性"对话框,其中显示了键盘的速度,如图12-62所示。

图12-62 "键盘属性"对话框

步骤 04 切换至"硬件"选项卡,即可查看到键盘的设备属性,如图12-63所示。

图12-63 "硬件"选项卡

12.3.4 查看显卡信息

显卡是电脑组成的重要硬件设备之一，若显卡的性能不好将直接影响电脑画面的显示效果。查看显卡的相关信息，可以帮助用户了解显卡的版本、型号以及显存大小，方便以后的维修或故障排除。查看显卡信息的具体操作步骤如下。

步骤 01 单击"开始"菜单中的"控制面板"命令，打开"控制面板"窗口，单击"显示"链接，如图12-64所示。

图12-64 "控制面板"界面

步骤 02 打开"显示"窗口，单击"更改显示器设置"链接，如图12-65所示。

图12-65 "显示"窗口

步骤 03 打开"屏幕分辨率"窗口，单击"高级设置"链接，如图12-66所示。

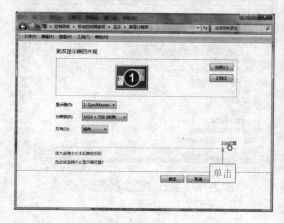

图12-66 "屏幕分辨率"窗口

步骤 04 弹出显卡的属性对话框，即可查看显卡的硬件信息，如图12-67所示。

图12-67 显卡属性对话框

第章

常用工具软件的应用

学习提示 》》

　　只要使用电脑就会应用到多种多样的工具软件，这样才能提高电脑的使用效率，并最大限度地发挥和扩展电脑的应用功能。因此，掌握各种工具软件的应用是每一个电脑使用者的必备技能。

主要内容 》》

- 工具软件的分类
- 获取软件的途径
- 安装软件的方法
- 使用搜狗输入法
- 使用压缩软件压缩文件
- 卸载软件

重点与难点 》》

- 工具软件的类型
- 获取软件
- 安装软件
- 运用看图软件查看图片
- 使用聊天工具聊天
- 卸载软件的常用方法

学完本章后你会做什么 》》

- 区别工具软件的类型
- 清楚获取软件的方式
- 掌握安装应用软件的方法
- 掌握看图软件的操作
- 使用系统自带程序卸载
- 使用第三方软件卸载软件

图片欣赏 》》

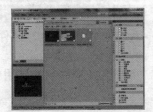  

13.1 了解常见应用软件

由于每个用户工作和生活的需求不同，因此，所安装的应用软件也会各不相同，如应用"360安全卫士"保护电脑、使用"美图秀秀"处理生活美照、使用"腾讯QQ"网络聊天等。每一款软件都是针对某一特定功能而研发的。

13.1.1 工具软件的分类

随着网络科技发展与电脑的广泛普及，市面上的工具软件种类繁多、层出不穷。因此，根据不同的分类属性，各工具软件的分类也是不尽相同的。下面将针对属性的不同对各工具软件的分类进行简单地介绍。

1.按版权分类

❖ 商业版

商业版就是正规的商业发行版，这种软件需要通过正规的购买方式获得，但在网络上一些软件玩家将这些软件进行技术处理后以软件包的形式发行于网络上并提供下载。这种软件从软件本身的品质上来说，它和正规购买的版本没有什么区别。

❖ 共享版

共享软件是以"先使用后付费"的方式销售享有版权的软件。根据共享软件的作者授权，用户可以通过各种渠道免费获得它的复制文件，也可以自由传播它。共享软件可以直接从互联网上下载至用户的电脑上。和商业版一样，共享软件受到版权法的保护。用户可以先使用或试用共享软件，认为满意后再向作者付费；如果用户对共享软件不满意，可以停止使用。

❖ 免费版

免费版软件和共享软件一样，大多由个人或者软件工作室开发，并免费提供给广大用户使用，没有任何功能或时间、次数上的限制。免费软件可以免费地复制和颁发，但一般不允许对该软件进行二次开发或用于商业赢利活动中。部分开放软件源代码的免费软件则允许二次开发或用于商业活动中。

❖ 盗版软件

非法对他人具有版权的软件进行修改、复制或发布的行为都属于盗版作为，通过这种行为制造和发布的软件称为盗版软件。其中，最典型的例子就是破解版软件。

所谓破解版就是指热衷于软件开发的计算机使用者利用一些工具软件进行静态或动态的跟踪从而得到软件注册码，更有IT高手会研究出注册码加密算法，并做出相应的序列号运算器，从而在方便了人们应用的同时，也给盗版者带来了一定的经济利益。

从知识产权的角度讲，这些行为严重侵害了正版软件制作者的权利，给软件制作者在经济上带来了损害。从用户角度讲，盗版软件的质量也远远差于正版，没有完全的产品服务和升级服务，容易损坏硬盘，有时还会携带有病毒和后门程序等。

2.按开发版本分类

❖ 测试版（Beta版）

通常，一些软件在新版本发布前都会有一个公开测试的过程。因此，会发布一些功能或使用时间受限的版本。用户拿到这样的软件主要是为了简单了解一下这个软件的功能，如果需要深入了解，就需要等待正式版发布，购买正式版并使用。值得注意的是，通常测试版软件或多或少地会有一些缺陷，使用过程中可能会损害系统的稳定性。

❖ 正式版（标准版）

正式版工具软件是指用户购买的正版工具软件。它通常有唯一的授权标识号，功能完善，缺陷少，一般都提供升级服务。

❖ 专业版（加强版）

专业版是对正式版的提高，它是在正式版的基础上增加了某些高级功能，或者提供了一些非标准的组件，供用户使用。专业版在功能上要比正式版更强，价格也更高。

3.按软件功能分类

❖ 系统软件：具有对软硬件系统进行维护、性能优化和检测等功能。

❖ 网络工具软件：就是用于上网的软件，

如浏览器、下载工具等。

❖ 图形图像软件：主要是用于对图像、图形进行查看或编辑的软件，如看图软件ACDSee、图像处理软件Photoshop等。

❖ 多媒体类软件：主要是与多媒体播放相关的软件，如视频播放器、音频播放器等。

❖ 游戏类软件：就是供人们娱乐的游戏工具，如棋牌游戏、网络游戏等。

❖ 网络聊天软件：可以在网络上进行聊天的软件，如腾讯QQ、网络电脑、MSN专区等。

❖ 应用工具软件：常用于对文件、信息或字体等进行处理、修改和管理的软件，如各种输入法、压缩解压、虚拟光驱等。

❖ 安全相关软件：对电脑安全进行保护的软件，如杀毒软件、系统安全软件等。

13.1.2 获取软件的途径

要想在电脑中应用所需要的工具软件，首先就是需要获取这些工具软件，而获取软件的方法通常有两种：一是进行购买；二是网络下载。

1. 获取工具软件的方法

❖ 购买安装光盘。在电脑城或一些电脑安装、维护的专营店，一般都会有针对用户需求的工具软件出售，如图像处理软件、杀毒软件等，同时还会出售一些带有多个常用工具软件的合集，用户可以根据自己的需求选择并购买相应工具软件的安装光盘。

❖ 通过购买电脑期刊中附带光盘获得。在这些计算机类期刊中会附带一些常用工具软件的测试版，另外还会附赠一些免费或共享软件。

❖ 利用网络搜索引擎，搜索并下载所需要的工具软件，如百度、Google、搜狐等。

❖ 到官方网站下载。值得注意的是，在某些官方网站下载工具软件可能会出现收费的情况。

❖ 在一些常用工具软件下载网站下载。这些下载网站提供的软件基本上都是免费的，但由于它所提供的软件版本和类型有很多种，因此，用户在下载时请注意软件的属性。

2. 常用软件的官方网站下载地址

❖ 360安全卫士：http://www.360.cn/
❖ 搜狗输入法：http://www.sogou.com/
❖ 酷狗音乐盒：http://www.kougo.cn/
❖ 腾讯QQ：http://www.qq.com/
❖ 暴风影音：http://www.baofeng.com/
❖ 迅雷：http://www.xunlei.com/
❖ Adobe中国：http://www.Adobe.cn/
❖ Corel中国：http://www.Corel.cn/

3. 常用工具软件下载网站

❖ 天空软件：http://www.skycn.com/
❖ 华军软件：http://www.onlinedown.net/
❖ 中关村下载：http://xiazai.zol.com/
❖ 太平洋下载：http://dl.pconline.com/
❖ 新浪下载：http://tech.sina.com/

13.2 安装应用软件的方法

安装应用软件就是将软件安装于Windows操作系统中，通常大部分的安装文件名称为Setup.exe或Install.exe，而一些小型软件则以软件名称和个性图标作为标记。在安装软件的过程中应根据软件的性质和安装的要求来安装软件。

13.2.1 直接安装法

电脑中的大部分软件都是通过安装文件逐步进行安装的，如腾讯QQ、AutoCAD、Office等。下面以安装腾讯QQ游戏2011版为例，介绍直接安装软件的方法，具体操作步骤如下。

步骤 01 打开腾讯QQ游戏2011程序所在的文件夹，选中安装文件，双击鼠标左键，如图13-1所示。

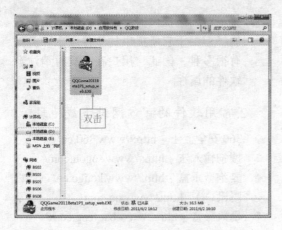

图13-1 双击鼠标左键

 专家指点

　　除了在安装图标上双击鼠标左键外，也可以在安装图标上单击鼠标右键，在弹出的快捷菜单中选择"打开"选项，打开软件并根据提示进行安装。

步骤 02 执行操作后，弹出安装程序等待信息框，如图13-2所示。

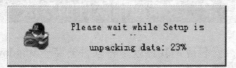

图13-2 等待信息框

步骤 03 稍等片刻，弹出"QQ游戏2011安装"窗口，如图13-3所示。

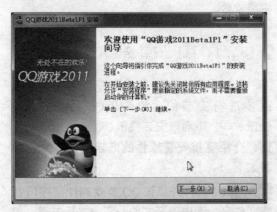

图13-3 "QQ游戏2011安装"窗口

步骤 04 单击"下一步"按钮，进入"许可证协议"界面，阅读安装协议，如图13-4所示。

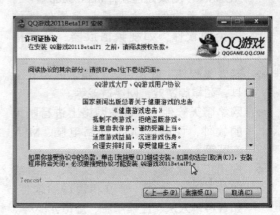

图13-4 "许可证协议"界面

步骤 05 单击"我接受"按钮，进入"选择安装位置"界面，设置目录文件夹，如图13-5所示。

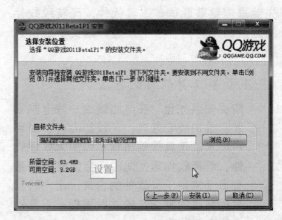

图13-5 "选择安装位置"界面

步骤 06 单击"安装"按钮，进入"正在安装"界面，并在进度条上显示安装进度，如图13-6所示。

步骤 07 安装进度完毕后，单击"下一步"按钮，进入"安装选项"界面，其中显示了QQ游戏的相关操作选项，如图13-7所示。

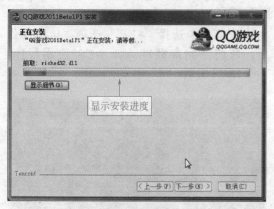

图13-6 "正在安装"界面

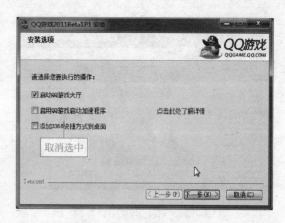

图13-8 取消选中复选框1

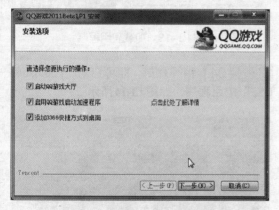

图13-7 进入"安装选项"界面

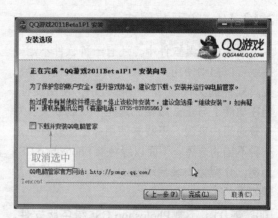

图13-9 取消选中复选框2

😊 **专家指点**

　　在安装软件的过程中，常会出现一些安装选项供用户选择，用户可以根据自身需求进行相应地选择并安装。

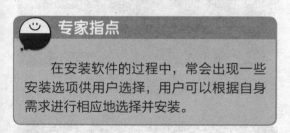

步骤 08 取消选中"启用QQ游戏启动加速程序"和"添加3366快捷方式到桌面"复选框，如图13-8所示。

步骤 09 单击"下一步"按钮，进入"安装选项"界面，取消选中"下载并安装QQ电脑管家"复选框，如图13-9所示，再单击"完成"按钮，完成QQ游戏的安装。

步骤 10 启动QQ游戏程序，打开"QQ游戏2011"对话框，输入账号和密码，如图13-10所示。

图13-10 输入账号和密码

步骤 11 单击"登录"按钮，稍等片刻，即可打开"QQ游戏2011"窗口，如图13-11所示。

图13-11 "QQ游戏2011"窗口

13.2.2 免安装启动法

在各种工具软件中，还有一种软件不需安装就可以启动使用，它就是绿色版软件。绿色工具软件的文件程序一般都较小，使用便捷，但在功能上与正式版相比还是一定的缺失。对于普通用户来说，下载并使用绿色版软件也是一种不错的选择。下面以绿色版 Photoshop CS5 为例，介绍免安装启动法的操作，具体操作步骤如下。

步骤 01 下载 Photoshop CS5 绿色版软件，下载网址为 http://www.xdowns.com/（绿色软件联盟）。

步骤 02 打开软件所在文件夹，选择"Photoshop.exe"图标，如图13-12所示。

图13-12 选择图标

步骤 03 在图标上单击鼠标右键，在弹出的快捷菜单中选择"打开"选项，执行操作后，系统开始加载 Photoshop CS5 应用程序，如图13-13所示。

图13-13 加载应用程序

步骤 04 稍等片刻，即可启动"Photoshop CS5"应用程序，如图13-14所示。

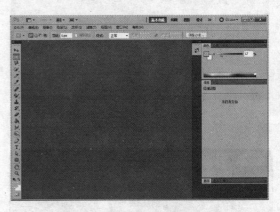

图13-14 启动 Photoshop CS5

13.3 常用工具软件的使用

在使用电脑的过程中，用户必然会使用到各种常用软件，当用户根据自己的需求安装常用的工具软件后，掌握其使用方法也是非常重要的。如使用输入法输入文字、使用图像软件看图、使用压缩软件压缩文件等。

13.3.1 使用QQ拼音输入法

QQ拼音输入法是腾讯公司推出的一款智

能拼音输入法，它与其他智能拼音输入法没有太大的区别，但腾讯公司在其输入功能上下了一番工夫，使用该拼音工具，可以更加便捷地输入各种QQ表情，还有查字的功能。使用QQ拼音输入法的具体操作步骤如下。

步骤 01 新建一个空白的 Word 文档，并切换至 QQ 拼音输入法，进入 QQ 拼音输入状态，如图 13-15 所示。

图 13-15 切换至 QQ 拼音输入法

步骤 02 依次输入"片段"二字的汉语拼音"pianduan"，此时，QQ 拼音输入框内即可显示与拼音同音的文字，如图 13-16 所示。

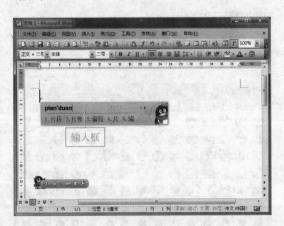

图 13-16 输入拼音 1

步骤 03 按空格键，即可将输入框内的文字输入至 Word 文档中，如图 13-17 所示。

图 13-17 输入文字 1

步骤 04 采用与上面同样的方法，依次在文档中输入其他的文字，输入"截"字的汉语拼音，此时，输入框内没有显示"截"字，如图 13-18 所示。

图 13-18 输入拼音 2

步骤 05 按键盘上的【＋】号键，即可切换至下一页，此时，输入框中显示了需要的文字，如图 13-19 所示。

☺ 专家指点

因为输入框中无法全部显示所有同音的词语，因此，用户需要通过键盘上的"＋"或"－"查看下一条或上一条文字。也可以直接单击输入框上的向左或向右三角按钮进行文字的切换。

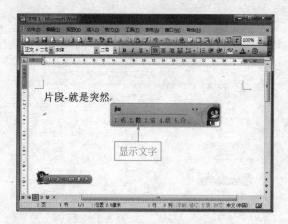

图13-19　切换至下一页

步骤 06 按键盘上的数字"2"，即可选择确认文字的输入，如图13-20所示。

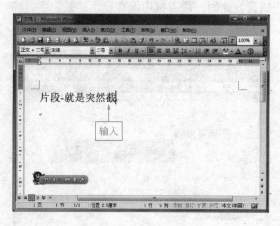

图13-20　确认输入文字

😊 **专家指点**

确认文字的输入有3种方法，一是按空格键确认；二是直接在输入框中单击输入的文字；三是通过按跟踪词语的数字确认。

步骤 07 参照之前输入文字的方法，输入其他文字，如图13-21所示。

步骤 08 在输入法状态条上单击鼠标右键，在弹出的快捷菜单中选择"拼音工具"→"符号＆表情"选项，如图13-22所示。

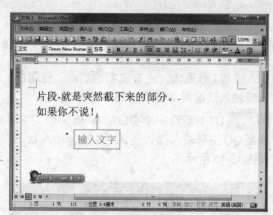

图13-21　输入文字2

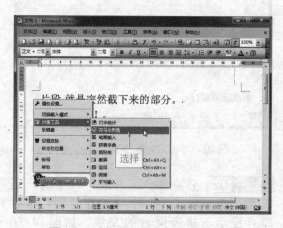

图13-22　选择"符号＆表情"选项

步骤 09 打开"QQ拼音符号输入器"面板，切换至"QQ表情"选项卡，选择输入的表情，单击鼠标左键，如图13-23所示。

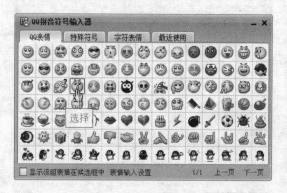

图13-23　选择表情

步骤 10 单击"QQ拼音符号输入器"面板右上角的"关闭"按钮，关闭面板，此时，即可在文档中查看到所输入的表情，如图 13-24 所示。

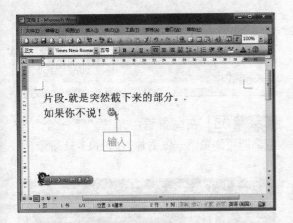

图 13-24　输入表情

步骤 **11** 参照之前输入文字的方法，输入其他文字，如图 13-25 所示。

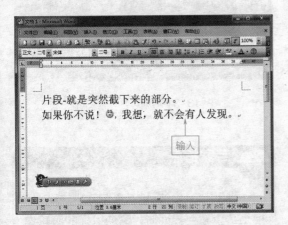

图 13-25　输入文字 3

☺ **专家指点**

在 QQ 拼音输入法状态条上单击鼠标右键，在弹出的快捷菜单中选择"账号"→"登录"选项，即可打开 QQ 登录窗口，输入账号和密码，可登录 QQ。

▶ **13.3.2　使用看图软件查看图片**

查看图片是日常生活和工作中必不可少的重要部分，而网络上可以浏览图片的软件也是多种多样，如 ACDSee、美图看看等，使用看图软件最大的优势就是可以更全面、直观地查看一个或多个图像文件，部分软件还可以对图片进行简单地处理。下面以"ACDSee 相片管理器 12"为例，讲解使用看图软件查看图片的操作，具体操作步骤如下。

步骤 **01** 安装"ACDSee 相片管理器 12"后，启动应用程序，打开"ACDSee 相片管理器 12"窗口，如图 13-26 所示。

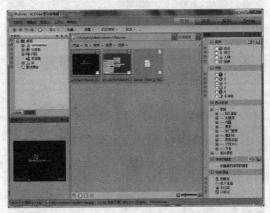

图 13-26　"ACDSee 相片管理器 12"窗口

步骤 **02** 在"文件夹"面板中展开"库"→"图片"→"公用图片"文件夹，如图 13-27 所示。

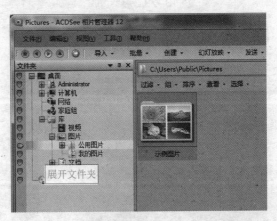

图 13-27　展开文件夹

步骤 **03** 在中间窗格中双击"示例图片"文件夹，打开该文件夹，即可查看图片，如图 13-28 所示。

图13-28　打开"示例图片"文件夹

步骤 04 打开"图片欣赏"文件夹，查看该文件夹中的图片，如图13-29所示。

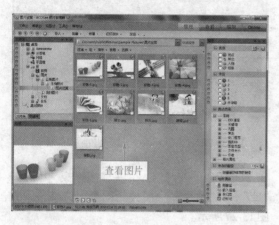

图13-29　查看图片

步骤 05 在需要查看的图片上双击鼠标左键，即可浏览大图，如图13-30所示。

图13-30　浏览大图

专家指点

在窗格中选择需要浏览的图片后，再单击菜单栏中的"查看"按钮，也可以切换至"查看"界面，浏览所选图片的大图效果。

步骤 06 在浏览框中单击"下一个"按钮，即可浏览下一张图片，如图13-31所示。

图13-31　浏览下一张图片

专家指点

当从"ACDSee相片管理12"窗口切换至"查看"界面时，滚动鼠标的滚轮也可以快速地切换浏览的图片。

步骤 07 在预览窗口中单击鼠标右键，在弹出的快捷菜单中选择"批量"→"转换文件格式"选项，如图13-32所示。

步骤 08 执行操作后，打开"批量转换文件格式"对话框，切换至"格式"选项卡，选择需要转换的格式，如图13-33所示。

步骤 09 单击"下一步"按钮，进入"设置输出选项"界面，设置各选项，如图13-34所示。

图13-32 选择选项

图13-33 选择转换格式

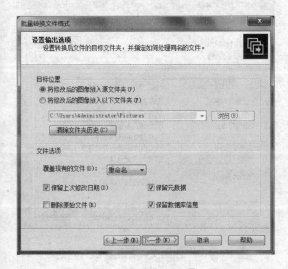

图13-34 "设置输出选项"界面

专家指点

在"设置输出选项"界面中,用户可以更改转换文件格式后图片的"目标位置",将转换格式后的图片存储于其他位置。

步骤 10 单击"下一步"按钮,进入"设置多页选项"界面,设置各选项,如图13-35所示。

图13-35 "设置多页选项"界面

步骤 11 设置完毕后,单击"开始转换"按钮,进入"转换文件"界面,转换文件并显示转换进度,如图13-36所示。

图13-36 "转换文件"界面

步骤 12 转换完成后,单击"完成"按钮,切换至"管理"界面,即可查看转换文件格式后的图片,如图13-37所示。

图13-37 查看图片

13.3.3 使用压缩软件压缩文件

为了减少较大文件对磁盘空间的占有量,或将文件发送给其他用户时,就可以使用WinRAR压缩软件将文件进行压缩,缩小其容量,以便更好地管理文件或快速地发送给其他用户。压缩文件的具体操作步骤如下。

步骤 01 安装WinRAR压缩软件后,打开需要压缩文件的所在位置,如图13-38所示。

图13-38 打开文件夹

步骤 02 在需要压缩的文件上单击鼠标右键,在弹出的快捷菜单中选择"添加到压缩文件"选项,如图13-39所示。

图13-39 选择"添加到压缩文件"选项

专家指点

WinRAR是目前最为流行的一款文件压缩软件,其界面友好、使用方便,能够创建自解压文件,修复损坏的压缩文件,并支持身份验证、文件注释和加密功能。

步骤 03 执行操作后,弹出"压缩文件名和参数"对话框,在其中设置好文件的压缩文件格式、压缩方式和压缩选项等,如图13-40所示。

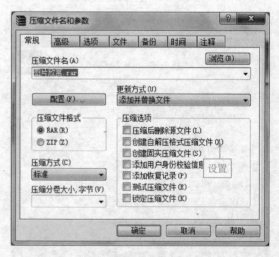

图13-40 "压缩文件名和参数"对话框

步骤 04 单击"确定"按钮，弹出"正在创建压缩文件"对话框，并显示压缩进度，如图13-41所示。

图13-41 显示压缩进度

专家指点

在压缩容量较大的文件时，单击"后台"按钮，可以隐藏当前窗口，在后台执行压缩操作；若单击"暂停"按钮，可以暂停当前的压缩任务，再次单击则可以继续执行压缩任务；单击"取消"按钮，则可以终止当前的压缩任务；单击"帮助"按钮，将弹出"帮助"窗口，获得帮助信息。

步骤 05 压缩完成后，在目标文件夹中即可查看文件压缩后的效果，如图13-42所示。

图13-42 查看压缩文件

13.3.4 使用聊天软件腾讯QQ

腾讯QQ是由深圳腾讯公司开发的一款聊天、沟通软件，它具有强大的功能和易用的操作界面，是目前使用最为广泛的即时通信软件，也是目前国内使用频率最高的网络聊天工具之一。腾讯QQ支持在线聊天、视频电话、点对点断点续传文件、共享文件、网络硬盘、自定义面板及QQ邮箱等多种功能，因此，受到各种阶层、不同人士的喜欢。使用聊天软件"腾讯QQ"的具体操作步骤如下。

步骤 01 安装"腾讯QQ 2011"程序后，桌面上双击"腾讯QQ 2011"快捷方式图标，启动"QQ 2011"应用程序，并打开"QQ 2011"登录窗口，如图13-43所示。

图13-43 "QQ 2011"登录窗口

专家指点

若在"QQ 2011"登录窗口勾选"记住密码"或"自动登录"复选框，则下次启动QQ程序时就不必再次输入密码，但需要注意的是，这种方式只适用于家庭网络中，在公共场所中请不要使用。

步骤 02 输入QQ账号和密码等信息，单击"安全登录"按钮，进入"正在登录"界面，如图13-44所示。

步骤 03 稍等片刻，完成登录，进入QQ程序界面，如图13-45所示。

图13-44 "正在登录"界面

图13-45 QQ程序界面

步骤 04 在QQ好友列表框中，选择需要聊天的好友图像，单击鼠标右键，在弹出的快捷菜单中选择"发送即时消息"选项，如图13-46所示。

图13-46 选择"发送即时消息"选项

专家指点

在好友头像上双击鼠标左键，也可以弹出与好友聊天的即时窗口。

步骤 05 执行操作后，即可打开与好友聊天的窗口，选择一种输入法，输入聊天信息，如图13-47所示。

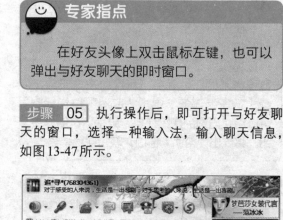

图13-47 输入信息

步骤 06 在工具栏上单击"选择表情"按钮，即可弹出表情库，如图13-48所示。

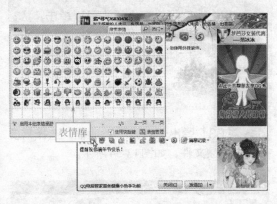

图13-48　打开表情库

步骤 07 选择一种表情后，即可在文字后方插入表情，如图13-49所示。

图13-49　插入表情

步骤 08 单击"发送"按钮，即可发送输入的信息，如图13-50所示。

图13-50　发送信息

步骤 09 如果好友在线，稍等片刻，即可收到好友回复的信息，如图13-51所示。

图13-51　收到回复信息

 专家指点

现在网络上有很多病毒文件，用户在上传文件或接收文件前，应使用杀毒软件对文件进行查杀，防止木马和病毒，以免QQ号被盗。对于陌生人发送的文件，需要更加谨慎。

 专家指点

除了使用QQ聊天发送即时信息外，还可以传输文本信息、图像、视频、音频以及电子邮件等，还可以获得各种网上社区体验以及增值服务。

13.3.5 使用暴风影音软件看影片

暴风影音是国内最流行的媒体播放软件之一，作为对Windows Media Player的补充和完善，暴风影音提供并升级了操作系统对流行影音文件和流媒体的播放功能。使用暴风影音软件观看影片的具体操作步骤如下。

步骤 01 安装"暴风影音"后，单击电脑桌面中的"开始"→"所有程序"→"暴风影音"命令，启动"暴风影音"应用程序，其界面如图13-52所示。

图13-52 "暴风影音"界面

步骤 02 打开窗口后，切换至"播放列表"选项卡，再单击窗口右上角的"添加到播放列表"按钮，如图13-53所示。

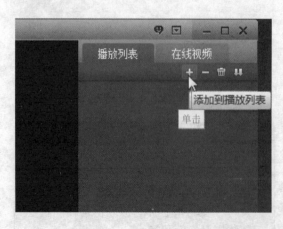

图13-53 "播放列表"选项卡

步骤 03 弹出"打开"对话框，选择需要打开的视频文件，如图13-54所示。

图13-54 "打开"对话框

步骤 04 单击"打开"按钮，即可将文件添加至播放列表中，如图13-55所示。

步骤 05 在需要播放的文件中双击鼠标左键，即可播放文件，如图13-56所示。

图13-55　添加文件

图13-56　播放文件

专家指点

　　除了添加视频文件播放影片外，使用暴风影音还可以播放在线视频，切换至"在线视频"选项卡后，在播放列表中选择需要播放的文件即可。

13.4　软件卸载的方法

　　当电脑中安装的文件过多时，就会导致电脑的运行速度变慢。因此，在安装软件的过程中，不只是单单在电脑上对文件进行复制，也会进行其他操作，如安装链接的插件，修改注册表、加入启动菜单等，这些操作都会

占用电脑的内存，减缓电脑的运行速度，甚至影响电脑系统的稳定性。此时，用户可以将不常用的软件程序或插件卸载或删除，节省磁盘空间。

　　下面将通过3种常用的软件卸载方法来讲解如何卸载软件，方便用户在日常的工作和生活中对软件的基本操作更加熟练。

13.4.1　使用"开始"菜单卸载

　　使用"开始"菜单卸载软件是最简单、最基本的卸载方法，运用"开始"菜单卸载软件就是通过软件自带的卸载程序进行卸载。大多数软件在安装时都会有自带的卸载程序，用户可以在"开始"菜单的"所有程序"菜单列表中进行查找，也可以在安装目录下查找类似于Uninst.exe文件。下面以卸载"暴风影音"应用程序为例讲解卸载方法，其具体操作步骤如下。

步骤 01　单击"开始"菜单中的"所有程序"→"暴风影音"→"卸载暴风影音"命令，如图13-57所示。

图13-57　单击"卸载暴风影音"命令

步骤 02　弹出"暴风影音2011卸载"对话

框，如图 13-58 所示。

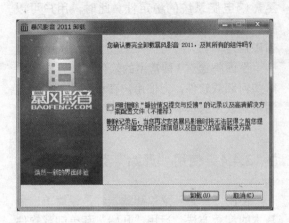

图 13-58 "暴风影音2011卸载"对话框

专家指点

在使用软件自带的卸载程序时，部分软件会弹出相应的提示信息，用户可以根据需求对软件进行卸载。

 **03** 单击"卸载"按钮，进入"正在卸载"界面，系统开始卸载暴风影音，并显示卸载进度，如图 13-59 所示。

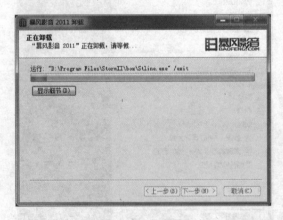

图 13-59 卸载暴风影音

步骤 **04** 卸载完毕后，进入"卸载已完成"界面，如图 13-60 所示，单击"完成"按钮，完成程序的卸载。

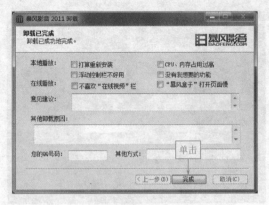

图 13-60 "卸载已完成"页面

专家指点

很多软件卸载完成后，均会弹出软件对应的官方网站，追问卸载原因。这是官方为了更加了解客户需求所做的调查，用户可以自行定夺。

13.4.2 使用"控制面板"卸载

如果需要卸载的应用程序中没有自带卸载程序，那么，用户就需要通过系统"控制面板"中的"卸载和更改程序"功能手动将其进行卸载。下载以卸载"谷歌拼音"应用程序为例，介绍使用"控制面板"卸载软件的操作方法，其具体操作步骤如下。

步骤 **01** 单击"开始"菜单中的"控制面板"命令，打开"控制面板"窗口，单击"程序和功能"链接，如图 13-61 所示。

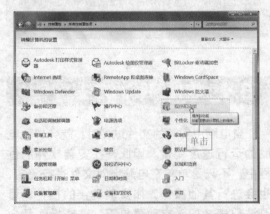

图 13-61 单击"程序和功能"链接

步骤 02 执行操作后，进入"卸载或更改程序"界面，如图13-62所示。

图13-62 "卸载或更改程序"界面

☺ **专家指点**

由于每款软件的属性不同，因此，选择部分软件时只会显示"卸载"或"卸载/更改"选项。

步骤 03 在"卸载或更改程序"下拉列表框中选择"谷歌拼音输入法"选项，再单击"卸载/更改"按钮，如图13-63所示。

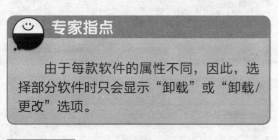

图13-63 单击"卸载/更改"按钮

步骤 04 执行操作后，弹出"卸载谷歌拼音输入法"对话框，勾选"保留我的个人词典

与设置"复选框，如图13-64所示。

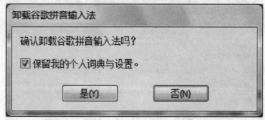

图13-64 "卸载谷歌拼音输入法"对话框

步骤 05 单击"是"按钮，稍等片刻，弹出"卸载成功"对话框，如图13-65所示，单击"确定"按钮，完成卸载操作。

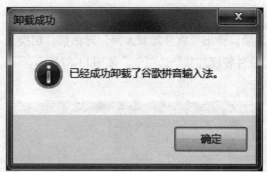

图13-65 "卸载成功"对话框

13.4.3 使用第三方工具软件卸载

使用第三方工具软件卸载就是通过运用外来的工具软件，对电脑中的应用程序进行卸载操作。使用前面两种卸载软件的方法虽然简单轻松，但不一定能将电脑中的某些软件完全卸载干净，有的会留下一些残留文件或插件，这样一来，既占用电脑磁盘空间，甚至有些文件会导致系统不稳定。此时，最好使用第三方软件来进行强力卸载，如Windows优化大师、360软件管家等。

步骤 01 启动"Win7优化大师"程序，打开"Win7优化大师"窗口，切换至"开始"选项卡，选择"实用工具"选项，进入"实用工具"界面，如图13-66所示。

图13-66 "实用工具"界面

图13-68 "请选择我卸载的程序"对话框

步骤 02 在界面中选择"软件卸载大师"选项，弹出"软件卸载大师"对话框，切换至"软件智能卸载"选项卡，如图13-67所示。

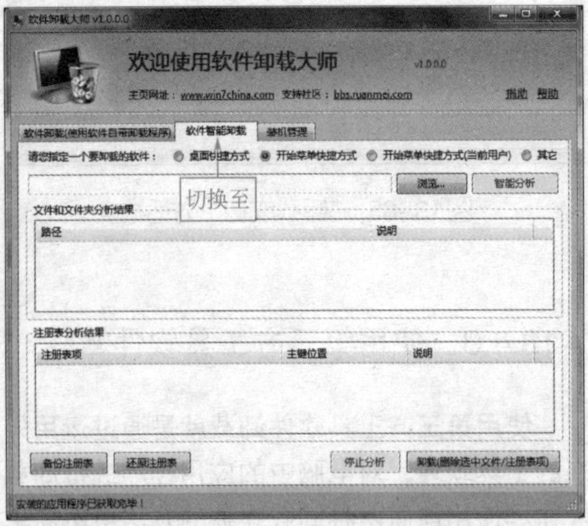

图13-67 "软件卸载大师"对话框

步骤 03 单击"浏览"按钮，弹出"请选择我卸载的程序"对话框，选中需要卸载的程序，如图13-68所示。

步骤 04 单击"打开"按钮，即可确认需要卸载的程序，如图13-69所示。

步骤 05 单击"智能分析"按钮，软件开始对程序进行智能分析，如图13-70所示。

图13-69 确认卸载程序

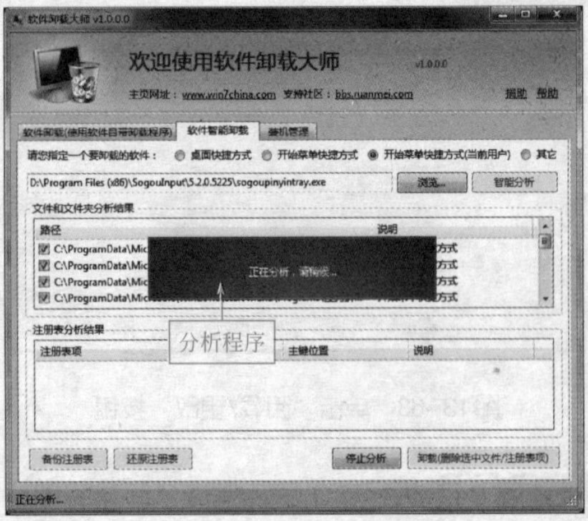

图13-70 智能分析程序

步骤 06 分析完毕后，弹出信息提示框，如图13-71所示。

图13-71 信息提示框

步骤 07 单击"确定"按钮，即可查看分析后的结果，如图13-72所示。

图13-72 查看分析结果

步骤 08 单击"卸载（删除选中文件/注册表项）"按钮，弹出信息提示框，如图13-73所示。

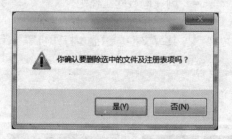

图13-73 信息提示框

步骤 09 单击"是"按钮，软件开始对所选中的文件和注册表项进行清理，如图13-74所示。

图13-74 清理文件

步骤 10 清理完毕后，弹出信息提示框，提示卸载成功，如图13-75所示，单击"确定"按钮，完成卸载操作。

图13-75 信息提示框

第14章

Internet连接与局域网共享

学习提示 》》

随着信息的社会化、网络化、全球化的变革，社会中的方方面面无不受到计算机网络技术的巨大影响。特别是Internet和局域网的应用，使人类的工作和学习方式，甚至思维方式都随着网络发生着变化。

主要内容 》》

- Internet和局域网的组成、特点
- Internet和局域网的关系
- 通过ADSL接入Internet
- Internet连接的共享
- 设置共同工作组
- 局域网的资源共享

重点与难点 》》

- 了解Internet基础知识
- 了解局域网基础知识
- Internet与局域网关系
- 通过ADSL连接Internet
- 创建局域网
- 共享局域网中的资源

学完本章后你会做什么 》》

- 了解Internet和局域网的基本知识
- 知晓使用ADSL连接Internet
- 通过共享连接Internet
- 创建局域网工作组
- 掌握IP地址的设置
- 共享文件、磁盘、打印机等

图片欣赏 》》

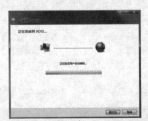
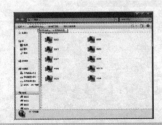

14.1 Internet 与局域网基础知识

科技与网络都在不断的发展，而网络早已深入人们的工作和生活，因为Internet和局域网的应用，才让人们的工作和生活变得更加方便、高效、丰富多彩。因此，掌握Internet和局域网的相关知识是非常重要的。

14.1.1 Internet 的组成和特点

Internet 是 Interconnect 和 Network 两词的合称，其本意就是"因特网"或"网间网"。Internet 是由多个不同的网络互联设备连接起来的一个大网络，它将全世界的计算机网络连接在一起，形成了一个全球性的整体，其中就包含了人们接受到的各种信息。因此，任何人只要进入Internet，就可以利用其中各个网络和计算机上难以计数的资源，同世界各地的人们自由通信和交换信息。

1.Internet 的组成

Internet是目前惟一遍及全球的计算机网络，它主要由主机、通信子网和网络用户3大部分组成。

❖ 主机

主机是用来运行用户端所需的应用程序，为用户提供资源和服务。主机也被称为节点，它的工作任务可由微机、小型机、大型机等负担。

如果一台计算机要加入Internet主机行列，则需要向当地有关部门提交申请。获得批准后，该计算机才会拥有一个惟一的域名和IP地址。

❖ 通信子网

通信子网主要用于连接主机，并在主机之间传送信息的设施，包括连接线路和连接部件两个部分。连接线路多由铜线、光纤、无线电波等高速介质组成；连接部件又称为处理机，多由专用计算机来承担，负责信息的处理和传输。

❖ 网络用户

网络用户也称为终端用户，它可以通过用户连接入网并登录网络，访问Internet主机上的资源，并利用Internet交换和传输信息。网络用户即可以是一台计算机，也可以是多台计算机，甚至是一个局域网。

2.Internet 的特点

Internet 的特点主要有以下5个方面。

❖ 入网方式灵活多样，这也正是Internet获得调整发展的重要原因。任何计算机只要采用TCP/IP协议与Internet中的任何一台主机连通，就可以成为Internet的一部分。无论是大型主机或小型机，还是微机或工作站都可以运行TCP/IP协议，并通过Internet进行通信。正因为如此，目前TCP/IP已经成为国际通用标准。

❖ 采用目前在分布式网络中最为流行的客户机/服务器程序方式，大大增加了网络信息服务的灵活性。当自己的主机没有所需要的客户机程序时，可以通过远程登录连接到公共客户程序。

❖ 将网络技术、多媒体技术和超文本技术融为一体，体现了当代多种信息技术互相整合的发展特点。

❖ 收费低廉，吸引更多的用户使用网络，形成一种良性循环。

❖ 丰富的信息服务功能和友好的用户接口，使Internet可以做到雅俗共赏。Internet丰富的信息方式使之成为功能最强的信息网络。

14.1.2 局域网的组成和特点

随着网络技术的发展，局域网技术已经应用到各行各业中，并成为人们日常生活和工作中不可缺少的一部分，全球每天都有成千上万的局域网在不停地运转。因此，局域网可谓是无处不在。

1.局域网的组成

一个典型的局域网包括4个部分：服务器、工作站、外围设备和通信协议。

（1）服务器

在网络系统中，有一些计算机和设备允许

其他的计算机共享它的资源。服务器按照它所提供的资源类型不同，可以分为设备服务器、管理服务器、应用程序服务器、通信服务器和Web服务器。

❖ 设备服务器是为网络用户提供共享的设备，如网络硬盘驱动器、网络打印机等。

❖ 管理服务器是为网络用户提供管理功能的服务器，如文件服务器、权限服务器、域名服务器等。

❖ 应用程序服务器是应用软件由单用户向网络版转换的过程中，使服务器功能更强、容量更大，具有更多的输入输出端或插槽，在网络版应用软件的支持下，形成的服务器，如数据库服务器等。

❖ 通信服务器是网络系统中提供的数据交换服务器，如调制解调器等。

❖ Web服务器是用来实现Web功能，提供互联网资源的服务器，如企业内部网络（Intranet）服务器和企业外部网络服务器（Extranet）等。

（2）工作站

在网络系统中，被连接在网络中只是向服务器提出请求或共享网络资源，不为其他计算机提供服务的计算机称为工作站。

工作站要参与网络活动，必须先与网络服务器连接，并且进行登录才可以。当它退出网络时，也可作为一台独立的PC机使用。

网络服务器和网络工作站在进入和退出网络时是有明显差别的。服务器必须是先进后出，即在网络需要时进入，当所有工作站都退出时方可退出。而工作站是无顺序要求的，可以按照需要随时登录或退出。

（3）外围设备

外围设备是连接服务器与工作站的一些连线或连接设备。常用的连线有同轴电缆、双绞线和光缆等，连接设备有网卡、集线器和交换机等。在需要连入Internet或进行计算机之间的远程互连活动时，一般还需要调制解调器。

（4）通信协议

通信协议是指网络中各方事先约定的通信规则，简单来说就是各计算机之间进行相互通信所使用的共同语言。两台计算机在进行通信时，必须使用相同的协议。计算机局域网一般使用NetBEUI、TCP/IP和IPX/SPX三种协议。

2.局域网的特点

局域网技术是计算机网络中的一个重要分支，而且也是发展最快，应用最广泛的一项技术。局域网是指局限在一定地理范围内的若干数据通信设备，通过通信介质互联的数据通信网络。局域网具有以下几个特点。

❖ 局域网覆盖的地理范围是有限的，通常在10千米以内，但并非严格定义的，如一间办公室、一幢大楼、一个仓库、一个园区。

❖ 局域网是由若干通信，包括计算机、终端设备与各种互连设备组成。

❖ 局域网的内部通信具有比广域网高的数据传输速率（10Mbit/s ～ 1000Mbit/s），误码率较低，一般在10^{-11} ～ 10^{-8}之间，而且具有较短的延时。

❖ 局域网可以使用多种传输介质来连接，包括双绞线、同轴电缆、光纤等。

❖ 局域网是一种数据通信网络。

❖ 局域网可以是点对点式，也可以采用多点连接或广播连接方式。

❖ 局域网侧重于共享信息的处理问题，而不是传输问题。

▶ 14.1.3 Internet与局域网的关系

Internet与局域网的工作原理完全相同。不过，由于规模的不同，其作用也就不同。用道路作比喻，局域网只是村子里的"小街"，Internet才是四通八达的"高速公路"。由于Internet的规模巨大，要使Internet正常运行，必然要解决一些局域网根本不用考虑的问题。

首先，局域网通常只分布在一两栋大楼之间，这样，架网就非常简单。通常，自己拉上一些同轴电缆或双绞线把各个计算机连接起来就可以了，费用也不会太大。而Internet的架网就需要非常庞大的投资，网络的架设也要根据距离与地理环境的不同而采取不同的结构，有些地段可能需要采用光纤，有些地段可能需要采用微波，另一些地段则可能需要采用卫星信道。通常，这样庞大的架网工程都由一些电信部门或大型的电话电报公司承担。当用户要连接Internet时，只要向电信部门或电话电报公司租用线路就可以了。

其次，局域网通常只连接同一种类的计算机，在同种计算机之间的相互通信通常比较容易发现。Internet则不同，Internet上面的计算机可谓五花八门。因此，从一开始就必须考虑不同计算机之间的通信。为了达到这一目的，人们创造了TCP/IP协议，并使该协议成为Internet中的"世界语言"，任何遵守TCP/IP协议的计算机都能"读懂"另一台同样遵守TCP/IP协议计算机发来的信息。

14.2 Internet的上网连接

对于Internet的连接，以前最普遍的是通过电话线拨号上网。随着宽带的不断普及，现在应用越来越广泛的是通过ADSL或无线连接等方式，另外，通过Internet连接的共享，即局域网共享上网也是一种接入方式。

14.2.1 通过ADSL接入Internet

ADSL（Asymmetrical Digital Subscriber Line）即非对称数字用户专线，它与以往调制解调技术的主要区别在于其上下行速率是非对称的，即上下行速率不等，ADSL技术的高下行速率和相对而言较慢的上行速率非常适用于Internet浏览。

1.安装ADSL硬件设备

一般通过ADSL接入Internet安装过程都会有其配套说明书。而ADSL上网所需的硬件设备包括计算机、ADSL Modem、分离器、网卡和一条ADSL电话线。

目前，市面上的ADSL Modem有内置式、USB、10Base-T接口外置式三种。

内置式的安装类似于内置网卡的安装，在将内置卡插入到主板对应的插槽中后，按提示安装驱动程序即可。

USB接口的ADSL的安装方法是将Modem的USB连线接到计算机主机上，在ADSL调制

解调器外再安装分离器。

下面以连接语音分离器为例，介绍安装分离器常用的两种方法。

❖ 方法一：语音分离器的Line端口与电话线的入屋总线相连，Phone端口连接其他电话（可以接分线盒带多台电话），语音分离器的Modem端口跟ADSL Modem的Line端口相连。

❖ 方法二：入屋总线通过分享器分别连接到ADSL Modem的Line端口和语音分离器的Line端口，语音分离器的Phone端口连接到电话机。

2.设置ADSL Modem接入Internet

Windows 7系统集成了PPPoE协议的支持，ADSL用户不需要安装其他PPPoE软件，直接使用Windows的连接向导就可以轻而易举地建立自己的ADSL虚拟拨号上网文件，实际使用效果完全和Windows XP/Vista下的其他PPPoE软件一样，由于与操作用户更加紧密结合，使用起来则更加方便。

设置ADSL Modem接入Internet的具体操作步骤如下。

步骤 01 在桌面上选择"网络"图标，单击鼠标右键，在弹出的快捷菜单中选择"属性"选项，如图14-1所示。

图14-1 选择"属性"选项

步骤 02 打开"网络和共享中心"窗口，在"更改网络设置"选项区中单击"设置新的连接或网络"链接，如图14-2所示。

图14-2 "网络和共享中心"窗口

步骤 03 弹出"设置连接或网络"对话框，在其中选择一个连接选项，如图14-3所示。

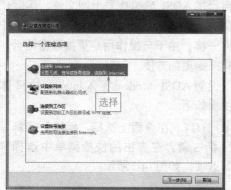

图14-3 选择连接选项

步骤 04 单击"下一步"按钮，进入"你想使用一个已有的连接吗？"界面，在其中选中需要的选项，如图14-4所示。

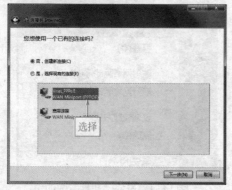

图14-4 选择选项

步骤 05 单击"下一步"按钮，进入"您想如何连接"界面，选择"宽带（PPPoE）"选项，如图14-5所示。

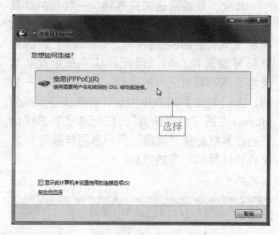

图14-5 选择"宽带（PPPoE）"选项

步骤 06 执行操作后，进入相应的界面，在其中设置"用户名"、"密码"、"连接名称"，如图14-6所示。

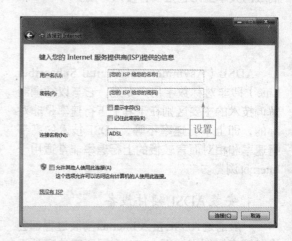

图14-6 设置各选项

步骤 07 单击"连接"按钮，进入"正在连接到ADSL"界面，并显示连接进度，如图14-7所示。

步骤 08 完成连接后，返回"网络和共享中心"窗口，单击"更改适配器设置"链接，进入"网络连接"窗口，即可查看创建的ADSL网络连接，如图14-8所示。

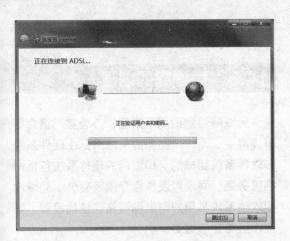

图14-7 显示连接进度

图14-8 新建ADSL网络连接

14.2.2 Internet连接的共享

在局域网中，用户可以将Internet连接设置为共享，这样一来，局域网中所有的用户都可以上网，从而节约上网费用。Windows操作系统本身自带着Internet连接共享功能。设置Internet连接共享操作分为设置Internet连接共享主机和Internet连接共享客户两个过程。在通过路由器共享上网的局域网中，其他用户只需将连接的TCP/IP设置为自动获取IP地址，即可达到使用局域网共享上网的目的，其具体操作步骤如下。

步骤 01 单击"开始"菜单中的"控制面板"命令，打开"控制面板"窗口，单击"网络和共享中心"链接，如图14-9所示。

图14-9 单击"网络和共享中心"链接

步骤 02 弹出"网络和共享中心"窗口，在左侧窗格中单击"更改适配器设置"链接，如图14-10所示。

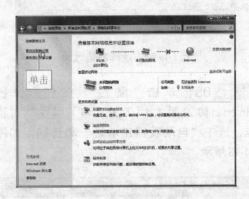

图14-10 单击"更改适配器设置"链接

步骤 03 弹出"网络连接"窗口，选择"本地连接"选项，单击鼠标右键，在弹出的快捷菜单中选择"属性"选项，如图14-11所示。

图14-11 选择"属性"选项

步骤 04 执行操作后，弹出"本地连接 属性"对话框，选择"Internet协议版本4（TCP/IPv4）"选项，如图14-12所示。

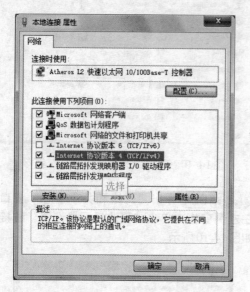

图14-12 选择合适选项

步骤 05 单击"属性"按钮，弹出"Internet协议版本4（TCP/IPv4）属性"对话框，选中"自动获得IP地址"单选钮，如图14-13所示。

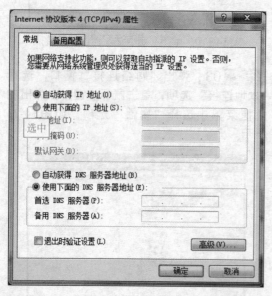

图14-13 选中"自动获得IP地址"单选钮

步骤 06 单击"确定"按钮，即可在自动获取IP地址后，通过Internet共享连接上网。

14.3 局域网的创建

局域网特别适用于家庭、办公室、宿舍等小环境中，而一个完整的局域网是由硬件系统和软件系统组成的。局域网的硬件系统包括网络服务器、网卡以及传输介质等硬件；局域网的软件系统是用户与电脑网络连接的设置，如工作组与IP设置等。

14.3.1 设置共同工作组

在一个共同环境中的多台电脑需要共享资源时，就必须将电脑设置为同一个工作组，使多台电脑组成一个小网络，那么，每台电脑之间就可以实现资源共享了。设置共同工作组的具体操作步骤如下。

步骤 01 在桌面选择"计算机"图标，单击鼠标右键，在弹出的快捷菜单中选择"属性"选项，如图14-14所示。

图14-14 选择"属性"选项

步骤 02 打开"系统"窗口，在左侧的窗格中单击"高级系统设置"链接，如图14-15所示。

步骤 03 弹出"系统属性"对话框，切换至"计算机名"选项卡，如图14-16所示。

图14-15 单击"高级系统设置"链接

图14-16 "计算机名"选项卡

步骤 04 单击"更改"按钮,弹出"计算机名/域更改"对话框,设置各选项,如图14-17所示。

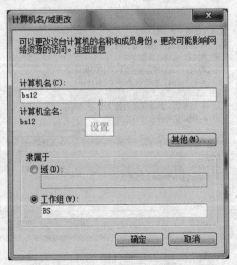

图14-17 设置各选项

步骤 05 单击"确定"按钮,弹出信息提示框,提示重启电脑信息,如图14-18所示。

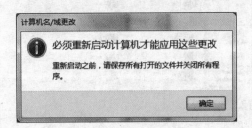

图14-18 信息提示框

 专家指点

在局域网中设置共同工作组时所采用的是对等网络,因此,每台计算机都应该进行相应地设置,如计算机名。在局域网中每台计算机应有一个惟一的计算机名,但工作组名必须相同。

步骤 06 单击"确定"按钮,关闭信息提示框,手动重启电脑后,即可改变计算机名称,完成工作组的设置。

14.3.2 设置具体IP地址

互联网上的每个节点(Node,接入互联网的电脑)都具有统一的标识地址,即IP地址。而在局域网络中,每台电脑间的相互通信都是因为有IP地址才得以实现的。因此,要想在局域网中实现计算机资源共享,必须为每台计算机设置一个IP地址。设置IP地址的具体操作步骤如下。

步骤 01 在桌面上双击"网络"图标,弹出"网络"窗口,在窗口上方单击"网络和共享中心"按钮,如图14-19所示。

步骤 02 弹出"网络和共享中心"窗口,在"查看活动网络"选项区中单击"本地连接"链接,如图14-20所示。

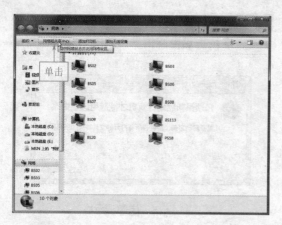

图14-19 单击"网络和共享中心"按钮

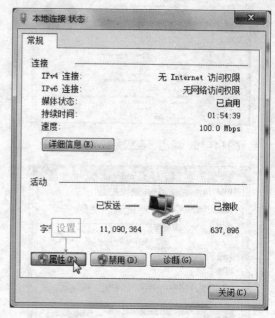

专家指点

IP地址指的是用一组数字来表示Internet上每台主机的地址。在Internet上,每台连接到Internet中的计算机都必须有一个惟一的地址,它是每台主机连接到Internet上的惟一"通行证",因此,IP地址是独一无二的。

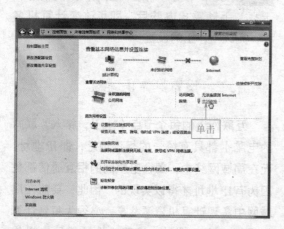

图14-20 单击"本地连接"链接

专家指点

IP地址是根据组织的规模分配的,包括A类(Class A)、B类(Class B)、C类(Class C)、D类(Class D)。

步骤 03 弹出"本地连接 状态"对话框,单击"属性"按钮,如图14-21所示。

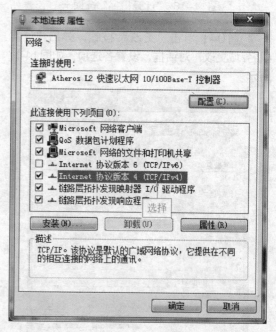

图14-21 "本地链接 状态"对话框

步骤 04 弹出"本地连接 属性"对话框,选择"Internet协议版本4(TCP/IPv4)"选项,如图14-22所示。

图14-22 "本地连接 属性"对话框

步骤 05 单击"属性"按钮，弹出"Internet协议版本4（TCP/IPv4）属性"对话框，选中"使用下面的IP地址"单选钮，再设置各选项，如图14-23所示。

图14-23 选中"使用下面的IP地址"单选钮

😊 **专家指点**

A类IP地址一般用于大型网络，第一组8位二进制数的范围以十进制表示为001～126，可用网络数量为126，可用主机数量为16777214。

B类IP地址一般用于中型网络或网络管理器，第一组8位二进制数的范围以十进制表示为128～191，可用网络数量为16384，可用主机数量为65534。

C类IP地址一般用于小型网络，第一组8位二进制数的范围以十进制表示为192～223，可用网络数量为2097151，可用主机数量为254。

D类IP地址为专用、不分配地址。

14.4 局域网的资源共享

资源共享是局域网重要的用途之一，在局域网中连接的每一台计算机都可以作为共享服务器。通过局域网之间的资源共享，不仅可以节约大量的硬件购置费用，还可以实现文件资源与信息数据的快速传递和共享。

▶ 14.4.1 文件的共享

在局域网中用户可以将某个文件设置为共享，为其他计算机提供通过网络来访问的权限，方便其他用户使用该文件。以共享"极品五笔输入法"文件夹为例讲解具体的操作步骤（注：本实例针对的是Windows 7操作系统，XP系统操作类似）。

步骤 01 打开需要共享文件所在位置，选中要共享的文件，单击鼠标右键，在弹出的快捷菜单中选择"属性"选项，如图14-24所示。

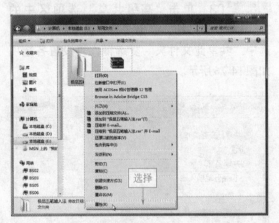

图14-24 选择"属性"选项

步骤 02 执行操作后，弹出"极品五笔输入法 属性"对话框，切换至"共享"选项卡，如图14-25所示。

😊 **专家指点**

在"极品五笔输入法 属性"对话框中单击"共享"按钮，弹出"文件共享"对话框，单击"共享"按钮，再单击"确定"按钮，即可共享该文件夹。

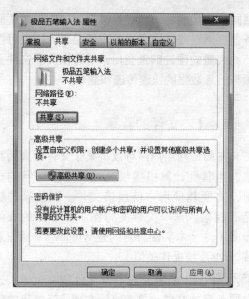

图14-25 "共享"选项卡

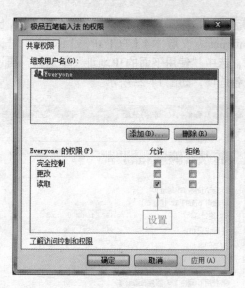

图14-27 "共享极限"选项卡

步骤 03 单击"高级共享"选项区中的"高级共享"按钮，弹出"高级共享"对话框，选中"共享此文件夹"复选框，再设置各选项如图14-26所示。

图14-26 "高级共享"对话框

步骤 04 单击"权限"按钮，弹出"极品五笔输入法的权限"对话框，在"共享权限"选项卡中设置各选项，如图14-27所示。

步骤 05 依次单击"确定"按钮，即可完成文件共享的操作。

14.4.2 磁盘的共享

除了可以将文件或文件夹共享外，用户还可以将整个磁盘驱动器设置为共享，使其他计算机用户可以访问。若开放权限，其他计算机用户还可以在其中进行更改、拷贝、删除等操作。磁盘共享的具体操作步骤如下。

步骤 01 双击"计算机"图标，打开"计算机"窗口，在需要共享的磁盘驱动器（如E盘）上单击鼠标右键，在弹出的快捷菜单中选择"共享"→"高级共享"选项，如图14-28所示。

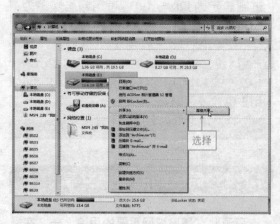

图14-28 选择"高级共享"选项

步骤 02 弹出"本地磁盘（E：）属性"对话框，切换至"共享"选项卡，单击"高级共享"按钮，如图14-29所示。

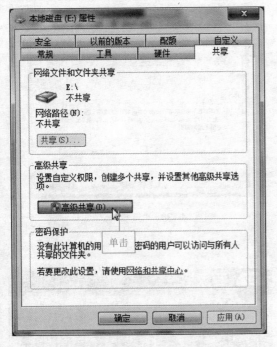

图14-29 "共享"选项卡

步骤 03 弹出"高级共享"对话框，选中"共享此文件夹"复选框，再设置其他选项，如图14-30所示。

图14-30 选中"共享此文件夹"复选框

步骤 04 单击"权限"按钮，弹出"E的权限"对话框，在"Everyone的权限"列表框中选中各复选框，如图14-31所示，依次单击"确定"按钮，即可共享该磁盘。

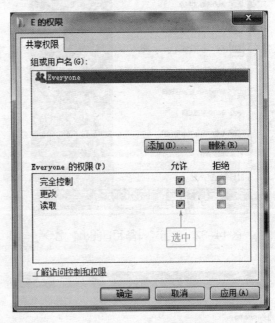

图14-31 选中复选框

14.4.3 打印机的共享

在家庭或工作环境中若只有一台打印机，此时，可以将打印机安装在某台电脑上后并将其共享，那么，其他的用户就可以访问并使用该打印机打印文件了。这不仅节约了打印机的购买成本，还使各计算机之间的资源传递更加方便。

步骤 01 单击"开始"菜单中的"设备和打印机"命令，如图14-32所示。

步骤 02 弹出"设备和打印机"窗口，选择需要共享的打印机，单击鼠标右键，在弹出的快捷菜单中选择"打印机属性"选项，如图14-33所示。

步骤 03 弹出"发送至OneNote 2010属性"对话框，切换至"共享"选项卡，选中"共享这台打印机"复选框，并设置"共享名"，如图14-34所示，依次单击"确定"按钮，即可共享打印机。

图14-32　单击"设备和打印机"命令

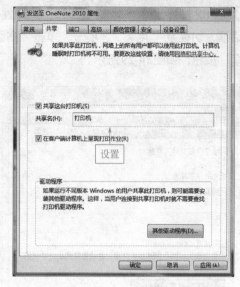

图14-34　"共享"选项卡

图14-33　选择"打印机属性"选项

专家指点

若要取消打印机的共享，用户可以取消选中"共享这台打印机"复选框，再单击"确定"按钮即可。

第三篇

系统维护篇

第15章

电脑的安全与防治

学习提示 》

当电脑的系统、网络、软件等安装好后，在没有任何安全防护的情况下，电脑特别容易中毒瘫痪，或是重要的文件资料丢失等状况发生。因此，不论是电脑新手还是老手，对电脑的安全与防治是必须执行的。

主要内容 》

- 设置BIOS开机密码
- 设置用户账户密码
- 病毒与木马的类型
- 防治电脑病毒和木马
- 安装360杀毒软件
- 使用360杀毒软件

重点与难点 》

- 通过BIOS设置开机密码
- 设置账户密码
- 为注册表进行加密
- 了解并防治病毒与木马
- 安装杀毒软件
- 使用杀毒软件杀毒

学完本章后你会做什么 》

- 掌握开机密码的设置
- 掌握用户账户密码的设置
- 了解病毒与木马
- 做好防治病毒和木马的措施
- 掌握安装杀毒软件的方法
- 设置并使用杀毒软件

图片欣赏 》

15.1 系统安全设置

不论电脑安装的是 Windows 7 还是 Vista 操作系统，或多或少都会存在一些安全隐患，为了保护好系统以及资料的安全性，设置密码是一种最直接的保护手段。

15.1.1 设置 BIOS 开机密码

设置 BIOS 开机密码可以有效地防止非授权用户在未经许可的情况下进入电脑系统，从而达到增强系统安全性的目的。设置 BIOS 开机密码的具体操作步骤如下。

步骤 01 启动电脑，按【Delete】键进入 BIOS 设置界面，如图 15-1 所示。

图15-1 BIOS设置界面

步骤 02 通过方向键【→】向右移动光标，选择"Security"选项卡，选择"Change Supervisor Password"选项，如图 15-2 所示。

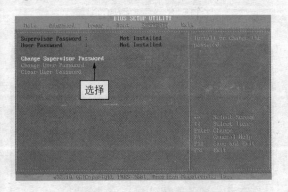

图15-2 "Security"选项卡

专家指点

当用户进入 BIOS 设置界面选择"Security"选项后，部分选项的顺序可能不一样，此时，可以通过按方向键【↑】或【↓】来选择设置开机密码的"Set User Password"选项。

步骤 03 按【Enter】键，弹出输入框并输入所要设置的密码字符，如图 15-3 所示。

图15-3 输入密码字符

步骤 04 按【Enter】键确认，根据提示再次输入密码，以确认密码无误，如图 15-4 所示，保存设置并退出 BIOS，完成密码设置。

图15-4 再次输入密码

专家指点

如果用户要取消 BIOS 开机密码，用同样的方法进入 BIOS 设置界面，选择"Security"选项后，取消设置开机密码"Set User Password"选项中的密码，再保存并退出 BIOS 即可。

15.1.2 设置用户账户密码

同一台电脑可能会有多个用户使用，而操作系统的管理员账号是具有最高权限的账号，为了防止电脑中的个人重要资料被他人拷贝或破坏，则管理员一定要提高账户的安全性，以保证自己的私人空间。设置用户账户密码的具体操作步骤如下。

步骤 01 单击电脑桌面左下角中的"开始"按钮，在弹出的"开始"菜单中选择"控制面板"选项，打开"控制面板"窗口，进入"调整计算机的设置"界面，如图15-5所示。

图15-5 "调整计算机的设置"界面

步骤 02 单击"用户账户"图标，进入"更改用户账户"界面，如图15-6所示。

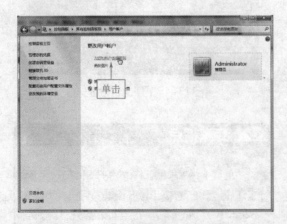

图15-6 "更改用户账户"界面

步骤 03 单击"为您的账户创建密码"链接，进入"为您的账户创建密码"界面，在相应的文本框中输入所设置的密码，如图15-7所示。

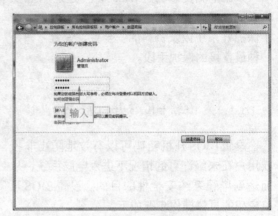

图15-7 "为您的账户创建密码"界面

步骤 04 单击"创建密码"按钮，返回"更改用户账户"界面，完成用户账户密码的设置，如图15-8所示。

图15-8 完成密码的设置

 专家指点

若在使用计算机的过程中发现密码有泄漏，随时可以更改密码，单击"更改密码"链接，将弹出"更改密码"界面，根据提示设置各选项后，单击"更改密码"按钮即可。而用户若需要删除密码，其操作方法与更改密码的操作方法类似。

15.1.3 系统注册表加密

注册表（Registry）是Windows操作系统、各种硬件以及用户安装的各种应用程序得以正常运行的核心"数据库"，几乎所有的软件、硬件以及系统设置问题都和注册表息息相关。因此，为系统注册表加密可以很好地保护电脑安全，不受到恶意病毒或人为行为等方面的破坏。

步骤 01 单击"开始"菜单中的"所有程序"→"附件"→"运行"命令，弹出"运行"对话框，在"打开"文本框中输入"regedit"命令，如图15-9所示。

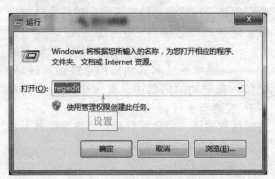

图15-9 "运行"对话框

步骤 02 单击"确定"按钮，打开"注册表编辑器"窗口，在左侧窗格依次展开"我的电脑\HKEY_CURRENT_USER\Software\Microsoft\Windows\CurrentVersion\Policies\System"，如图15-10所示。

图15-10 展开各选项

步骤 03 在右侧窗格中单击鼠标右键，在弹出的快捷菜单中选择"新建"→"DWORD（32位）值"选项，新建一个注册表，设置其名称为"Disable Registry Tools"，如图15-11所示。

图15-11 新建注册表

步骤 04 在新建的注册表上单击鼠标右键，在弹出的快捷菜单选择"修改"选项，弹出"编辑DWORD（32位）值"对话框，设置"数值数据"为1，如图15-12所示。

图15-12 "编辑DWORD（32位）值"对话框

步骤 05 单击"确定"按钮，即可禁止使用注册表编辑器。

15.2 安全上网防治

在网络盛行的今天，计算机与网络之间的安全已经是每个电脑用户备受关注的话题。用户在使用电脑进行各种高效工作的同时，还得时刻提防病毒、黑客、木马或网络诈骗等方面的威胁。因此，安全上网是每个用户必经且长久的保卫战。

15.2.1 病毒和木马的类型

病毒和木马对电脑有着强大的控制和破坏能力，可以盗取目标主机的登录账户和密码、删除目标主机的重要文件、重新启动目标主机、使目标主机系统瘫痪等恶意行为。因此，保护电脑上网时的安全则显得尤为重要。

1. 病毒

电脑病毒是指在电脑程序中插入的可以破坏计算机功能或毁坏数据、影响电脑使用并能自我复制的一组电脑指令或程序代码。电脑病毒可以快速蔓延且难以根除。电脑病毒不是独立存在的，而是寄生在其他可以执行的程序中，具有很强的隐藏性和破坏性，将携带有病毒的文件复制或从一个用户传送给另一个用户时，它们就随同文件一起蔓延起来。

想要保护好电脑及网络安全，了解并识别病毒则是非常有必要的，电脑病毒可以根据以下属性进行分类。

❖ 按病毒存在的媒体

根据病毒存在的媒体，病毒可以划分为网络病毒、文件病毒、引导型病毒。网络病毒通过计算机网络传播感染网络中的可执行文件，文件病毒感染计算机中的文件（如.COM、.EXE、.DOC文件等），引导型病毒感染启动扇区（Boot）和硬盘的系统引导扇区（MBR），另外还有这三种情况的混合型。例如，多型病毒（文件型和引导型）感染文件和引导扇区两种目标，这样的病毒通常都具有复杂的算法，它们使用非常规的办法侵入系统，同时使用了加密和变形算法。

❖ 按病毒传染的方法

根据病毒传染的方法可分为驻留型病毒和非驻留型病毒。驻留型病毒感染计算机后，把自身的内存驻留部分放在内存（RAM）中，这一部分程序挂接系统调用并合并到操作系统中去，一直处于激活状态，直到关机或重新启动。非驻留型病毒在得到机会激活时并不感染

计算机内存，一些病毒在内存中留有小部分，但是并不通过这一部分进行传染。

❖ 按病毒破坏的能力

无害型：除了传染时减少磁盘的可用空间外，对系统没有其他影响。

无危险型：这类病毒仅仅是减少内存、显示图像、发出声音等。

危险型：这类病毒在计算机系统操作中造成严重的错误。

非常危险型：这类病毒删除程序、破坏数据、清除系统内存区和操作系统中重要的信息。这些病毒对系统造成的危害，并不是本身的算法中存在危险的调用，而是当它们传染时会引起无法预料的、灾难性的破坏。由病毒引起其他程序产生的错误也会破坏文件和扇区，这些病毒也按照它们引起的破坏能力划分。一些现在的无害型病毒也可能会对新版的Windows操作系统和其他操作系统造成破坏。例如，在早期的病毒中，有一个Denzuk病毒在360K磁盘上还能使电脑很好地工作，不会造成任何破坏，但是在后来的高密度软盘上却能引起大量的数据丢失。

❖ 按病毒的算法

伴随型病毒，这一类病毒并不改变文件本身，它们根据算法产生EXE文件的伴随体，具有同样的名字和不同的扩展名（COM），例如，XCOPY.EXE的伴随体是XCOPY.COM。病毒把自身写入COM文件并不改变EXE文件，当DOS加载文件时，伴随体优先被执行到，再由伴随体加载执行原来的EXE文件。

"蠕虫"型病毒，是通过计算机网络传播，不改变文件和资料信息，利用网络从一台计算机的内存传播到其他计算机的内存中，计算网络地址，将自身的病毒通过网络发送。有时它们在系统中存在，一般除了占用内存外不占用其他资源。

除了伴随型病毒、"蠕虫"型病毒，其他病毒均可称为寄生型病毒，它们依附在系统的引导扇区或文件中，通过系统的功能进行传播，按其算法不同又可分为练习型病毒、诡秘型病毒和变型病毒。练习型病毒，自身包含错误，不能进行很好地传播，例如一些病毒在调试阶段。诡秘型病毒一般不会直接修改DOS中

断和扇区数据，而是通过设备技术和文件缓冲区等在DOS内部修改，不易看到资源，使用比较高级的技术，利用DOS空闲的数据区进行工作。变型病毒（又称幽灵病毒）这一类病毒使用一个复杂的算法，使自己每传播一份都具有不同的内容和长度。它们一般的做法是由一段混有无关指令的解码算法和被变化过的病毒体组成。

2. 木马

木马又称为特洛伊木马，英文叫做Trojan horse，其名称取自希腊神话的特洛伊木马记。

它是一款基于远程控制的黑客工具，在黑客进行的各种攻击行为中，木马都起到了开路先锋的作用。

一台电脑一旦中了木马，它就成了一台傀儡电脑（又称"肉机"），对方可以在目标计算机中上传文件、偷窥私人文件、偷取密码及口令信息等，可以说该计算机的一切秘密都将暴露在黑客面前，没有隐私可言。

随着网络技术的发展，现在的木马可谓是品种繁多，花样百出，并且还在不断地增加。因此，要想一次性列举所有的木马种类是不可能的事。但是，从木马的主要攻击能力来划分，常见的木马主要有以下几种类型。

❖ 密码发送木马

密码发送型木马可以在受害者不知道的情况下把找到的所有隐藏密码发送到指定的信箱，从而达到获取密码的目的，这类木马大多使用25号端口发送E-mail。

❖ 破坏记录木马

顾名思义，破坏性木马惟一的功能就是破坏感染木马的计算机文件系统，使其遭受系统崩溃或者重要数据丢失的巨大损失。

❖ 键盘记录木马

键盘记录型木马主要用来记录受害者的键盘敲击记录，这类木马有在线和离线记录两个选项，分别记录对方在线和离线状态下敲击键盘时的按键情况。

❖ 代理木马

代理木马最重要的任务是给被控制的"肉机"种上代理木马，让其变成攻击者改动攻击的跳板。通过这类木马，攻击者可在匿名情况下使用Telnet、ICO、IRC等程序，从而在入侵的同时隐藏自己的足迹，谨防别人发现自己的身份。

❖ FTP木马

FTP木马的惟一功能就是打开21端口并等待用户连接，新FTP木马还加上了密码功能，这样只有攻击者本人才知道正确的密码，从而进入对方的计算机。

❖ 反弹端口型木马

反弹端口型木马的服务端（被控制端）使用主动端口，客户端（控制端）使用被动端口，正好与一般木马相反。木马定时监测控制端的存在，发现控制端上线立即弹出主动连接控制端打开的主动端口。

15.2.2 电脑病毒的共同特征

病毒往往会利用计算机操作系统的弱点进行传播，提高系统的安全性是防病毒的一个重要方面。因此，病毒与反病毒将作为一种技术对抗长期存在。电脑病毒虽是一个小程序，但它和普通电脑程序不同，一般的电脑病毒都具有以下几个共同特点。

1. 隐藏性

电脑病毒具有很强的隐蔽性，有的可以通过病毒软件检查出来，有的根本就查不出来，有的时隐时现、变化无常，这类病毒处理起来通常很困难。

2. 寄生性

电脑病毒寄生在其他程序之中，当执行这个程序时，病毒就起破坏作用，而在未启动这个程序之前，它是不易被人发觉的。

3. 潜伏性

有些病毒像定时炸弹一样，让它什么时间发作是预先设计好的。一个编制精巧的电脑病毒程序，进入系统之后一般不会马上发作，因此病毒可以静静地躲在磁盘或磁带里呆上几天，甚至几年，一旦时机成熟，得到运行机会，就会四处繁殖、扩散，破坏电脑。

潜伏性的第二种表现是，电脑病毒的内部

往往有一种触发机制，不满足触发条件时，电脑病毒除了传染外不做任何破坏。触发条件一旦得到满足，有的在屏幕上显示信息、图形或特殊标识，有的则执行破坏系统的操作，如格式化磁盘、删除磁盘文件、对数据文件做加密、封锁键盘或使系统死机等。

4.传染性

传染性是病毒的基本特征，一旦网络中的一台电脑中了病毒，则这台计算机中的病毒就会通过各种渠道从已被感染的电脑扩散到未被感染的电脑中，以实现自我繁殖。

5.破坏性

电脑中毒后，可能会导致一些程序无法正常运行，使电脑中的部分文件受到不同程度的损坏，甚至被删除。通常表现为：增加文件、删除文件、改变文件内容、移动文件位置。

6.可触发性

病毒因某个事件或数值的出现，诱使病毒实施感染或进行攻击的特性称为可触发性。为了隐蔽自己，病毒必须潜伏，少做动作。如果完全不动，一直潜伏的话，病毒既不能感染也不能进行破坏，便失去了杀伤力。病毒既要隐蔽又要维持杀伤力，它必须具有可触发性。病毒的触发机制就是用来控制感染和破坏动作的频率。病毒具有预定的触发条件，这些条件可能是时间、日期、文件类型或某些特定数据等。病毒运行时，触发机制检查预定条件是否满足，如果满足，启动感染或破坏动作，使病毒进行感染或攻击；如果不满足，使病毒继续潜伏。

▶ 15.2.3 防治电脑病毒和木马

网络中的病毒或木马在不经意间就可能入侵用户的电脑，对其电脑系统、硬件或软件进行破坏，使电脑无法正常工作或学习。因此，提前做好防范电脑病毒和木马的措施，是防治电脑病毒和木马入侵最基本的措施。

1.关闭有害端口

选择桌面上的"计算机"图标，单击鼠标

右键，在弹出的快捷菜单中选择"属性"选项，弹出"系统"窗口，在左侧窗格中单击"远程设置"链接，弹出"系统属性"对话框，在"远程协助"选项卡中取消选中"允许远程协助连接这台计算机"复选框，单击"确定"即可。

2.下载保护软件

杀毒软件和网络防火墙是每台电脑必不可少的软件。上网前或启动电脑后马上运行这些软件，可以给你的电脑"穿"上了一件厚厚的"保护衣"，就算不能完全杜绝网络病毒的袭击，起码也能将大部分的网络病毒"拒之门外"。目前杀毒软件非常多，功能也十分接近，用户可以根据需要去购买正版产品，也可以在网上下载免费的共享杀毒软件，但千万不要使用一些破解的杀毒软件，以免因小失大。安装软件后，要坚持定期更新病毒库和杀毒程序，以最大限度地发挥出软件应有的功效，给计算机"城墙"般的保护。

3.仔细检查下载文件

网络病毒之所以得以泛滥，很大程度上跟人们的惰性和侥幸心理有关。当用户下载文件后，最好立即使用杀毒软件扫描一遍，不要觉得麻烦，尤其是对于一些Flash、MP3、文本文件同样不能掉以轻心因为现在的一些病毒可以说是无孔不入，往往会藏身于这些容易被大家忽视的文件中。

4.拒绝不良网站

很多中了网页病毒的朋友，都是因为访问不良站点惹的祸，因此，不去浏览这类网页会省心不少。另外，当你在论坛、聊天室等地方看到有推荐浏览某个URL时，要千万小心，以免不幸"遇害"，或者尝试使用以下步骤加以防范。

❖ 第一，打开杀毒软件和网络防火墙；
❖ 第二，把Internet选项的安全级别设为"高"；
❖ 第三，尽量使用以IE为内核的浏览器（如MyIE2），然后在MyIE2中新建一个空白标签，并关闭Script、javaApple、

ActiveX功能后再输入URL。

5. 小心诱饵陷阱

若发现上网时出现有"你中奖啦！"、"打开附件会有意外惊喜哦！"等诱惑性的话（尤其是不明网站），千万别信！看到类似广告的邮件标题，最好马上把它关掉。对于形迹可疑的邮件（特别是HTML格式），不要随便打开，如果是你熟悉的朋友发来的，可以先与对方核实后再做处理。同时，也有必要采取一定措施来预防邮件病毒。

❖ 第一，尽量不要用Outlook作为你的邮件客户端；
❖ 第二，利用远程邮箱的预览功能，可以及时找出垃圾邮件和可疑邮件；
❖ 第三，不要在Web邮箱中直接阅读可疑邮件。

6. "锁"好危险文件

不管网络病毒如何"神通广大"，它要对计算机进行破坏，总是要调用系统文件的执行程序（例如format.exe、delete.exe、deltree.exe等），根据这个特点可以对这些危险文件采用改名、更改后缀、更换存放目录、用软件进行加密保护等多种方法进行防范，让病毒无从下手。

7. 有"备"无患

正所谓"智者千虑，必有一失"，为保证计算机内重要数据的安全，定时备份少不了。如果我们能做好备份工作，即使遭受网络病毒的全面破坏，也能把损失减至最小。当然，前提条件是必须保证备份前数据没被感染病毒，否则只能是徒劳无功。另外，要尽量把备份文件刻录到光盘上或存放到其他存储设备中，以免"全军覆没"。

15.2.4 入侵手段和应对措施

知己知彼，百战不殆。要想有效地防范黑客对我们电脑的入侵和破坏，仅仅被动的安装防火墙、杀毒软件显然是不够的，我们更应该了解一些常见的黑客入侵手法，针对不同的方法采取不同的措施，做到有的放矢。

1. 木马入侵

木马也许是广大电脑爱好者最深恶痛绝的东西了，相信不少朋友都受到过它的骚扰。木马有可能是黑客在已经获取我们操作系统可写权限的前提下，由黑客上传的（例如下面会提到的ipc$共享入侵），也可能是我们浏览了一些垃圾站点而通过网页浏览感染的（利用了IE漏洞），当然，最多的情况还是我们防范意识不强，随便运行了别人发来的图片、好看的动画之类的程序或者是在不正规的网站上随便下载软件使用。

应对措施：提高防范意识，不要随意运行别人发来的软件；安装木马查杀软件，及时更新木马特征库；推荐使用the cleaner、木马克星等防毒软件。

2. ipc$共享入侵

微软在Windows中设置的这个功能对个人用户来说几乎毫无用处，反而成了黑客入侵NT架构操作系统的一条便利通道。如果你的操作系统存在不安全的口令，那就更可怕了。一条典型的入侵流程如下。

（1）用任何办法得到一个账户与口令（猜测、破解），网上流传有一个叫做smbcrack的软件就是利用ipc$来破解账户口令的。如果你的密码位数不高，又很简单，是很容易被破解的。根据我的个人经验，相当多的人都将administrator的口令设为123，或者干脆不设密码。

（2）使用命令"net use \\xxx.xxx.xxx.xxx\ipc$ '密码' /user: '用户名'"建立一个有一定权限的ipc$连接。用"copy '木马程序' \\xxx.xxx.xxx.xxx\admin$"将木马程序的服务器端复制到系统目录下。

（3）利用"net time \\xxx.xxx.xxx.xxx"命令查看对方操作系统的时间，然后用"at\\202.xxx.xxx.xxx12:00 '木马程序'"让木马程序在指定时间运行。这样一来，你的电脑就完全被黑客控制了。

应对措施：禁用server服务、Task Scheduler服务，去掉网络文件和打印机共享前的对勾，当然，给自己的账户加上复杂的口令仍是最关键的。

3. 漏洞入侵

由于宽带越来越普及，给自己的电脑系统装上简单易学的IIS，搭建一个不定时开放的ftp或是web站点，相信是不少电脑爱好者所向往的，而且应该也已经有很多人这样做了。但是IIS层出不穷的漏洞实在令人担心。远程攻击者只要使用webdavx3这个漏洞攻击程序和telnet命令就可以完成一次对IIS的远程攻击。利用IIS的webdav漏洞攻击成功后的界面里的"systen32"就是对方机器的系统文件夹了，也就是说黑客此刻执行的任何命令，都是在被入侵的机器上运行的。这个时候如果执行"format"命令，危害就可想而知了，用"net user"命令添加账户也是轻而易举的。

应对措施：关注微软官方站点，及时安装IIS的漏洞补丁。

4. 网页恶意代码入侵

在我们浏览网页的时候不可避免地会遇到一些不正规的网站，它们经常会擅自修改浏览者的注册表，其直接体现便是修改IE的默认主页，锁定注册表，修改鼠标右键菜单等。实际上绝大部分的网页恶意代码都是通过修改我们的注册表达到目的。

应对措施：安装具有注册表实时监控功能的防护软件，做好注册表的备份工作；禁用"Remote Registry Service"服务，不要上一些不正规的网站。

15.3 电脑病毒的查杀

杀毒软件是防范与查杀病毒必不可少的工具，随着人们对病毒危害的认识，杀毒软件越来越受到人们的重视，因此，各式各样的杀毒软件也如雨后春笋般出现在市场中。

目前市场上较好的且主流的杀毒软件有卡巴斯基、NOD32防病毒软件、瑞星杀毒软件、360杀毒软件等。下面将以360杀毒软件为例，来讲解如何利用杀毒软件查杀病毒和木马。

15.3.1　360杀毒软件简介

1. 软件简介

360杀毒软件创新性地整合了四大领先防杀引擎，包括国际知名的BitDefender病毒查杀引擎、360云查杀引擎、360主动防御引擎、360QVM人工智能引擎。四个引擎智能调度，为您提供全面的病毒防护，不但查杀能力出色，而且能在第一时间防御新出现的病毒木马。

360杀毒软件完全免费，无需激活码，轻巧快速、不卡机，适合中低端机器。360杀毒软件采用全新的SmartScan智能扫描技术，使其扫描速度极快，误杀率远远低于其他杀毒软件，可以为电脑提供全面保护。360杀毒软件在各大软件站的软件评测中屡屡获胜。

2. 软件特点

❖ 可彻底剿灭各种借助U盘传播的病毒，第一时间阻止病毒从U盘运行，切断病毒传播链。

❖ 国际领先的常规反病毒引擎+360云引擎+QVM人工智能引擎+系统修复引擎，强力杀毒，全面保护您的电脑安全。

❖ 领先的启发式分析技术，能第一时间拦截新出现的病毒。

❖ 依托360安全中心的可信程序数据库，实时校验，误杀率较低。

❖ 轻巧快速，在上网本上也能运行如飞，独有免打扰模式让您玩游戏时绝无打扰。

❖ 快速升级及时获得最新防护能力，每日多次升级，让您及时获得最新病毒库及病毒防护能力。

❖ 完全免费，不用为收费烦恼，完全摆脱激活码的束缚。

❖ 界面清爽易懂，没有复杂文字，适用各种用户使用。

❖ 独有DIY换肤功能，摆脱单调，制作自己想要的皮肤，让你的360杀毒与众不同。

15.3.2　安装360杀毒软件

360杀毒软件是永久免费杀毒软件，受到

许多电脑用户的喜爱,据统计,使用360杀毒软件的用户高达到2亿。本节将对如何安装"360杀毒"软件进行介绍。

步骤 **01** 打开360安全中心的官方网站"www.360.cn",进入"360杀毒"首页,如图15-13所示。

图15-13 "360杀毒"首页

步骤 **02** 单击"立即下载"按钮,弹出"新建下载"对话框,设置好保存路径,如图15-14所示。

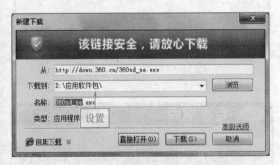

图15-14 "新建下载"对话框

😊 **专家指点**

用户除了将360杀毒软件下载至电脑后再安装,也可以直接在线安装。

步骤 **03** 下载完毕后,打开文件所在文件夹,双击"360 sd_se.exe"程序,弹出"打开文件-安全警告"对话框,如图15-15所示。

步骤 **04** 单击"运行"按钮,弹出"360杀毒 安装"界面,如图15-16所示。

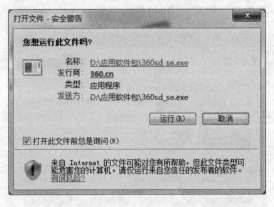

图15-15 "打开文件"对话框

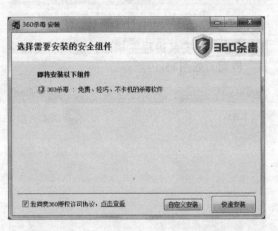

图15-16 "360杀毒 安装"对话框

步骤 **05** 单击"自定义安装"按钮,进入"选择其它安全组件"界面,设置好文件的安装路径,如图15-17所示。

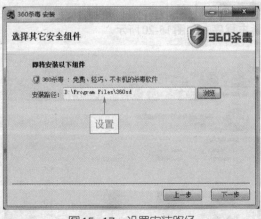

图15-17 设置安装路径

步骤 **06** 单击"下一步"按钮,进入"正在安装"界面,如图15-18所示。

图15-18 "正在安装"界面

步骤 07 安装进程完毕后,进入"安装完成"界面,如图15-19所示。

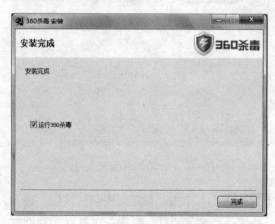

图15-19 "安装完成"界面

步骤 08 单击"完成"按钮,打开360杀毒主程序,如图15-20所示。

图15-20 360杀毒主程序

15.3.3 升级360病毒库

病毒库就是一个数据库,它记录着电脑病毒的病毒特征,及时更新病毒库,杀毒软件才能区分病毒和普通程序之间的区别。每天都会有难以计数的新病毒产生,想要让电脑能够对新的病毒进行防御,就必须保证杀毒软件的病毒库是最新的。

步骤 01 打开360杀毒主程序,单击"产品升级"选项卡,单击"检查更新"按钮,软件开始从网络中获取升级数据,如图15-21所示。

图15-21 获取升级数据

☺ 专家指点

只要用户所使用的电脑联网,安装360杀毒软件后,它将可以自动对病毒库进行更新。当然,用户也可以手动单击主程序界面下方的"立即升级"按钮,更新病毒库。

步骤 02 获取病毒库信息后,开始升级病毒库,并显示升级进程,如图15-22所示。

步骤 03 完成病毒库的升级后,单击"确定"按钮即可,如图15-23所示。

图15-22 显示升级进程

图15-24 360杀毒主程序

图15-23 病毒库更新完毕

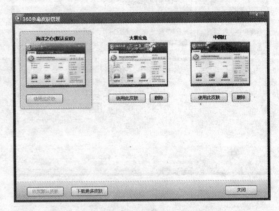

图15-25 "360杀毒皮肤管理"窗口

15.3.4 更换界面皮肤

360杀毒还提供了多种界面皮肤，用户在安装好杀毒软件后，可以根据自己的需求更换主界面的皮肤，具体操作步骤如下。

步骤 01 打开360杀毒软件主程序，单击主界面右上角"菜单"按钮左侧一个小衣服样式图标，如图15-24所示。

步骤 02 弹出"360杀毒皮肤管理"窗口，显示了当前可以使用的皮肤和本机上已有的皮肤，如图15-25所示。

步骤 03 若使用"大展宏兔"皮肤，单击"使用此皮肤"按钮；若想拥有其他皮肤效果，可单击"下载更多皮肤"按钮上网下载。

步骤 04 选择完皮肤后单击"关闭"按钮，返回"360杀毒"主程序，皮肤更换完成，如图15-26所示。

图15-26 更换皮肤

15.3.5 设置360属性

通常情况下，安装杀毒软件后其本身的默认设置是比较优化的，但用户可以根据自身的需求对某些功能进行合理地设置，以便杀毒软件得到更好的完善。

步骤 01 打开360杀毒主程序，单击主界面右上角的"设置"选项，弹出"设置"对话框，如图15-27所示。

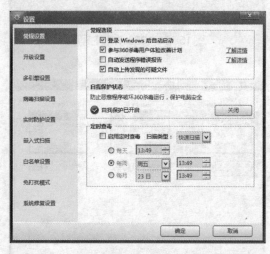

图15-27 "设置"对话框

步骤 02 在左侧选择"常规设置"选项，在右侧选中"启用定时查毒"复选框，再设置扫描类型和定时查毒时间，如图15-28所示。

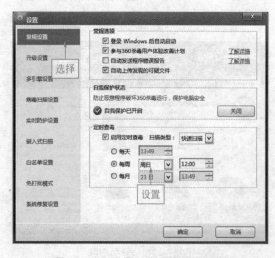

图15-28 选择"常规设置"选项

专家指点

设置定时查毒可以根据用户所设置的时间自动对电脑进行病毒的检查和杀毒操作。

步骤 03 在左侧选择"升级设置"选项，在对话框右侧设置各选项，如图15-29所示。

图15-29 选择"升级设置"选项

步骤 04 在左侧选择"多引擎设置"选项，再在对话框右侧设置各选项，如图15-30所示。

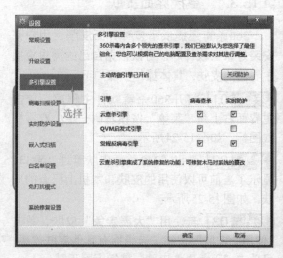

图15-30 选择"多引擎设置"选项

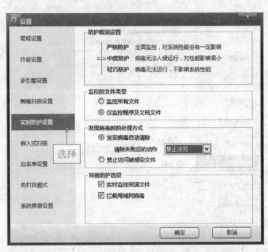

图15-32　选择"实时防护设置"选项

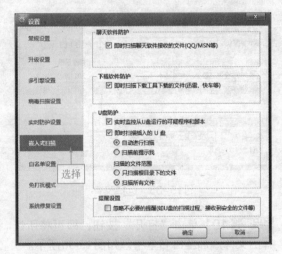

图15-33　选择"嵌入式扫描"选项

 专家指点

　　开户"多引擎防护"功能可以最大限度地发挥360杀毒软件的引擎功能，并更好地保护电脑。

步骤 05 在左侧选择"病毒扫描设置"选项，在对话框右侧设置各选项，如图15-31所示。

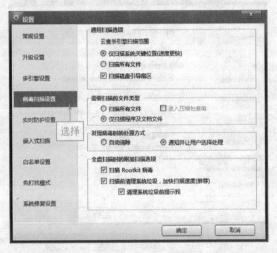

图15-31　选择"病毒扫描设置"选项

 专家指点

　　在"病毒扫描设置"选项卡中，用户可以对扫描的范围、类型、选项以及清除方式进行设置，例如，若用户选择"自动清除"单选钮，那么当电脑扫描时发现病毒后，将自动对病毒进行清除，无需用户手动清除。但此方式对电脑中的部分程序会起到一定的安全隐患，因此，用户要慎重选择。

步骤 06 在左侧选择"实时防护设置"选项，在对话框右侧设置各选项，如图15-32所示。

步骤 07 在左侧选择"嵌入式扫描"选项，在对话框右侧设置各选项，如图15-33所示。

 专家指点

　　"嵌入式扫描"选项主要是针对下载的软件或外置移动设备进行的扫描设置，这样可以避免因软件下载或文件拷贝时所附带的病毒传染至用户电脑中。

步骤 08 在左侧选择"白名单设置"选项，在"设置文件及目录白名单"选项区中单击"添加文件"按钮，如图15-34所示。

步骤 09 弹出"打开"对话框，选择需要添加的文件，如图15-35所示。

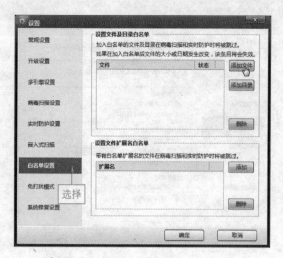

图15-34 单击"添加文件"按钮

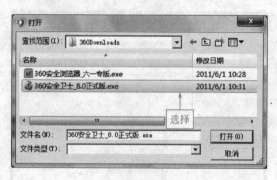

图15-35 选择文件

步骤 10 单击"打开"按钮，即可将所选择的文件添加至白名单中，如图15-36所示。

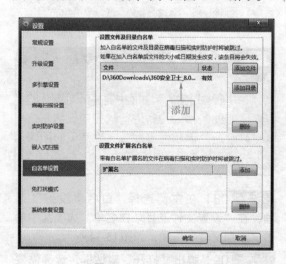

图15-36 添加文件

步骤 11 在左侧选择"免打扰模式"选项，在对话框右侧设置各选项，如图15-37所示。

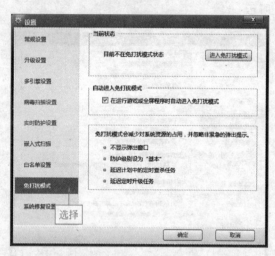

图15-37 选择"免打扰模式"选项

步骤 12 在左侧选择"系统修复设置"选项，在"系统修复设置"选项区用户可以查看信任项目（若没有扫描过文件或查杀病毒的记录，将没有信任项目的记录），如图15-38所示。

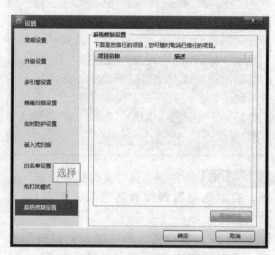

图15-38 选择"系统修复设置"选项

当使用杀毒软件扫描文件，发现可疑文件若用户知道它不属于病毒，将该文件添加为信任文件，则下次查杀时将不会把该文件列为可疑文件。

15.3.6　使用360杀毒

当用户发现电脑的运行或使用某些程序发现异常情况时（如运行速度慢、程序无法启动等），可以利用杀毒软件对电脑进行查杀。360杀毒软件提供了3种常见的杀毒模式：快速扫描、全盘扫描和指定位置扫描。

 打开360杀毒主程序，选择"病毒查杀"选项卡，单击"快速扫描"图标，如图15-39所示。

图15-39　单击"快速扫描"图标

全盘扫描的查杀方式耗时比较长，因此，最好在不使用电脑时选择此查杀方式，以免影响电脑的运行。

步骤 02 执行操作后，进入快捷扫描界面，软件将对内存及关键系统文件位置进行病毒查杀，如图15-40所示。

图15-40　快速扫描病毒

不论选择任何一种杀毒模式，进入病毒扫描界面时，界面下方均会显示"自动处理扫描出的病毒威胁"和"扫描完成后关闭计算机"两个复选框，其功能各不相同。若选中前者，则被扫描出的病毒将马上被清除；若选中后者，则病毒查杀结束后将自动关闭电脑，以达到省电、保护电脑的目的。

步骤 03 查杀完毕后，若没有发现病毒，单击"完成"按钮，即可完成本次查杀任务。

若扫描时发现病毒和安全威胁时，则选中威胁对象或选中"全选"复选框，再单击"开始处理"按钮，稍等片刻，即可将病毒清除。

第16章

系统的维护与优化

学习提示 》

对于精密而复杂的电脑设备来说，工作环境对其寿命有着不可忽视的影响，而电脑软件系统的运行也直接影响着电脑的工作效率。因此，从硬件和软件两个方面对电脑进行维护，才能保护电脑的正常运行。

主要内容 》

- 系统的日常维护
- 清除恶意插件和文件
- 磁盘清理与维护

- 系统优化与设置
- 系统服务的维护
- 使用Win7优化大师

重点与难点 》

- 修复系统漏洞
- 整理磁盘碎片
- 设置虚拟内存

- 启用休眠功能
- 关闭自启动和服务项
- Win7优化大师优化系统

学完本章后你会做什么 》

- 掌握开启防火墙的操作
- 清理插件和垃圾文件
- 掌握修复漏洞的流程

- 掌握优化与维护系统技巧
- 优化网络加速
- 优化系统安全

图片欣赏 》

16.1 系统日常维护

操作系统的日常维护非常重要，它可以有效地避免电脑病毒、黑客或木马等带来的侵害，因此，对系统日常的维护是势在必行的。

16.1.1 开启系统防火墙

"防火墙"一见这三个字就知道它对电脑的安全有多么重要，Windows自带着一种防火墙，可以很好地抵御恶意用户或软件的攻击，有助于保护系统安全。因此，建议用户在使用电脑的过程中始终开启防火墙。开启系统防火墙的具体操作步骤如下。

步骤 01 单击"开始"菜单中的"控制面板"命令，弹出"控制面板"窗口，单击"Windows防火墙"链接，如图16-1所示。

图16-1 "控制面板"窗口

步骤 02 进入"Windows防火墙"窗口，单击"打开或关闭Windows防火墙"选项，如图16-2所示。

步骤 03 进入"自定义设置"界面，选中"启用Windows防火墙"单选钮，如图16-3所示。

步骤 04 设置完毕后，单击"确定"按钮，即可完成开启Windows防火墙的操作，如图16-4所示。

图16-2 "Windows防火墙"界面

图16-3 选中"启用Windows防火墙"单选钮

图16-4 启用Windows防火墙

16.1.2 清除电脑插件

插件是一种遵循一定规范的应用程序接口

编写出来的程序。很多软件都有插件，插件有无数种。例如，在IE浏览器中，安装相关的插件后，Web浏览器能够直接调用插件程序，用于处理特定类型的文件。使用"360安全卫士"清除电脑插件的具体操作步骤如下。

步骤 01 启动"360安全卫士"，单击工具栏中的"清理插件"按钮，进入"清理插件"界面，如图16-5所示。

图16-7 选中需要清理的插件

步骤 04 单击"立即清理"按钮，软件将对所选插件进行清理，清理完毕弹出"清理插件"信息提示框，如图16-8所示，单击"确定"按钮后重启电脑即可完成对插件的清理。

图16-5 "清理插件"界面

步骤 02 单击"开始扫描"按钮，软件开始对电脑存在的相关插件进行扫描，如图16-6所示。

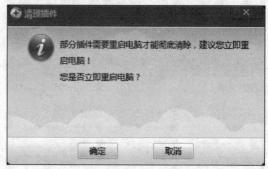

图16-8 "清理插件"对话框

16.1.3 修复系统漏洞

系统漏洞这里是指操作系统在逻辑设计上的缺陷或在编写时产生的错误，这个缺陷或错误可以被不法者或者电脑黑客利用，通过植入木马、病毒等方式来攻击或控制整个电脑，从而窃取您电脑中的重要资料和信息，甚至破坏您的系统。下面介绍通过"360安全卫士"修复系统漏洞的操作步骤。

步骤 01 启动"360安全卫士"，单击工具栏中的"修复漏洞"按钮，进入"修复漏洞"界面，软件立即对系统漏洞进行扫描，如图16-9所示。

图16-6 扫描插件

步骤 03 扫描完成后，即可查看检测出的相关插件，根据需要或清理建议选中需要清理插件前的复选框，如图16-7所示。

图16-9 扫描漏洞

图16-11 显示修复进度

步骤 **02** 扫描结束后，即可显示出系统中所存在的高危漏洞，如图16-10所示。

步骤 **04** 漏洞修复完成后，将显示相应的提示信息，如图16-12所示，单击"立即重启"按钮即可修复成功。

图16-10 系统漏洞

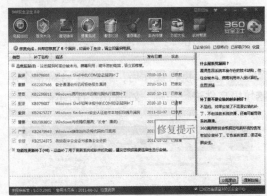

图16-12 修复提示

 专家指点

一般软件设计时都留有一定的"门"，编程员可以通过这些"门"进入软件，对其进行修正、改进，使其更完美。高危漏洞就是指软件本身出现极其严重的漏洞，这些漏洞很容易被病毒、木马、黑客等侵入，导致软件崩溃或者盗取重要信息、密码等。

 专家指点

在不同种类的软、硬件设备之间，同种设备的不同版本之间，由不同设备构成的不同系统之间，以及同种系统在不同的设置条件下，都会存在各自不同的安全漏洞问题。

16.1.4 清理垃圾文件

垃圾文件是指系统工作时所加载后剩余的数据文件，虽然每个垃圾文件所占系统资源并不多，但若有一定时间没有清理时，垃

步骤 **03** 单击"立即修复"按钮，软件即可开始对所有高危漏洞进行修复，并显示修复进度，如图16-11所示。

垃圾文件会越来愈多。目前除了手动清除垃圾文件，还可以通过软件进行简单清理。下面介绍通过"360安全卫士"清理垃圾文件的操作步骤。

步骤 01 启动"360安全卫士"，单击"清理垃圾"按钮，进入"清理垃圾"界面，单击"开始扫描"按钮，如图16-13所示。

图16-13 "清理垃圾"界面

步骤 02 执行操作后，软件开始对整个电脑垃圾文件进行扫描，如图16-14所示。

图16-14 扫描垃圾文件

 专家指点

用户在每次点击鼠标、每次按动键盘时都会产生垃圾文件，虽然少量垃圾文件对电脑伤害较小，但还是建议用户定期清理一次，避免累积，过多的垃圾文件会影响系统的运行速度。

步骤 03 稍等片刻，完成扫描工作，即可

查看到电脑中所存在的垃圾文件，如图16-15所示。

图16-15 查看垃圾文件

步骤 04 单击"立即清除"按钮，稍等片刻，即可完成垃圾文件的清理操作，如图16-16所示。

图16-16 垃圾清理完成

 专家指点

在Windows操作系统安装和使用过程中都会产生相当多的垃圾文件，包括临时文件（如*.tmp、*._mp）、日志文件（*.log）、临时帮助文件（*.gid）、磁盘检查文件（*.chk）、临时备份文件（如*.old、*.bak）以及其他临时文件。特别是如果一段时间不清理IE的临时文件夹"Temporary Internet Files"，其中的缓存文件有时会占用上百兆的磁盘空间。这些垃圾文件不仅仅浪费了宝贵的磁盘空间，严重时还会使系统运行慢如蜗牛。

16.2 磁盘维护

磁盘是电脑存储数据和文件的主要场所，如果出现系统启动和运行速度变慢、经常死机或某些文件无法正常打开的情况，则可能是磁盘故障所造成的。因此，用户需要定期对磁盘进行维护与清理，主要包括磁盘检查、磁盘清理和整理磁盘碎片等。

16.2.1 磁盘检查

通过磁盘扫描可以检测出磁盘中是否有错误的文件存在，如果检测出磁盘中有错误文件，执行相应的操作后，系统将及时对其进行修复，来保护磁盘的安全。磁盘检查的具体操作步骤如下。

步骤 01 在电脑桌面上双击"计算机"图标（在此是针对的 Windows 7 操作系统，对于 Windows XP 操作系统其操作类似，只是有些名称上的些许不同，后面内容亦是如此），弹出"计算机"窗口，如图16-17所示。

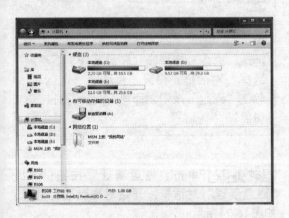

图16-17 "计算机"窗口

步骤 02 选择"本地磁盘（C:）"磁盘，单击鼠标右键，在弹出的快捷菜单中选择"属性"选项，如图16-18所示。

步骤 03 执行操作后，弹出"本地磁盘（C:）属性"对话框，切换至"工具"选项卡，如图16-19所示。

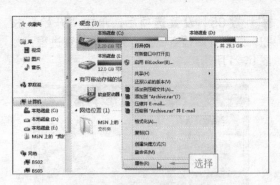

图16-18 选择"属性"选项

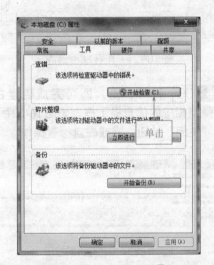

图16-19 "工具"选项卡

步骤 04 单击"查错"选项组中的"开始检查"按钮，弹出"检查磁盘 本地磁盘（C:）"对话框，如图16-20所示。

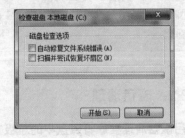

图16-20 "检查磁盘 本地磁盘（C:）"对话框

 专家指点

磁盘的扫描时间和进度是根据磁盘中的文件多少来计算的。

步骤 **05** 设置选项后，单击"开始"按钮，即可开始检查磁盘，并显示检查进程，如图16-21所示。

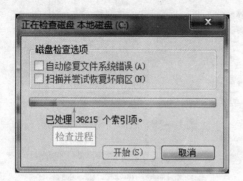

图16-21 正在检查磁盘

步骤 **06** 稍等片刻，即可完成磁盘的扫描，弹出相应的信息提示框，如图16-22所示，单击"关闭"按钮，完成磁盘检查操作。

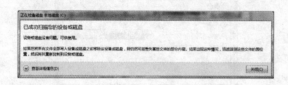

图16-22 磁盘扫描完成

 专家指点

在"检查磁盘"对话框中，选中"自动修复文件系统错误"复选框，单击"开始"按钮后，系统将自动修复磁盘中文件系统的错误。

16.2.2 磁盘清理

利用磁盘清理程序将磁盘中的垃圾文件和临时文件清除，可以节省磁盘空间，并提高磁盘的运行速度，磁盘清理的具体操作步骤如下。

步骤 **01** 在桌面上双击"计算机"图标，弹出"计算机"窗口，在"本地磁盘（C:）"磁盘上单击鼠标右键，在弹出的快捷菜单中

选择"属性"选项，弹出"本地磁盘（C:）属性"对话框，切换至"常规"选项卡，如图16-23所示。

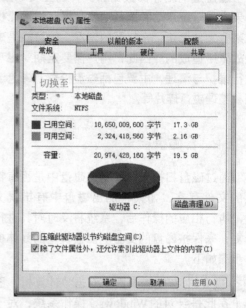

图16-23 "常规"选项卡

专家指点

单击"开始"菜单中的"所有程序"→"附件"→"系统工具"→"磁盘清理"命令，将弹出"磁盘清理：驱动器选择"对话框，设置"驱动器"选区后，单击"确定"按钮，即可开始计算并检查磁盘。

步骤 **02** 单击"磁盘清理"按钮，弹出"磁盘清理"对话框，开始对磁盘进行计算，如图16-24所示。

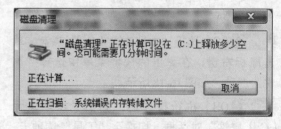

图16-24 "磁盘清理"对话框

步骤 **03** 计算完毕后，弹出"（C:）的磁盘清理"对话框，在"要删除的文件"下拉列表框中选择需要删除的文件，如图16-25所示。

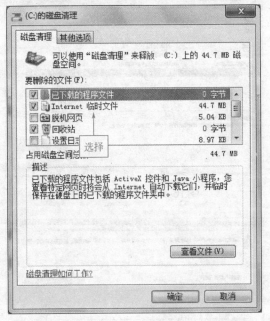

图16-25 "（C:）的磁盘清理"对话框

步骤 **04** 单击"确定"按钮，弹出"磁盘清理"对话框，单击"删除文件"按钮，如图16-26所示。

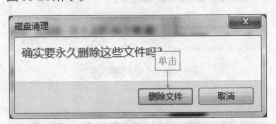

图16-26 "磁盘清理"对话框

步骤 **05** 即可将所选择的文件进行清理，如图16-27所示，清理完毕后，自动返回"本地磁盘（C:）属性"对话框。

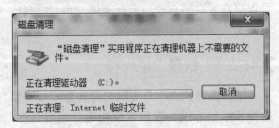

图16-27 清理文件

16.2.3 磁盘碎片整理

在使用电脑的过程中，经常会对磁盘进行读写、复制或删除等操作，从而产生了大量的磁盘碎片，造成系统磁盘运行的速度减慢，并占用大量的磁盘空间。此时，用户可以对磁盘碎片进行整理，以保证磁盘的正常运行。整理磁盘碎片的具体操作步骤如下。

步骤 **01** 单击"开始"菜单中的"所有程序"→"附件"→"系统工具"→"磁盘碎片整理程序"命令，弹出"磁盘碎片整理程序"对话框，如图16-28所示。

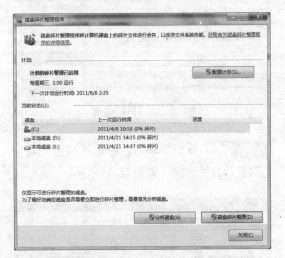

图16-28 "磁盘碎片整理程序"对话框

步骤 **02** 在"当前状态"列表框中选择需要整理碎片的磁盘，如图16-29所示。

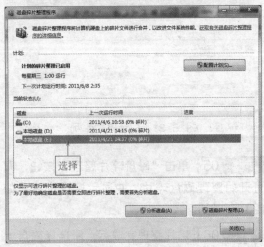

图16-29 选择磁盘

步骤 03 单击对话框右下方的"分析磁盘"按钮，系统开始对所选磁盘进行分析，如图16-30所示。

图16-30 分析磁盘

步骤 04 分析完毕后，所选择磁盘上将显示磁盘碎片的比例，如图16-31所示。

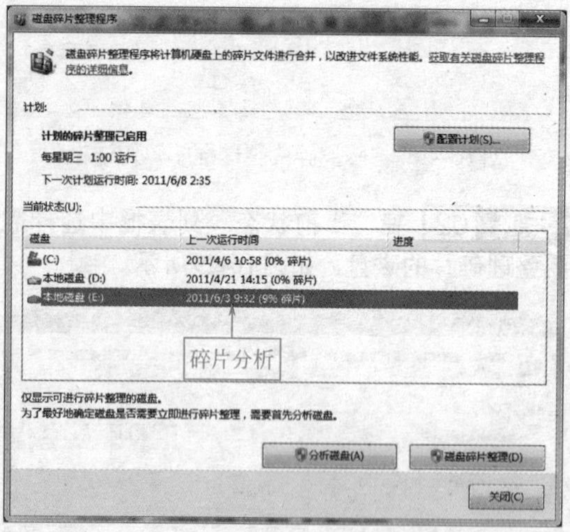

图16-31 显示碎片比例

步骤 05 单击"磁盘碎片整理"按钮，即可开始整理磁盘碎片，并显示整理进度，如图16-32所示。

步骤 06 碎片整理完成后，所选择磁盘上将显示碎片比例为0%，如图16-33所示。

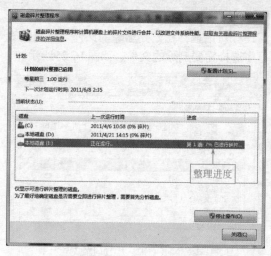

图16-32 整理磁盘碎片

图16-33 碎片整理完成

16.3 系统优化设置

优质的电脑系统才会有一个正常运行的电脑环境，通过优化系统的相关信息设置，不仅可以提高系统的启动与运行速度，也会提高日常的工作效率。

16.3.1 设置虚拟内存

虚拟内存的大小与实际内存容量和所安装的操作系统有关，在日常使用电脑的过程中，在运行一些大型程序时，经常会弹出"虚拟内

存不足"的错误提示。这就是系统的虚拟内存
值设置不合理而引起的，用户可以根据自己的
实际情况对其进行调整。设置虚拟内存的具体
操作步骤如下。

步骤 01 选择电脑桌面上的"计算机"图
标，单击鼠标右键，在弹出的快捷菜单中选择
"属性"选项，弹出"系统"窗口，如图16-34
所示。

图16-34 "系统"窗口

步骤 02 在左侧窗格中单击"高级系统设
置"选项，弹出"系统属性"对话框，切换至
"高级"选项卡，如图16-35所示。

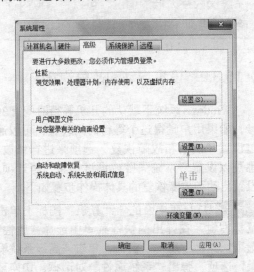

图16-35 "高级"选项卡

步骤 03 在"性能"选项区中单击"设
置"按钮，弹出"性能选项"对话框，切换至
"高级"选项卡，如图16-36所示。

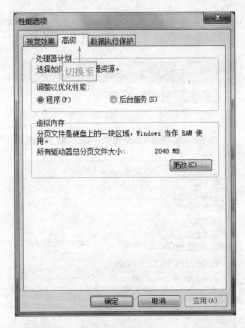

图16-36 "性能选项"对话框

步骤 04 在"虚拟内存"选项区中单击
"更改"按钮，弹出"虚拟内存"对话框，如
图16-37所示。

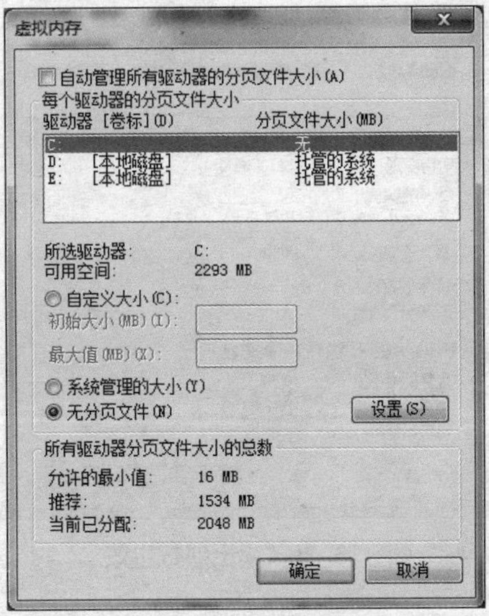

图16-37 "虚拟内存"对话框

步骤 05 在"驱动器"列表框中选择相应
的驱动器，选中"自定义大小"单选钮，再设置
"初始大小"和"最大值"参数，如图16-38所示。

步骤 06 单击"设置"按钮，所设参数生

效，在所选驱动器的"分页文件大小"选项中显示所设置的数值范围，如图16-39所示。

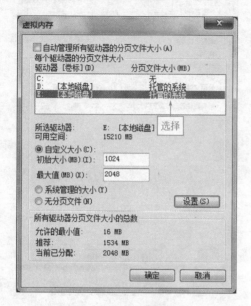

图16-38 设置参数

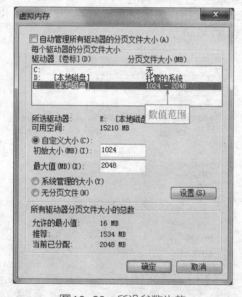

图16-39 所设参数生效

专家指点

在设置虚拟内存时，一定要考虑到所选择驱动器本身的容量大小，且设置的虚拟内存大小最好在该驱动器可用空间的范围内，否则，将会影响电脑的正常运行。

步骤 **07** 单击"确定"按钮，弹出"系统属性"信息提示框，如图16-40所示，单击"确定"按钮重启电脑，执行操作后，即可完成虚拟内存的设置。

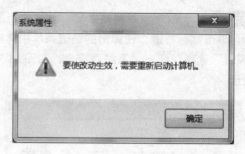

图16-40 选择磁盘

专家指点

在Windows操作系统中，默认情况下一般是利用C盘的剩余空间来做虚拟内存，因此，C盘的剩余空间越大，电脑系统的运行就越好。

然而，虚拟内存是随着电脑的使用而动态变化的，因此，C盘容易产生磁盘碎片，最终影响到系统正常的运行速度。为了解决内存太低的情况，可以将虚拟内存设置在其他驱动器中，如D盘、E盘等。

16.3.2 设置启动和故障恢复

Windows系统下默认的开机等待时间有30秒，如果用户觉得这个等待时间较长，可以通过设置"启动和故障恢复"选项来进行修改，也可以设置"系统失败或调试信息"等选项。设置启动和故障恢复的具体操作步骤如下。

步骤 **01** 在桌面的"计算机"图标上单击鼠标右键，在弹出的快捷菜单中选择"属性"选项，弹出"系统"窗口，单击"高级系统设置"选项，弹出"系统属性"对话框，切换至"高级"选项卡，如图16-41所示。

步骤 **02** 单击"启动和故障恢复"选项组中的"设置"按钮，弹出"启动和故障恢复"对话框，其中显示了默认的系统启动设置，如图16-42所示。

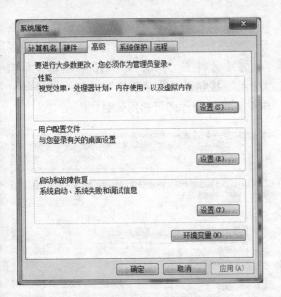

图16-41　"高级"选项卡

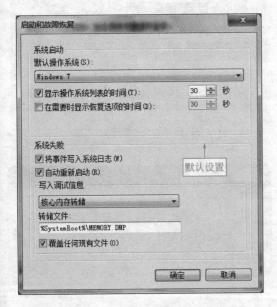

图16-42　"启动和故障恢复"对话框

步骤 03 在"系统启动"选项区中选中"显示操作系统列表和时间"和"在需要显示恢复选项的时间"复选框，并将各选项的时间设置得短一些。

步骤 04 在"系统失败"选项组中取消选中"将事件写入系统日志"、"自动重新启动"和"覆盖任何现有文件"复选框。

步骤 05 在"写入调试信息"选项区中，单击"核心内存转储"选项右侧的下拉三角按钮，在弹出的列表框中选择"无"，各参数设置如图16-43所示。

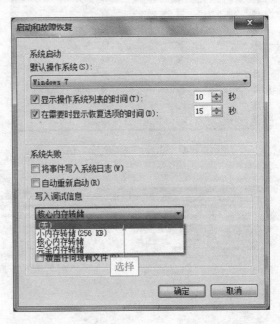

图16-43　设置各参数

步骤 06 执行操作后，单击"确定"按钮，返回"系统属性"对话框，即可完成设置启动和故障恢复的操作。

16.3.3 启用休眠功能

使用Windows的"休眠"功能可以把内存中当前的系统状态完全保存到硬盘中，在下次开机时系统就不再需要经过加载、系统初始化等繁琐的过程，而直接转到上次休眠时的状态，因此，电脑的启动速度非常快。启用休眠功能的具体操作步骤如下。

步骤 01 单击"开始"菜单中的"控制面板"命令，打开"控制面板"窗口，单击"电源选项"链接，如图16-44所示。

步骤 02 进入"电源选项"界面，单击窗格左侧的"更改计算机睡眠时间"链接，如图16-45所示。

图16-44 单击"电源选项"链接

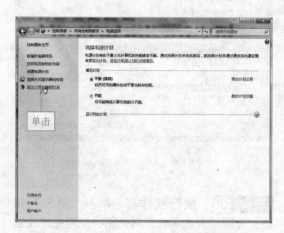

图16-45 单击"更改计算机睡眠"链接

步骤 03 进入"更改计划的设置：平衡"界面，单击"更改高级电源设置"链接，如图16-46所示。

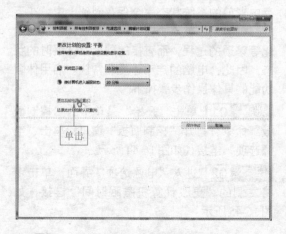

图16-46 单击"更改高级电源设置"链接

步骤 04 弹出"电源选项"对话框，展开"睡眠"→"在此时间后休眠"选项，设置"设置（分钟）"为10，如图16-47所示；单击"应用"按钮，单击"确定"按钮，10分钟对电脑无任何操作即可启用休眠功能。

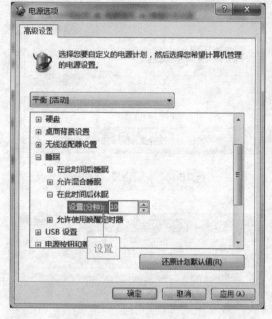

图16-47 设置休眠时间

☺ **专家指点**

若用户想取消休眠功能，在"电源选项"对话框中单击"还原计划默认值"按钮即可。

16.4 系统服务维护

当Windows系统启动后，会自动启动很多程序和系统服务项目。很多软件在安装后也会默认为自启动，再加上系统的很多系统服务功能也是自启动，从而在很大程度上占用了系统资源，造成系统的启动和运行缓慢。此时，用户就可以将一些不必要的服务或程序关闭，来提高电脑的运行速度。

16.4.1 关闭开机自启动程序

由于每个用户工作和学习需求的不同，经常会安装一些特殊软件，然而，某些软件安装好后都会默认为自启动，占用电脑系统资源，此时，用户可以将一些不必要的自启动程序关闭，提高系统运行速度。关闭开机自启动程序的具体操作步骤如下。

步骤 01 单击"开始"菜单中的"所有程序"→"附件"→"运行"命令，弹出"运行"对话框，在"打开"文本框中输入"msconfig"命令，如图16-48所示。

图16-48 "运行"对话框

步骤 02 单击"确定"按钮，弹出"系统配置"对话框，切换至"启动"选项卡，在下面的列表框中显示多个自启动程序，如图16-49所示。

图16-49 "启动"选项卡

步骤 03 在列表框中取消选中不需要开机就启动的程序前的复选框，再单击"应用"按钮，显示禁用日期，如图16-50所示。

图16-50 取消选中复选框

步骤 04 单击"确定"按钮，弹出"系统配置"对话框，如图16-51所示；单击"重新启动"按钮，重启电脑，完成关闭开机自启动程序的操作。

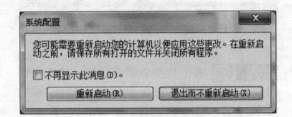

图16-51 "系统配置"对话框

专家指点

使用"系统配置"对话框关闭自启动程序时，用户无法很直观地辨别各自启动项的作用，而有些自启动项关闭后却会造成电脑的不稳定和安全问题。因此，用户可以使用安装外来的电脑安全软件，如360安全卫士，使用"360安全卫士"可以人性化地对电脑自启动项进行分析，并提出相关建议。

16.4.2 关闭多余的服务

电脑中的一些系统服务项目对普通用户来说根本没有用处，反而会占用电脑系统资源，影响电脑的运行速度，因此，建议用户将多余、不必要的服务项关闭。关闭多余服务的具体操作步骤如下。

步骤 01 单击"开始"菜单中的"所有程序"→"附件"→"运行"命令，弹出"运行"对话框，输入"msconfig"命令，单击"确定"按钮，弹出"系统配置"对话框，切换至"服务"选项卡，如图16-52所示。

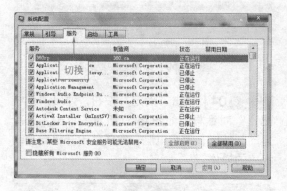

图16-52 "系统配置"对话框

步骤 02 在下拉列表框中取消"传真"前的复选框，单击"应用"按钮，如图16-53所示。

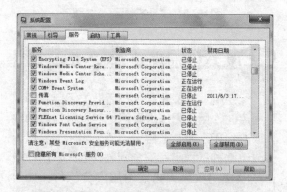

图16-53 取消选中"传真"复选框

😊 专家指点

除了使用"运行"命令关闭服务项外，还可以打开"控制面板"窗口，单击"管理工具"链接，进入"管理工具"界面后双击"服务"选项，弹出"服务"对话框，在需要停止的服项上单击鼠标右键，在弹出的快捷菜单中选择"停止"选项即可。

步骤 03 单击"确定"按钮，弹出"系统配置"对话框，单击"重新启动"按钮，重启电脑，即可完成关闭多余服务的操作。

😊 专家指点

下面介绍几种不常用的服务。

Printer Spooler（打印后台处理程序）：若没有配置打印机，建议将此服务关闭或设置为手动启动。

Remote Registry（远程注册表）：此服务使远程用户能够修改此电脑上的注册表配置，建议将其设置为手动启动。

Network DDE 和 Network DDE DSDM（动态数据交换）：若用户不准备在网上共享自己的数据，可将此服务设置为手动启动。

16.5 使用Windows优化大师

Windows操作系统在使用一段时间后，其运行速度就会变慢，且系统性能也会降低。此时，用户可以采用系统优化软件来优化系统，使系统在最佳状态下工作。

▶ 16.5.1 内存及缓存优化

一般情况下，Windows系统会自动设定使用最大内存作为磁盘缓存，但并不排除系统耗尽所有的内存作为磁盘缓存的情况。因此，用户有必要对内存空间进行合理优化，才能节省系统计算磁盘缓存的时间。

步骤 01 安装好"Win7优化大师"后，双击桌面上的"Win7优化大师"图标，启动"Win7优化大师"程序，稍等片刻，弹出"Win7优化大师"窗口，如图16-54所示。

步骤 02 切换至"系统优化"选项卡，在左侧选择"内存及缓存"选项，进入"内存及缓存"界面，如图16-55所示。

图16-54 "Win7优化大师"窗口

图16-57 自动设置缓存大小

图16-55 "内存及缓存"界面

步骤 05 在"物理内存设置"选项组中单击"自动设置"按钮，弹出信息提示框，"Win7优化大师"根据系统自动设置了一个合理的内存设置，如图16-58所示。

图16-58 信息提示框2

步骤 03 在"二级缓存设置"选项组中显示了当前系统的缓存大小，单击"自动设置"按钮，弹出信息提示框，"Win7优化大师"根据系统自动设置了一个合理的缓存值，如图16-56所示。

步骤 06 单击"确定"按钮，即可自动设置物理内存值大小，如图16-59所示。

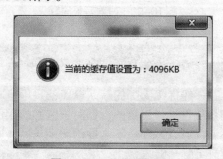

图16-56 信息提示框1

图16-59 设置物理内存值

步骤 04 单击"确定"按钮，即可自动设置缓存值大小，如图16-57所示。

步骤 07 单击"保存设置"按钮，弹出信息提示框，如图16-60所示，单击"确定"按钮，完成内存及缓存优化设置。

图16-60 信息提示框3

专家指点

如果用户清楚自己的电脑系统性能，并了解缓存和内存参数值，可以直接在"二级缓存设置"选项区下方的数值轴上将滑块拖曳至合适位置，以调节缓存值大小。

16.5.2 开机/关机优化

使用优化大师的"开机/关机优化"功能可以优化电脑的开机或关机的速度，并更好地管理电脑自动运行的程序。开机/关机优化的具体操作步骤如下。

步骤 01 启动"Win7优化大师"程序，打开"Win7优化大师"窗口，切换至"系统优化"选项卡，在左侧选择"开机/关机"选项，进入"开机/关机"界面，如图16-61所示。

图16-61 "开机/关机"界面

步骤 02 在"开机速度优化"选项组中选中需要优化的项目，如图16-62所示。

图16-62 选中需要优化的项目

步骤 03 再在"关机速度优化"选项组中，根据需求设置关机时的等候时间，如图16-63所示。

图16-63 设置等候时间

专家指点

一般优化大师的默认设置都是根据电脑系统性能来设置的，但对于普通的用户来说，可以将一些不必要的功能关闭，以提高电脑开机速度。

步骤 04 设置完毕后，单击"保存设置"按钮，弹出信息提示框，如图16-64所示，单

击"是"按钮，即可保存设置到系统。

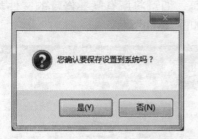

图16-64 信息提示框1

 专家指点

在"开机/关机"界面中的下方单击"恢复设置"按钮，可恢复Win7优化大师的默认设置。

16.5.3 网络加速优化

使用优化大师的"网络加速"功能可以优化电脑的上网速度，并更好地管理电脑的上网方式。网络加速优化的具体操作步骤如下。

步骤 01 启动"Win7优化大师"程序，打开"Win7优化大师"窗口，切换至"系统优化"选项卡，在左侧选择"网络加速"选项，进入"网络加速"界面，如图16-65所示。

图16-65 "网络加速"界面

步骤 02 在"选择您的上网方式"选项组中选中您的上网方式单选钮，如图16-66所示。

图16-66 选择上网方式

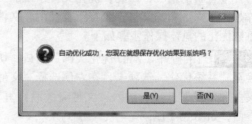 专家指点

用户要是了解并知道网络的相关设置，可以根据自己的需求对网络的相应属性进行设置。

步骤 03 单击界面左下角的"自动优化"按钮，稍等片刻，弹出信息提示框，提示优化成功，如图16-67所示。

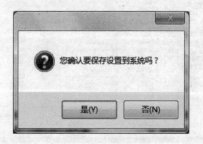

图16-67 信息提示框1

步骤 04 单击"是"按钮，弹出信息提示框，如图16-68所示。

图16-68 信息提示框2

步骤 05 单击"是"按钮，即可保存设置到系统，返回"网络加速"界面，完成网络加速优化操作，如图16-69所示。

图16-69 完成网络加速设置

16.5.4 文件系统优化

在日常生活和工作中都会使用电脑制作、存储、复制或拷贝各式各样的文件，在这种反复多变的过程中，久而久之，电脑系统中会存在许多的垃圾文件，甚至会出现某些文件无法打开或查看的情况，因此，优化文件系统的工作是为了保证您的文件安全与正常使用。文件系统优化的具体操作步骤如下。

步骤 01 打开"Win7优化大师"窗口，切换至"系统优化"选项卡，在左侧选择"文件夹关联修复"选项，进入"文件夹关联修复"界面，如图16-70所示。

图16-70 "文件夹关联修复"界面

步骤 02 选中界面左下角的"全部选择"复选框，即可将所有需要修复的文件类型选中，如图16-71所示。

图16-71 选中"全部选择"复选框

步骤 03 单击界面右下角的"修复"按钮，稍等片刻，弹出信息提示框，提示修复完成，如图16-72所示。

图16-72 修复完成提示框

步骤 04 单击"确定"按钮，被修复的文件类型复选框自动取消，完成文件关联修复操作，如图16-73所示。

图16-73 完成文件关联修复

 **专家指点**

使用优化软件修复文件时，并不是所有的文件都能全部修复的，有时因为某些程序正在运行或遇到病毒和木马也会影响文件的修复。

▶ 16.5.5 系统安全优化

系统安全是电脑正常运行最关键且最重要的，若电脑系统不稳定或是崩溃，那么，整个电脑就等于是报废了，因此，保护好电脑系统的安全与清洁，是非常重要的。系统安全优化的具体操作步骤如下。

步骤 **01** 打开"Win7优化大师"窗口，切换至"安全优化"选项卡，进入"安全优化"界面，如图16-74所示。

图16-74 "安全优化"界面

步骤 **02** 在"系统安全设置"选项组中选中需要优化的选项，如图16-75所示。

步骤 **03** 在"资源管理器设置"选项组中选中需要优化的选项，如图16-76所示。

图16-75 选中需要优化的选项1

图16-76 选中需要优化的选项2

步骤 **04** 单击"保存设置"按钮，弹出信息提示框，提示保存成功，如图16-77所示，单击"确定"按钮，完成系统安全优化设置。

图16-77 信息提示框

第17章

备份与还原系统

学习提示 》》

　　用户在使用计算机时，若一不小心错改或误删了系统文件，以及电脑感染病毒，都可能会导致系统崩溃而无法进入操作系统。因此，为了防止系统文件和重要资源丢失，平时一定要做好备份工作，否则，就只能还原系统了。

主要内容 》》

- 备份和还原系统简介
- 使用系统自带软件备份与还原
- 使用Ghost工具备份与还原
- 使用一键还原精灵备份与还原系统

重点与难点 》》

- 系统备份和还原概述
- 备份系统的最佳时段
- 常用的备份和还原软件
- 使用系统备份与还原软件
- 使用Ghost工具
- 使用一键还原精灵

学完本章后你会做什么 》》

- 了解系统备份与还原
- 清楚备份的最佳时段
- 了解常用的备份与还原软件
- 掌握系统自带的备份与还原操作
- 掌握Ghost工具的操作
- 掌握一键还原精灵的操作

图片欣赏 》》

17.1 备份和还原系统简介

由于某些软件或硬件的驱动程序可能与系统不兼容，安装之后可能无法使用系统的某些功能而造成经常死机和重启的现象，但卸载后现象依旧存在。遇到这种情况时，如果系统进行了备份，那么就可以直接将系统还原。不但高效地解决了系统问题，也节省了重装系统的时间。

17.1.1 系统备份和还原概述

系统的备份与还原可以说是相辅相成、密不可分的。在Windows操作系统安装完成后，不妨对其进行备份，一旦系统出现问题后，便可使用备份文件对系统进行还原。

1.备份

备份指的是将文件、文件夹以及系统设置数据等保存到备份文件中。用户可将整个系统备份下来，在系统崩溃时，可以使用备份文件恢复系统的运行。

一般情况下，建议备份文件最好不要与原文件存放在同一个磁盘中，最好将其备份至移动硬盘或者U盘中。

2.还原

还原是备份的逆过程，意思就是将备份的文件、文件夹以及系统设置数据，恢复到系统备份前的状态。

17.1.2 备份系统的最佳时段

选择一个最佳的时机来备份操作系统是非常重要的，这样不仅可以最大限度地降低损失，还可以节省还原后对系统进行整理的时间。备份操作系统最佳时段主要有3个，下面将分别进行介绍。

1.安装完操作系统时

刚刚安装完操作系统时，用户可以对系统进行备份，这样，在系统崩溃需要重新安装系统时，就可以利用此备份文件对系统进行恢复。

2.安装完重要软件后

当用户安装了一些重要的软件时，可以对系统和安装软件的分区进行备份，这样在系统崩溃时，只要还原该备份就无需再次安装这些软件了。

3.进行有可能损坏系统的操作时

当用户需要在电脑中安装未知软件，而且有可能对系统造成损坏时，可先将系统备份到其他存储器中，以备系统受损时进行修复。

17.1.3 常用的备份和还原软件

一般安装的Windows操作系统都会自带备份和系统还原软件，另外，市场上也有一些专业的备份和还原软件。下面将分别介绍几款常用的备份和还原软件。

1.备份软件

系统自带的备份软件是系统中的一个组件，使用该软件可以对硬盘中的数据进行备份，并且在系统出现问题时，还原系统到备份前的状态。

2.还原软件

系统自带的还原软件也是系统中的一个组件，使用它可以为系统创建还原点，并且可以根据创建的还原点恢复系统到以前的状态。

3.一键还原精灵

一键还原精灵是一款比较简单的系统备份软件，使用它可以对系统进行备份，并且能够实现一键还原，操作起来非常简单。

4. Ghost工具

Ghost工具是一款专业的系统备份工具软件，使用它可以将操作系统备份为一个映像文件。当系统出现问题时，可以通过还原映像文件的方法来恢复系统。

17.2 使用系统自带的软件备份和还原系统

在 Windows 7 操作系统中有自带的系统备份和还原工具，在系统崩溃时，可以使用该工具将计算机轻松地恢复至崩溃前的正常状态。

17.2.1 使用系统备份软件

使用 Windows 7 系统中自带的备份软件可以快速且轻松地备份系统文件，以及还原系统。

1.备份文件

备份文件的具体操作步骤如下。

步骤 01 打开"控制面板"窗口，以小图标方式查看控制面板中的内容，单击"备份和还原"链接，如图 17-1 所示。

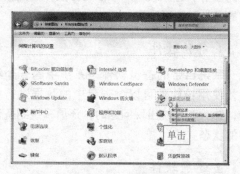

图 17-1 单击"备份和还原"链接

步骤 02 打开"备份与还原"界面，单击"设置备份"链接，如图 17-2 所示。

图 17-2 单击"设置备份"链接

步骤 03 弹出"设置备份"对话框，显示正在启动 Windows 备份，如图 17-3 所示。

图 17-3 "设置备份"对话框

步骤 04 在启动完毕的"设置备份"对话框中，选择保存备份的位置，如图 17-4 所示。

图 17-4 选择保存备份的位置

步骤 05 单击"下一步"按钮，进入"您希望备份哪些内容"界面，选中"让我选择"单选钮，如图 17-5 所示。

图 17-5 选中"让我选择"单选钮

步骤 06 单击"下一步"按钮,进入下一个界面,选中需要备份的文件或文件夹,如图17-6所示。

图17-6 选择备份文件或文件夹

😊 专家指点

使用系统备份软件备份文件时,除了只备份系统文件外,也可以根据需要对其他重要的数据和文件进行备份。

步骤 07 单击"下一步"按钮,进入"查看备份设置"界面,用户可以根据需要更改计划时间,如图17-7所示。

图17-7 "查看备份设置"界面

😊 专家指点

用户在"查看备份设置"界面中,若需要更改备份计划的时间,则可以单击"更改计划"链接,将弹出"您想多久备份一次"界面,根据需要调整备份时间、日期等选项,再单击"确定"按钮即可。

步骤 08 单击"保存设置并运行备份"按钮,返回"备份和还原"窗口,并开始备份所选择的文件,其中显示了备份的进度,如图17-8所示。

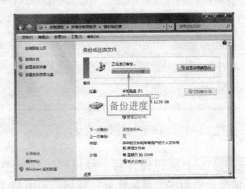

图17-8 显示备份进度

步骤 09 备份所需要的时间较长,备份完成后,即可显示备份结果,如图17-9所示。

图17-9 备份完成

😊 专家指点

备份时长是根据备份文件的大小来计算的,所备份的文件越大时间就越长。

2.还原文件

使用还原功能可以将意外丢失、受损或被无意更改的备份文件进行还原，还原文件的具体操作步骤如下。

步骤 01 打开"控制面板"窗口，单击"备份和还原"链接，打开"备份和还原"窗口，单击"还原我的文件"按钮，如图17-10所示。

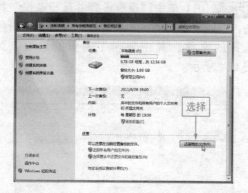

图17-10 单击"还原我的文件"按钮

步骤 02 执行操作后，弹出"还原文件"对话框，单击"浏览文件夹"按钮，如图17-11所示。

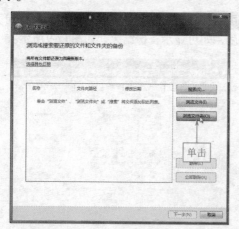

图17-11 单击"浏览文件夹"按钮

专家指点

如果用户不能确认所需要还原的备份文件在哪个位置，可以单击"搜索"按钮进行搜索。

步骤 03 弹出"浏览文件夹或驱动器的备份"对话框，选择需要还原的备份文件，如图17-12所示。

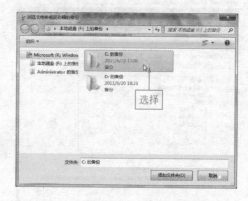

图17-12 选择需要还原的备份文件

😊 专家指点

如果用户还需要添加还原其他备份文件，在"还原文件"对话框中单击"浏览文件夹"按钮，弹出"浏览文件夹或驱动器的备份"对话框，在其中选择需要添加还原的备份文件后，再单击"添加文件夹"按钮即可。

步骤 04 单击"添加文件夹"按钮，返回"还原文件"对话框，并显示所选择备份文件，如图17-13所示。

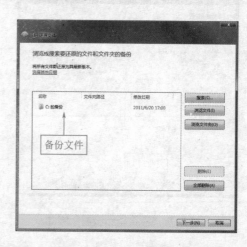

图17-13 显示所选备份文件

步骤 05 单击"下一步"按钮，进入"您想在何处还原文件"界面，选中"在原始位置"单选钮，如图17-14所示。

图17-14 选中"在原始位置"单选钮

步骤 07 还原完成后，进入"已还原文件"界面，如图17-16所示，单击"完成"按钮，完成还原文件操作。

图17-16 文件还原完成

专家指点

如果用户所选择的还原备份文件只是一个单独的文件时，可以选中"在以下位置"单选钮，查找到文件还原的位置，再进行还原操作。

专家指点

在还原备份文件的过程中，可能有些文件没有被损坏或丢失，将弹出提示框，用户可以根据需要选择将文件复制并替换或不替换。

步骤 06 单击"还原"按钮，开始还原所选择的备份文件，并显示还原进度，如图17-15所示。

▶ 17.2.2 使用系统还原软件

系统自带的还原软件主要是通过创建还原点创建备份、使用还原点还原文件来进行系统的备份和还原操作。该功能可以在不影响个人文件的情况下，对计算机进行系统更改操作。

1.创建还原点

使用系统还原功能之前，首先要创建一个还原点，还原文件的具体操作步骤如下。

步骤 01 在桌面的"计算机"图标上单击鼠标右键，在弹出的快捷菜单中选择"属性"选项，打开"系统"窗口，单击"系统保护"链接，如图17-17所示。

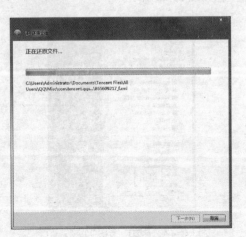

图17-15 显示还原进度

图17-17 单击"系统保护"链接

步骤 02 弹出"系统属性"对话框，在"系统保护"选项卡的"保护设置"下拉列表框中选择驱动器，如图17-18所示。

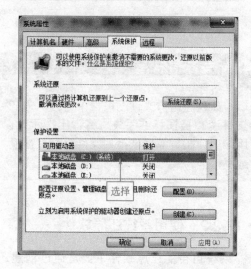

图17-18 选择驱动器

步骤 03 单击"创建"按钮，弹出"系统保护"对话框，在其中输入对还原点的描述词，如图17-19所示。

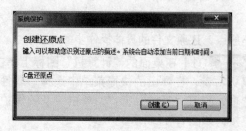

图17-19 输入描述词

步骤 04 单击"创建"按钮，系统开始创建还原点，如图17-20所示。

图17-20 创建还原点

步骤 05 稍等片刻，即可完成还原点的创建，信息提示框如图17-21所示，单击"关闭"按钮即可。

图17-21 信息提示框

2.利用还原点还原

创建还原点后，如果电脑出现了某些故障，即可使用Windows 7操作系统自带的系统还原功能，将电脑恢复至出现故障前的正常状态。利用还原点还原的具体操作步骤如下。

步骤 01 单击"开始"菜单中的"所有程序"→"附件"→"系统工具"→"系统还原"命令，如图17-22所示。

图17-22 单击"系统还原"命令

步骤 02 稍等片刻，弹出"系统还原"对话框，单击"下一步"按钮，如图17-23所示。

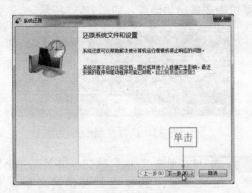

图17-23 单击"下一步"按钮

步骤 03 进入"将计算机还原到所选时间之前的状态"界面，在列表框中选择还原点，如图17-24所示。

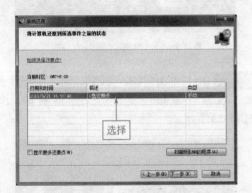

图17-24 选择还原点

步骤 04 单击"下一步"按钮，进入"确认还原点"界面，查看还原状态，如图17-25所示。

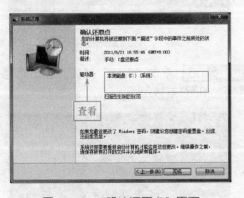

图17-25 "确认还原点"界面

步骤 05 单击"完成"按钮，弹出信息提示框，如图17-26所示。

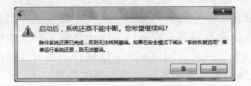

图17-26 信息提示框

步骤 06 单击"是"按钮，弹出"系统还原"对话框，如图17-27所示，在系统执行还原过程中，计算机会自动重启。

图17-27 "系统还原"对话框1

步骤 07 计算机重启后，完成还原操作，在"系统还原"对话框中提示成功还原系统，如图17-28所示，单击"关闭"按钮即可。

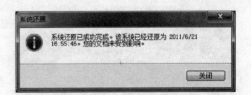

图17-28 "系统还原"对话框2

17.3 使用Ghost工具备份和还原系统

　　Ghost全名为Norton Ghost，是一款极为出色的系统"克隆"工具软件，在克隆目标硬盘过程中具备自动分区并格式化目标硬盘的功能。它可以支持Windows 9x/NT的长文件名，并支持FAT16/32、NTFS和OS/2等多种分区，而且备份工作还可以在不同的存储系统之间进行。

17.3.1 使用Ghost工具备份系统

Ghost是一款系统备份软件，可以把一个磁盘上的全部内容备份到另一个磁盘上，也可以把磁盘中的内容备份为一个镜像文件，使用镜像文件可以创建一个原始磁盘的拷贝。使用Ghost工具备份系统的具体操作步骤如下。

步骤 01 将带有Ghost工具软件的光盘放入光驱，运行Ghost备份工具，弹出信息提示框，如图17-29所示。

图17-29 信息提示框1

步骤 02 单击"OK"按钮，进入Ghost主菜单界面，选择"Local"→"Partition"→"To Image"命令，如图17-30所示。

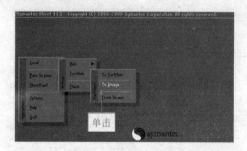

图17-30 选择"To Image"命令

 专家指点

在Partition选项中各选项有着不同的意义。

To Partition：把一个分区复制到另一个分区。

To Image：把一个分区备份为镜像文件。

From Image：从镜像文件恢复分区。

步骤 03 进入下一个界面，在其中选择计算机中要备份的硬盘，如图17-31所示。

图17-31 选择要备份的硬盘

步骤 04 单击"OK"按钮，进入下一个界面，在列表框中选择需要备份的分区，如图17-32所示。

图17-32 选择要备份的分区

步骤 05 单击"OK"按钮，进入下一个界面，设置存放路径及备份文件的名称，如图17-33所示。

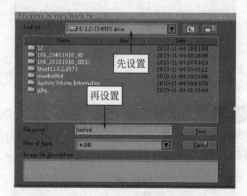

图17-33 设置路径和名称

步骤 06 单击"Save"按钮，弹出信息提示框，如图17-34所示。

图17-34 信息提示框2

在弹出的信息提示框中，No表示不压缩；Fast表示压缩比例小，但执行备份速度快；High表示压缩比例高，但执行备份速度慢。用户可以根据需要选择压缩方式。

步骤 07 单击"Fast"按钮，将再次弹出信息提示框，提示用户是否确认操作，如图17-35所示。

图17-35 信息提示框3

步骤 08 单击"Yes"按钮，再次弹出信息提示框，如图17-36所示。

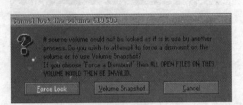

图17-36 信息提示框4

步骤 09 单击"Force Lock"按钮，软件开始对系统进行备份操作，并显示备份进度，如图17-37所示。

图17-37 显示备份进度

步骤 10 系统备份完成后，弹出信息提示框，提示用户备份已完成，如图17-38所示。

图17-38 提示信息框5

专家指点

使用Ghost备份系统时，用户可以手动制作Ghost引导型U盘进行系统备份操作，也可以使用Ghost工具进行系统备份操作。

步骤 11 单击"Continue"按钮，返回Ghost主菜单，如图17-39所示，单击"Quit"选项，退出Ghost程序，完成Ghost系统备份操作。

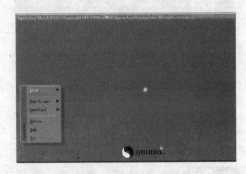

图17-39 返回Ghost主菜单

17.3.2 使用Ghost工具还原系统

当系统出现故障时，用户可以利用Ghost的镜像还原功能将备份的系统分区进行还原。使用Ghost工具还原系统的具体操作步骤如下。

步骤 01 将带有Ghost工具软件的光盘放入光驱，运行Ghost备份工具，进入Ghost主菜单界面，选择"Local"→"Partition"→

"From Image"命令，如图17-40所示。

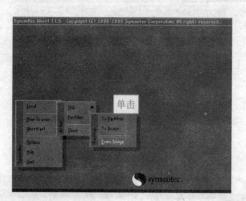

图17-40　选择"From Image"命令

步骤 02 将弹出相应的对话框，在列表框中选择需要还原系统的镜像文件，如图17-41所示。

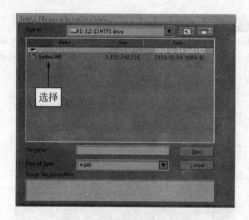

图17-41　选择镜像文件

步骤 03 执行操作后，进入下一个界面，检查镜像文件的相关信息，如图17-42所示。

图17-42　查看镜像文件

步骤 04 确认无误后，单击"OK"按钮，进入下一个界面，并在其中选择要恢复到的计算机硬盘，如图17-43所示。

图17-43　选择硬盘

步骤 05 单击"OK"按钮，进入下一个界面，选择需要恢复的分区，如图17-44所示。

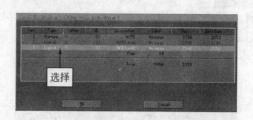

图17-44　选择分区

步骤 06 单击"OK"按钮，弹出信息提示框，提示用户是否确认系统还原操作，如图17-45所示。

图17-45　信息提示框1

步骤 07 单击"Yes"按钮，Ghost开始还原系统操作，并显示还原进度，如图17-46所示。

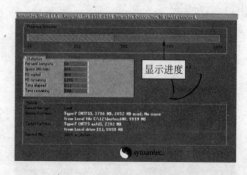

图17-46　显示还原进度

步骤 08 还原完成后，弹出信息提示框，提示完成还原系统操作，如图17-47所示。

图17-47 提示信息框2

17.4 使用"一键还原精灵"备份和还原系统

"一键还原精灵"是一款优秀的系统备份和还原工具软件,其性能稳定、节约空间、维护方便以及操作简单,具有安全、快速、保密性强、压缩率高以及兼容性好等特点,因此,深受广大用户的喜爱与追捧。

▶ 17.4.1 使用"一键还原精灵"备份系统

使用"一键还原精灵"可以对系统盘的文件进行完整的备份,以便在系统崩溃时用来达到恢复系统的目的。使用"一键还原精灵"备份系统的具体操作步骤如下。

步骤 01 从桌面上双击"一键还原精灵装机版"图标,打开"一键还原精灵"窗口,单击"进入一键还原"按钮,如图17-48所示。

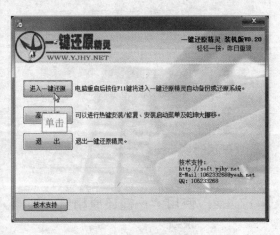

图17-48 "一键还原精灵"窗口

专家指点

在使用"一键还原精灵"备份和还原系统前,需要将其安装于计算机上,在天空下载、华军软件园、绿色软件站等门户网站均可免费下载。

步骤 02 弹出"信息"对话框,提示用户重新启动计算机,如图17-49所示。

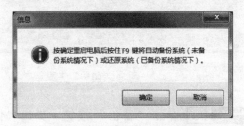

图17-49 "信息"对话框

步骤 03 单击"确定"按钮,重新启动计算机,在系统启动菜单界面中,使用方向键选择"一键还原精灵装机版"选项,如图17-50所示。

图17-50 选择"一键还原精灵装机版"选项

步骤 04 按【Enter】键确认,进入系统自动备份界面,如图17-51所示。

图17-51 自动备份界面

步骤 05 按【Esc】键，进入"一键还原精灵"主菜单界面，如图17-52所示。

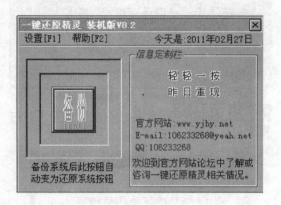

图17-52 "一键还原精灵"主菜单

步骤 06 单击"备份"按钮，弹出"信息"对话框，提示用户是否备份C盘系统，如图17-53所示。

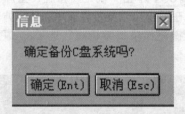

图17-53 "信息"对话框

👌 **专家指点**

一键还原精灵包含3个版本，分别为个人版、装机版和Vista 6.0。个人版不划分分区、不修改分区表和MBR，安装非常安全，且备份文件会自动隐藏；装机版会使用PQmagic划分分区作为隐藏的备份分区，安装有一定的风险，但安装后就非常安全了；而Vista 6.0版本只适用于Windows Vista操作系统，Windows Vista系统与一键还原精灵装机版和个人版是不兼容的。

步骤 07 单击"确定"按钮，开始备份系统，并显示备份进度，如图17-54所示。

图17-54 显示备份进度

步骤 08 备份系统大概需要一小段时间，请用户耐心等待，备份进度达到100%后，即表示系统备份完成，如图17-55所示。

图17-55 系统备份完成

👌 **专家指点**

一键还原精灵比较适用于电脑初学者使用，在使用上主要有以下几个特点。
- 备份还原系统快捷。
- 不修改硬盘分区表。
- 安装卸载倍加放心。
- 自动选择备份分区。
- 智能保护备份文件。
- 支持多个分区备份。

17.4.2 使用"一键还原精灵"还原系统

Windows自带的系统备份和还原功能可以

简单快捷地备份和还原系统，但却不能有效地解决系统受到病毒或遭到严重破坏等问题，从而使电脑不得不重装系统。此时，若使用"一键还原精灵"所备份的系统文件将原有的系统覆盖，不用重装系统就可快速地达到恢复系统的目的。使用"一键还原精灵"还原系统的具体操作步骤如下。

步骤 01 启动计算机，在系统启动菜单界面中，使用方向键上下选择"一键还原精灵装机版"选项，如图17-56所示。

图17-56　选择"一键还原精灵装机版"选项

步骤 02 按【Enter】键确认，进入系统自动备份系统界面，如图17-57所示。

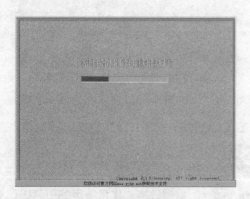

图17-57　系统备份界面

步骤 03 按【Esc】键，进入"一键还原精灵"主菜单界面，如图17-58所示。

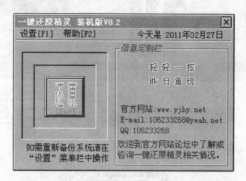

图17-58　"一键还原精灵"主菜单

步骤 04 单击"还原"按钮，弹出"信息"对话框，提示用户是否确认进行还原操作，如图17-59所示。

图17-59　"信息"提示框

步骤 05 单击"确定"按钮，开始还原系统，并显示还原进度，如图17-60所示，当还原进度达到100%，即可完成系统还原操作。

图17-60　显示还原进度

第18章

修复与重装系统

学习提示 »

电脑使用很长时间后，由于经常安装或卸载软件，或添加删除各种文件数据，造成系统中的垃圾文件越来越多，导致电脑的运行缓慢，甚至系统崩溃等，遇到这些难以解决的问题时，就需要对系统进行修复或重装操作了。

主要内容 »

- 修复与重装前的准备工作
- 修复操作系统
- 重装操作系统
- 重装系统时的常见问题

重点与难点 »

- 修复与重装的原因与目的
- 修复与重装的注意事项
- 使用系统自动恢复功能
- 使用安装光盘修复操作系统
- 在单个操作系统下重装系统
- 安装系统时硬盘无法复制文件

学完本章后你会做什么 »

- 清楚修复与重装系统的准备工作
- 掌握系统自动恢复功能的方法
- 掌握使用故障恢复控制台的方法
- 掌握只格式化系统盘的重装操作
- 掌握单个操作系统下的重装方法
- 清楚重装时常见问题的解决方法

图片欣赏 »

18.1　修复与重装前的准备工作

修复与重装系统是一件比较繁琐的工作，也是维护电脑过程中最麻烦的事项。因此，在修复或重装系统前一定要做好充分的准备工作，如对计算机中各种重要数据或驱动程序等进行备份，并了解修复与重装系统的相关注意事项等。

18.1.1　修复与重装的原因与目的

一般安装操作系统，会涉及全新安装、升级安装等安装方式，而重装系统不会涉及升级安装，因此，一定要明白修复与重装系统的原因与目的。一般来说，重装系统主要分为被动重装与主动重装两种方式，下面将分别进行介绍。

1.被动重装

重新安装指的是删除原有的操作系统后，在计算机中重新安装一个操作系统。很多用户都知道重新安装系统会将系统原有的所有数据彻底删除，获得一个全新的系统环境，从而提高系统的运行性能。

很多人认为重装系统是解决系统故障的最直接方法，然而重装系统会耗费很多时间，如果只是为了一些小问题而重装系统，那做的就是事倍功半的事了。

如果用户的计算机出现以下几种常见的系统故障，就可以考虑重装系统了。

❖　程序运行缓慢

许多软件启动或运行速度异常缓慢，而且每次打开或运行程序时经常出现停止响应的现象，甚至无法启动或运行程序。

❖　系统垃圾文件过多

硬盘系统分区中存在大量影响系统性能的垃圾文件，数量多且分布散乱，无法快速手动整理。如系统分区中遗留了大量缓存文件或部分文件无法删除等。

❖　系统启动异常

系统启动缓慢，甚至在启动过程中发生错误，无法正常进入系统，或无法启动。若问题修复后仍没有根除，便可重装系统。

2.主动重装

有一些喜欢玩弄计算机的DIY爱好者，即使系统运行正常，他们也会定期重装系统，目的是为了对臃肿不堪的系统进行减肥，同时可以让系统在最优状态下工作。

主动重装还有一种情况就是分区不合理，如果是第一次装机的用户，通常情况下都是电脑经销商帮助进行分区，而当用户使用了一段时间以后发现分区不合理且不符合用户的使用习惯，此时可以考虑重装系统并重新调整分区大小。

不管是主动重装还是被动重装系统，重装方式都可以分为覆盖式重装和全新重装两种。覆盖式重装是在原操作系统的基础上进行重装，优点是可以保留原系统的设置，缺点是无法彻底解决系统中存在的问题，可谓是"治标不治本"的方法。

全新安装系统则是对操作系统所在的分区进行重新格式化，有时为了彻底，可能还会重新分区，在这个基础上重装的操作系统，几乎就是全新安装的。这种重装方式比较彻底，不仅可以一劳永逸解决系统中原有的错误，而且可以彻底杀灭可能存在的病毒，推荐用户使用全新安装操作系统的重装方式。

18.1.2　修复与重装的注意事项

修复或重装系统都可能会造成数据丢失等现象，因此，在执行这些操作之前一定要做好充分准备，以防给自己带来较大的损失。

1.备份数据

在系统崩溃或准备重装系统前，首先一定要将电脑中的重要数据备份好。此时，一定要静下心来，将硬盘中需要备份的资料一项一项地列出来，再逐一对照列表进行备份。如果你的硬盘不能启动了，这时需要考虑用其他启动盘启动系统后，复制自己的数据，或将硬盘挂接到其他正常的电脑上进行备份。为了避免出现硬盘数据不能恢复的情况发生，最好在平时就养成每天备份重要数据的习惯。

在备份数据时，最好将重要数据备份到移动硬盘或其他外部存储设备中，以免因为操作失误而造成无法挽回的损失。

2. 格式化磁盘

若用户的系统感染了病毒，最好不要只是将C盘格式化，因为病毒也有可能存在于硬盘的其他分区中。那么，只格式化C盘再安装操作系统，C盘中新的系统很可能再次被硬盘其他分区中的病毒所感染，导致系统再次崩溃。因此，在没有把握确定自己的电脑是中了何种病毒的情况下，最好将全盘格式化，以保证新装系统的安全。

3. 记录安装序列号

安装序列号是非常关键的东西，如果不小心丢掉了安装序列号，而又要采取全新安装法的话，那安装过程将无法进行下去。正规安装光盘的序列号一般都会在软件说明书或光盘封套上有所显示，但是，如果使用的是某些软件合集光盘中提供的测试版系统，那么这些序列号可能是存在于安装目录中的某个说明文本里。所以，一定要将安装序列号记录下来以便日后使用。

4. 安全防护要做好

重装好操作系统及各种驱动程序后，最好不要马上就连接到网络上，先安装好杀毒软件及防火墙软件后再连接上局域网或互联网，防止再次感染病毒。另外，还建议把系统补丁都打好，堵住系统漏洞。

18.2 修复操作系统

当系统出现问题时，用户首先想到的就是重装系统，然而重装系统需要格式化系统盘，如果系统盘存有重要的数据，那么，就需要先将系统盘内的数据复制到其他分区上。如果系统已经完全崩溃且无法进入系统时，就只能考虑采用修复系统的方法了。

▶ 18.2.1 使用系统自动恢复功能

Windows操作系统中都自带有一些自动恢复功能，使用这些功能可以对一些不是很严重的系统问题进行恢复，如使用"最后一次正确的配置"功能、使用BIOS中的"恢复默认设置"功能或为CMOS放电等。

这里将以使用"最后一次正确的配置"功能，来讲解使用系统自动恢复功能的操作。而所谓的"最后一次正确的配置"，指的就是将电脑恢复到出故障前的正常配置状态。一般情况下，在添加或更新硬件驱动程序时，电脑如果出现蓝屏现象，此时，可以使用"最后一次正确的配置"功能来恢复到一个还原点，从而正常地进入和使用操作系统。具体操作步骤如下。

步骤 01 重启电脑，开机按【F8】键，进入"Windows高级启动选项"界面，通过方向键，选择"最后一次正确的配置"选项，如图18-1所示。

图18-1 选择"最后一次正确的配置"选项

步骤 02 按【Enter】键确认，即可进入系统，并显示系统启动界面，如图18-2所示。稍等片刻后，即可正常启动系统，并将系统恢复到正常状态。

图18-2 显示系统启动界面

18.2.2 使用安装光盘修复操作系统

使用安装光盘修复操作系统可以理解为一种修复安装，使用这种方式修复操作系统的过程与安装操作系统的过程相似，但是它不会改变用户做出的设置。当电脑无法启动或运行，则可以使用安装光盘修复已经损坏的Windows操作系统，具体操作步骤如下。

步骤 01 将 Windows 7 系统安装盘放入光驱，设置从光驱启动，重新启动计算机，显示信息提示后，自动进入 Windows 7 操作系统安装界面，选择"我的语言为中文（简体）"选项，如图18-3所示。

图18-3 选择语言选项

步骤 02 弹出"安装Windows"对话框，

在其中设置安装的语言及输入法等选项，如图18-4所示。

图18-4 设置各选项

😊 **专家指点**

Windows 7操作系统是微软公司最新推出的一款操作系统，它无论是在界面外观上，还是在其安装和操作的引导方式上，都比早期的Windows操作系统版本更加优秀和智能。

在Windows 7操作系统中的修复界面也变得更加友好、便捷。

步骤 03 单击"下一步"按钮，进入安装界面，并单击左下角的"修复计算机"链接，如图18-5所示。

图18-5 单击"修复计算机"链接

步骤 04 此时重新启动电脑，弹出相应的对话框，在列表框中选择"Windows 7"选项，并单击"Next"按钮，如图18-6所示。

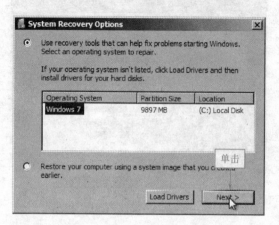

图18-6　单击"Next"按钮

步骤 05 稍等片刻，弹出"Startup Repair"对话框，并显示修复进度，如图18-7所示，用户可以按照提示进行操作即可修复系统。

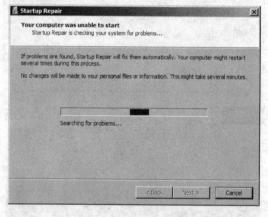

图18-7　显示修复进度

▌18.2.3　进入安全模式修复操作系统

安全模式是操作系统为用户提供的一项在比较安全的环境下修复操作系统的功能，在安全模式下，可以进行与正常模式下相同的操作。若在电脑中安装了与硬件设备不兼容的驱动程序而导致蓝屏时，可以进入安全模式将驱动程序卸载从而修复系统，具体操作步骤如下。

步骤 01 重启电脑，开机按【F8】键，进入"Windows高级启动选项"界面，通过方向键，选择"安全模式"选项，如图18-8所示。

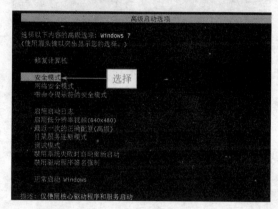

图18-8　选择"安全模式"选项

步骤 02 按【Enter】键确认，进入"操作系统启动"界面，并显示操作系统启动进度，如图18-9所示。

图18-9　"操作系统启动"界面

步骤 03 稍等片刻，进入Windows登录界面，选择用户需要进入的用户名称，如图18-10所示。

步骤 04 稍等片刻，即可进入系统的安全模式，以修复操作系统，如图18-11所示，修复完成后重启电脑，电脑系统故障已解决。

图18-10 选择用户名称

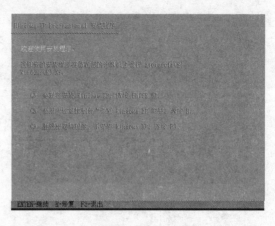

图18-12 进入安装界面

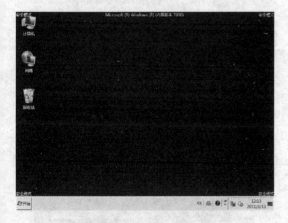

图18-11 进入安全模式

步骤 02 按【R】键，进入"故障恢复控制台"界面，其中显示了可进入的操作系统，如图18-13所示。

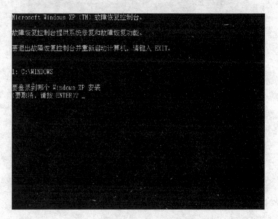

图18-13 "故障恢复控制台"界面

18.2.4 使用故障恢复控制台

Windows安装程序中提供了一个"故障恢复控制台"功能，指的就是Windows安装程序中自带的一项用于修复操作系统的功能。当用户的电脑因感染病毒或操作失误，而造成一些系统文件丢失从而导致系统无法正常启动时，可以使用该功能将丢失的文件复制到系统盘下，以达到修复操作系统的目的。下面以使用Windows XP安装光盘为例，向用户介绍使用故障恢复控制台的具体操作步骤。

步骤 01 将Windows XP系统安装光盘放入光驱，并将BIOS设置为从光驱启动，然后重新启动电脑，安装程序将自动进入安装界面，如图18-12所示。

> **专家指点**
>
> 由于故障恢复控制台是在DOS环境下操作的，因此，要求用户熟悉一些常用的DOS命令，例如"copy"命令等。另外，DOS环境中基本上为英文显示，也必须掌握一些常用的计算机英文词汇。

步骤 03 故障恢复控制台给每个操作系统设置代号，用户可根据代号选择要登录到的系统，输入数据"1"，如图18-14所示。

图18-14 输入数据"1"

步骤 04 按【Enter】键确认，安装程序要求用户输入管理员密码，如图18-15所示。

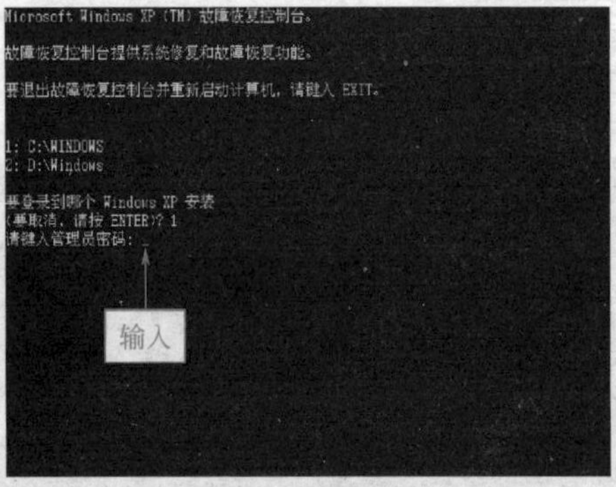

图18-15 输入密码

步骤 05 输入密码后，按【Enter】键确认，若没有密码请直接按【Enter】键，再输入"dir"命令，如图18-16所示。

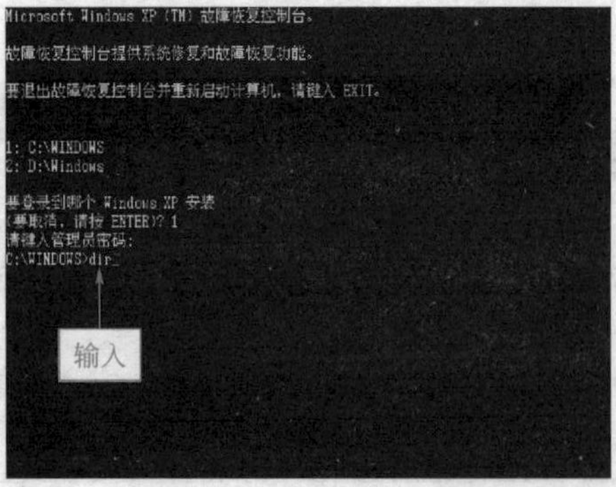

图18-16 输入"dir"命令

步骤 06 按【Enter】键确认，查看所有文件列表，其中包括隐藏文件和系统文件等，再

按【Enter】键，即可查看下一页内容，如图18-17所示。

图18-17 查看所有文件列表

步骤 07 在该窗口下方光标闪烁处，输入"fixmbr"命令，如图18-18所示。

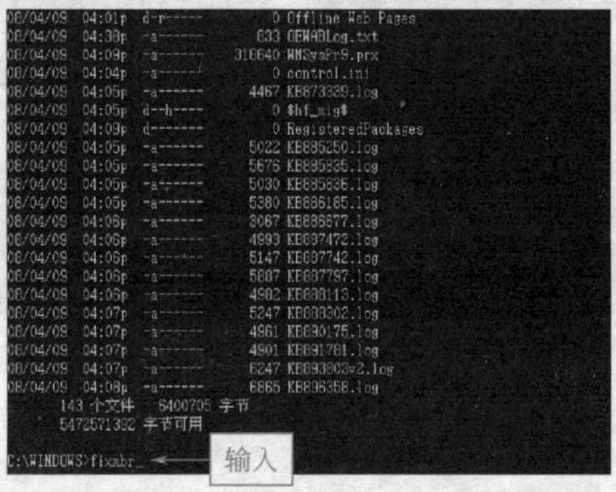

图18-18 输入"fixmbr"命令

步骤 08 按【Enter】键确认，将显示相应的注意信息，提示用户确认是否写入一个新的主启动记录，如图18-19所示。

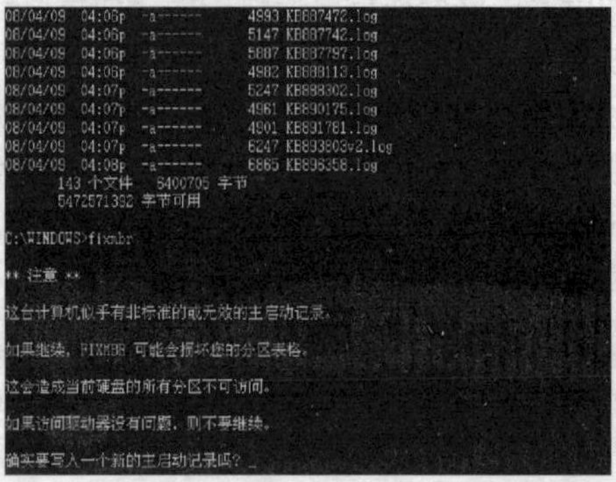

图18-19 显示注意信息

步骤 09 在光标处继续输入"Y"，按【Enter】键确认，稍等片刻，程序将显示已成功写入新的主启动记录，如图18-20所示。

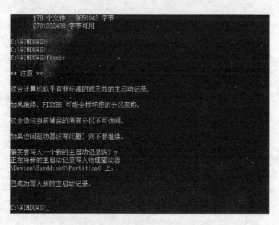

图18-20 写入新的主启动记录

步骤 10 在窗口光标闪烁处输入"exit"命令，如图18-21所示，并按【Enter】键确认，即可退出故障恢复控制台，至此，使用故障恢复控制台修复系统的操作完成。

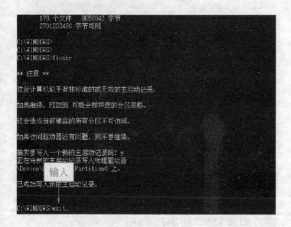

图18-21 输入"exit"命令

18.3 重装操作系统

在使用电脑的过程中，经常会遇到文件被病毒感染、系统文件丢失以及电脑运行速度过慢等现象。如果通过杀毒和优化后，这些问题仍不能解决，此时，就可以通过重装系统来解决这些问题了。

18.3.1 只格式化系统盘重装系统

如果用户的计算机是因为系统盘出错而导致的系统问题，且不需要对硬盘进行重新分区的话，那么，可以采用只格式化系统盘的方法来重装系统。下面以重新安装Windows Vista操作系统，来讲解只格式化系统盘重装系统的方法，具体的操作步骤如下（对于Windows 7操作系统类似）。

步骤 01 将Windows Vista系统安装光盘放入光驱，设置从光驱启动，重新启动电脑，安装程序自动进入"安装Windows"界面，设置语言和输入法等选项，如图18-22所示。

图18-22 设置各选项

步骤 02 单击"下一步"按钮，进入下一个界面，单击"现在安装"按钮，如图18-23所示。

图18-23 单击"现在安装"按钮

步骤 03 进入"键入产品密钥进行激活"界面,如图18-24所示,在"产品密钥"下的文本框中输入产品的密钥。

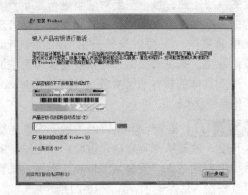

图18-24 "键入产品密钥进行激活"界面

步骤 04 单击"下一步"按钮,进入"选择要安装的操作系统"界面,选择一个Vista版本,如图18-25所示。

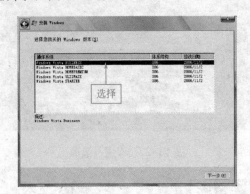

图18-25 选择版本

步骤 05 单击"下一步"按钮,进入"请阅读许可条款"界面,选中"我接受许可条款"复选框,如图18-26所示。

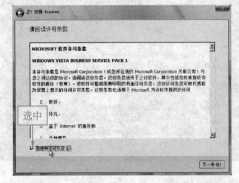

图18-26 选中"我接受许可条款"复选框

步骤 06 单击"下一步"按钮,进入"您想进行何种类型的安装"界面,选择"自定义"选项,如图18-27所示。

图18-27 选择"自定义"选项

步骤 07 进入"您想将Windows安装在何处?"界面,选择安装位置,如图18-28所示。

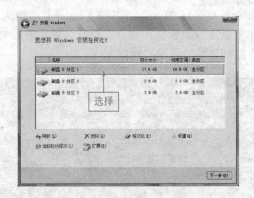

图18-28 选择安装位置

步骤 08 单击"格式化"链接,弹出"安装Windows"对话框,提示用户是否确认操作,如图18-29所示。

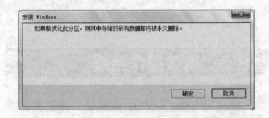

图18-29 "安装Windows"对话框

步骤 09 单击"确定"按钮,待安装程序格式化完成后,该分区的数据将被清空,单击

"下一步"按钮，进入"正在安装Windows"界面，并显示系统安装进度，如图18-30所示；安装过程中电脑可以会重启多次并继续进行安装，等系统安装完成后，单击"关闭"按钮即可。

图18-30 显示安装进度

18.3.2 在单个操作系统下重装系统

在单个操作系统下重装系统分为两种情况，一是安装的操作系统无法正常启动，二是系统可以启动但无法正常运行。当电脑系统受到严重破坏或严重感染病毒时，就可能会导致此类情况的发生。下面以安装Windows XP操作系统为例，来讲解在单个操作系统下重装系统的操作，具体操作步骤如下。

步骤 01 将Windows XP系统安装盘放入光驱中，在BIOS中设置从光驱启动，重启电脑，安装程序会自动启动并进入系统安装界面，如图18-31所示。

图18-31 进入系统安装界面

步骤 02 稍等片刻，安装程序自动进入"欢迎使用安装程序"界面，如图18-32所示。

图18-32 "欢迎使用安装程序"界面

步骤 03 根据界面提示信息，按【Enter】键确认，进入"Windows XP许可协议"界面，仔细阅读许可协议内容，如图18-33所示。

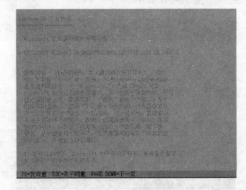

图18-33 "Windows XP许可协议"界面

步骤 04 根据界面提示信息，按【F8】键同意此协议，Windows XP安装程序会检测出电脑内已经安装的系统，如图18-34所示。

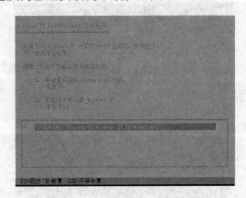

图18-34 检测电脑内安装系统

步骤 **05** 根据界面提示信息，按【Esc】键，进入选择磁盘分区界面，选择需要安装操作系统的磁盘分区，如图18-35所示。

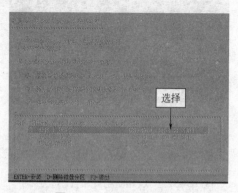

图18-35 选择磁盘分区

步骤 **06** 根据界面提示信息，按【D】键，删除该分区，执行操作后，进入删除磁盘分区界面，如图18-36所示。

图18-36 进入删除磁盘分区界面

步骤 **07** 按【Enter】键确认，进入"您已要求安装程序删除"界面，如图18-37所示。

图18-37 "您已要求安装程序删除"界面

步骤 **08** 根据界面提示信息，按【L】键，将该磁盘分区删除，如图18-38所示。

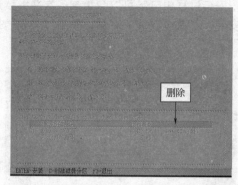

图18-38 删除磁盘分区

步骤 **09** 选择"未划分的磁盘空间"选项，再按【C】键，进入创建新的磁盘分区界面，并输入需要划分的分区大小，如图18-39所示。

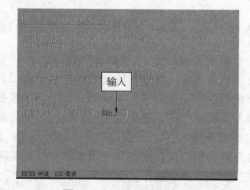

图18-39 输入分区大小

步骤 **10** 按【Enter】键，创建磁盘分区，返回"选择磁盘分区"界面，如图18-40所示。

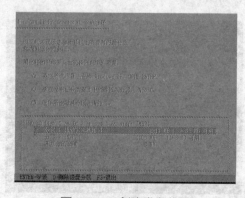

图18-40 创建磁盘分区

步骤 11 选择安装操作系统的磁盘分区，按【Enter】键进入"磁盘格式化"界面，选择格式化分区的文件系统，如图18-41所示。

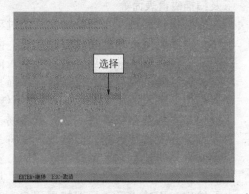

图18-41 选择文件系统

步骤 12 按【Enter】键，开始对磁盘进行格式化，并显示格式化进度，如图18-42所示。

图18-42 显示格式化进度

步骤 13 格式化完成后，安装系统开始复制系统文件，并显示复制文件的进度，如图18-43所示；复制完成后，安装程序将加载和保存信息，稍后重启电脑，接下来的操作与全新安装Windows XP操作系统类似，用户按照提示逐步操作即可。

 专家指点

当电脑系统可以启动但无法正常运行而重装系统时，可先进入Windows系统桌面运行系统安装光盘，其操作方法与全新安装Windows操作系统大同小异。

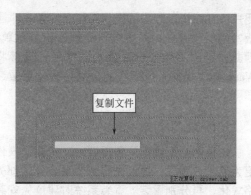

图18-43 复制系统文件

18.3.3 在多个操作系统下重装系统

现在很多电脑用户都是使用双操作系统，而两个操作系统在重装的时候，可能会出现这样的情况：C盘系统要重装而D盘系统不需要重装，或D盘系统要重装而C盘系统不需要重装，或是两个系统都需要重装。

1. 重装低版本系统Windows XP

与在Windows 7操作系统的基础上全新安装Windows XP操作系统一样，重装完Windows XP操作系统后重新启动电脑时，将会发现系统引导菜单消失，直接进入了Windows XP操作系统，而Windows 7操作系统已经无法进入，此时，需要用户手动修复多系统的引导菜单。

目前，比较常用的修复引导菜单的软件主要有Easy BCD和Vista Boot PRO。用户可以根据自己的需求进行引导菜单的修复。

2. 重装高版本系统Windows 7

与其他操作系统的重装类似，重装Windows 7操作系统也分两种情况，一是安装的操作系统已经无法启动；二是系统可以启动，但无法正常运行。前者需要从安装光盘重装系统，而后者就可以启动到Windows 7系统进行重装。

另外，如果Windows 7操作系统是与Windows XP操作系统并存的，那么用户还可以在Windows XP系统中重装Windows 7。由于用户是在一个低版本的操作系统上安装一个高版本的操作系统，系统会自动创建引导菜单，因此，这里不用备份系统启动文件，直接将Windows 7操作系统所在的分区格式化后重装即可。

3.重装两个系统

如果两个系统都需要重装，又想要让操作更为简单，那么，建议先将两个系统分区都先格式化，再分别重装。重装系统时建议先安装低版本系统再安装高版本的系统。这样符合安装多操作系统的顺序，并可以避免再使用第三方软件来重建启动引导文件。

18.4 重装系统时的常见问题

在重装系统时并不是所有的操作都是一帆风顺的，在安装过程中可以会遇到无法复制文件、无法识别USB光驱等一系列的问题，下面将介绍几点重装系统时的常见问题，以帮助用户能够顺利地重装系统。

▶ 18.4.1 安装系统时硬盘无法复制文件

安装系统的过程中，安装程序在复制系统文件时，出现无法复制的情况，比较明显的表现为：复制驱动文件时出现长时间停顿，之后到复制一些网络相关文件时出现文件无法复制到硬盘提示，提示是否"重试"或者"跳过"，然而这两种方式都无法使复制进行下去。如果执意要跳过各个无法复制的文件，最后则可能出现蓝屏。当遇到这些问题时可以从以下几个方面进行分析、检测。

❖ 光驱老化，会导致光驱的读盘能力大大下降，不仅浪费时间，而且还会影响整个安装过程，建议用户更换一个光驱。

❖ 光盘质量太差也会导致光驱读不出光盘中的数据，建议用户更换光盘。

❖ 修复硬盘分区表，检查硬盘的盘面，测试硬盘参数。对于新硬盘来说，硬盘分区表损坏的可能性比较小。用户可以使用HD Tune来检测硬盘，HD Tune是一款磁盘性能诊断测试工具，它能检测磁盘的传输率、突发数据传输率、数据访问时间、CPU使用率、健康状态、温度及扫描磁盘表面等。

❖ 在安装操作系统，复制系统文件的过程中，程序调用最多的硬件就是内存。因为从光盘读取文件以后，是首先调入内存，然后通过内存进入硬盘缓存从而写入硬盘扇区。此时，如果内存质量不佳，或是与主板存在兼容性问题，就容易在内存区丢失暂存数据，而造成无法将系统文件从光盘复制写入硬盘。这时，安装程序就会误以为是光盘存在错误，从而给出上面的提示。所以如果用户在安装操作系统时，出现了上面的错误，在更换了安装光盘或光驱以后，问题依旧出现的话，就可以考虑更换内存。

▶ 18.4.2 安装系统时无法识别USB光驱

当用户的计算机没有配备光驱，那重装系统时就需要采用一个外接的USB光驱，然而计算机却无法识别这个USB光驱，此时，用户应当从以下4个方面进行分析并检测，来排除这些问题的存在。

❖ 前置USB连接线连接错误。当主板上的USB连接线和机箱上的前置USB接口相接时，若把正负接反就会发生这类故障，这也是相当危险的。因为正负接反很有可能会导致USB连接设备烧毁。所以，尽量采用机箱后置的USB接口，也尽量少用延长线。另外，当USB接口有问题，也会产生此类故障，此时，可以换个USB接口试一下。

❖ USB接口电压不足。当把移动硬盘接在前置USB接口上时，很有可能会发生系统无法识别外部设备的故障，这是由于USB接口电压不足而造成的。因为移动硬盘的功率比较大，对电压的要求相对比较严格，前置接口可能无法提供足够的电压，另外，劣质的电源也可能会造成这些问题，其解决方法是将移动硬盘连接于后置USB接口上，或更换成优质大功率的电源，尽量使用带有外接电源的硬盘盒。

❖ 主板和系统的兼容性问题。这类故障中最常见、最频繁的就是NF2主板与USB的兼容性。假如用户是在NF2的主板上碰到这个问题的话，则可以先安装最新的nForce2专用USB 2.0驱动和补丁、最新的主板补丁和操作系统补丁。使用该方法后问题仍然存在，那么，用户可以试着刷新一下主板的BIOS，一般都能解决此类问题。

❖ 系统或BIOS问题。当BIOS或操作系统中禁用了USB时，那么，USB设备就无法被系统识别。其解决方法就是进入BIOS设置界面或操作系统，开启与USB设备相关的选项即可。

18.4.3　使用系统盘安装系统时出现死机情况

在使用系统盘安装Windows系统时可能会出现死机的现象，这种情况可能是硬盘中已被损坏的扇区造成的，所以不能够正常安装系统，简而言之就是硬盘中存在坏道。如果发现硬盘坏道后，用户就必须对这些坏道进行修复处理或者对坏道进行屏蔽，以免坏道扩散。处理硬盘坏道主要有以下3种方法。

❖ 对硬盘进行低级格式化操作。

❖ 在磁盘扫描时标记坏道，让系统不再向其存入数据。

❖ 重新对硬盘进行分区，将硬盘中有坏道的区域划分出来，不再使用该区。

第3种对硬盘进行屏蔽处理的方法，是目前对付坏道最行之有效的办法，但是屏蔽坏道要用到不少工具，并涉及对坏道位置换算问题。因此，只有在万不得已的情况下，才可以对硬盘使用屏蔽处理的方法。

另外，值得注意的是，低级格式化对于物理坏道根本起不了任何作用，而且在低级格式化时，硬盘会长时间地处于剧烈读写过程中，反而会使坏道加速扩散至其他区域。

18.4.4　重装系统后出现无法引导系统的现象

重装系统后，提示"Disk boot failure, Insert system disk and press enter"，无法引导系统。出现此现象，可能是因为计算机未检测到硬盘。如果出现此现象是因为病毒感染，则需要对电脑进行病毒查杀操作；若是人为地改变了CMOS中的硬盘参数，只需要进入CMOS更改设置，使计算机重新检测硬盘即可；若是主板电源没电了，CMOS中的数据遭到破坏，则打开机箱，找到主板上的CMOS电池，并更换上新的电池即可。

第四篇

故障排除篇

第19章

电脑软件故障排除

学习提示 》

电脑故障中大部分都是软件故障，主要包括操作系统、驱动程序和应用软件3大部分。当电脑出现故障时，首先就是检查软件故障并一一进行排除，而排除软件故障最彻底的方法就是重新安装操作系统、驱动程序或应用软件。

主要内容 》

- 系统启动故障
- 电脑病毒导致死机
- 虚拟内存不足

- 文件或文件夹难以删除
- 声卡无声音
- 使用Win7优化大师

重点与难点 》

- 系统启动故障
- 电脑死机故障
- 调整虚拟内存

- "自动播放"功能
- 驱动程序故障排除
- 应用软件故障排除

学完本章后你会做什么 》

- 掌握排除启动电脑故障的方法
- 掌握排除死机故障的方法
- 掌握排除系统运行故障方法

- 掌握排除驱动程序的故障
- 掌握排除办公软件故障的方法
- 排除影音软件故障的方法

图片欣赏 》

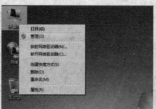

19.1 开机和死机故障排除

在电脑故障中，电脑开机与死机故障是最常见的两种故障类型，如系统启动缓慢、系统进入安全模式、跳出启动画面后死机、电脑病毒导致死机等，引起这类故障的原因很多，因此，应该根据问题去解除开机或死机的故障。

19.1.1 系统启动缓慢

每台电脑在开机时，都会自动对C盘或D盘进行检测后才会启动。因此，开机等待时间就会比较长，并且启动速度缓慢。那么，将不必要的启动项禁止或关闭自检项，即可解决启动缓慢的问题。故障排除的具体操作方法如下。

1.禁止启动项

将不必要的启动项禁止的具体操作步骤如下。

步骤 01 单击"开始"菜单中的"所有程序"→"附件"→"运行"命令，如图19-1所示。

图19-1 单击"运行"命令

步骤 02 弹出"运行"对话框，在"打开"文本框中输入"msconfig"命令，如图19-2所示，单击"确定"按钮。

步骤 03 弹出"系统配置"对话框，切换

至"启动"选项卡，取消不需要启动的程序前的复选框，如图19-3所示，单击"应用"按钮，即可禁止启动程序。

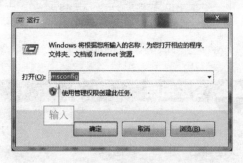

图19-2 "运行"对话框

图19-3 切换至"启动"选项卡

步骤 04 切换至"服务"选项卡，在其下面的列表框中取消选中不需要启动的服务，如图19-4所示。

图19-4 取消选中复选框

步骤 05 单击"应用"按钮，再单击"确定"按钮，弹出信息提示框，单击"重新启动"按钮，如图19-5所示，重启电脑，完成禁止自启动和服务项的设置。

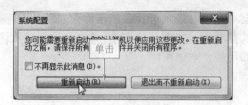

图19-5 信息提示框

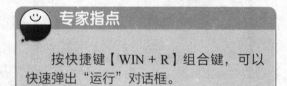

专家指点

按快捷键【WIN + R】组合键，可以快速弹出"运行"对话框。

2.关闭自检功能

关闭自检磁盘功能的具体操作步骤如下。

步骤 01 单击"开始"菜单中的"所有程序"→"附件"→"运行"命令，弹出"运行"对话框，在"打开"文本框中输入"cmd"命令，如图19-6所示，单击"确定"按钮。

图19-6 "运行"对话框

步骤 02 弹出"管理员：C"对话框，在其中输入命令"chkntfs/x c:d:"，再按【Enter】键确认，即可排除故障，如图19-7所示。

图19-7 输入命令

19.1.2 系统启动后进入安全模式

电脑在启动后进入安全模式，从而无法正常启动系统，那么，电脑的部分软件或系统功能都无法正常使用，这类故障可能是由于启动程序与系统冲突而引起的。排除这类故障的具体操作步骤如下。

步骤 01 单击"开始"菜单中的"所有程序"→"附件"→"运行"命令，弹出"运行"对话框，再在"打开"文本框中输入"msconfig"命令，如图19-8所示，单击"确定"按钮。

图19-8 "运行"对话框

步骤 02 弹出"系统配置"对话框，选中"有选择的启动"单选钮，取消"加载启动项"前的复选框，如图19-9所示，单击"确定"按钮，重启电脑后即可。

图19-9 "系统配置"对话框

19.1.3 开机时要按【F1】键

很多电脑在开机后停留在自检界面，并提示按【F1】键，才能进入操作系统。这种情况是因为BIOS的设置与真实硬件数据不符引起的，主要原因可分为以下几个方面。

- 没有软驱或软驱损坏，而BIOS里面却设置有软驱，这样就导致要按【F1】键才能进入操作系统。
- 原来安装了两个硬盘，在BIOS中设置成了双硬盘，后来取掉其中的一个硬盘后，没有在BIOS中更改设置而导致的故障。
- 当主板电池没有电会造成数据的丢失，从而出现该故障。

排除开机时要按【F1】键的故障，可以通过以下方法解决。

- 进入BIOS后，按回车键进入基本设置，将【Drive　A】选项设置为【None】，保存并退出BIOS，重启电脑后再查看电脑，若故障依然存在，可以更换电池。
- 若机箱内没有安装软驱，进入BIOS设置中，将软驱设置为【None】，保存并退出BIOS，重启电脑即可。

19.1.4　电脑病毒导致死机

一些病毒或木马可以通过破坏系统文件、占用大量系统资源导致电脑死机。通过杀毒软件查杀木马病毒，再通过故障恢复控制台和系统光盘修复损坏的系统文件尝试解决这类问题，即可排除该故障。

 专家指点

死机是电脑最常见的故障之一，引起电脑死机的原因很多，主要分为硬件与软件两方面原因。硬件方面主要有硬件损坏、配置不合理和接触不良等；软件方面主要有感染病毒、BIOS设置不正确、文件被误删除、注册表被破坏、应用软件损坏或有瑕疵、操作不当和资源被大量占用等。

19.1.5　跳出启动画面后死机

在Windows操作系统进入启动画面后，登录画面显示之前电脑死机，无法进入操作系统

界面，导致这种情况可能是由于硬件冲突所引起的，这时，可以采取插拔法进行检测。

将电脑里面一些不重要的部件（如光驱、声卡、显卡等）逐件卸载，并重新开机，检查出导致死机的部件，如果发现某些部件有问题，不安装或更换这个部件即可。引起这种死机情况也可能因为硬盘的质量有问题。

如果使用插拔法检测后，故障没有得到解决，那么，可以将硬盘接到其他的空闲电脑上进行测试，若硬盘可以应用，则说明硬盘与原来的电脑出现了兼容性的问题；若在其他电脑上测试后发生同样的状况，则说明硬盘质量有问题，甚至已经损坏。

另外，在启动过程中死机也可能是由于BIOS中对内存、显卡等硬件设置了相关的优化项目，而优化的硬件却不能支持在优化状态中正常运行。因此，当出现这种状况时，可以在BIOS中将相关的优化项目调低或不优化，必要时可以恢复BIOS的出厂默认值。

19.2　系统运行故障排除

在日常生活工作中操作电脑过程中部分程序无法正常运行，很多时候是由系统故障而非硬件故障造成的，如文件难以删除、虚拟内存不足等，这些故障的解决方法非常简单，一般情况下，用户均可以自己排除。

19.2.1　虚拟内存不足

在运行大型软件或浏览过多的网页后，系统可能会弹出提示虚拟内存不足的信息提示框。顾名思义，这是由于电脑所设置的虚拟内存过低所导致的，只要改变电脑的虚拟内存大小，即可排除故障。排除虚拟内存不足故障的具体操作步骤如下。

步骤 01 在桌面上选择"计算机"图标，单击鼠标右键，在弹出的快捷菜单中选择"属性"选项，如图19-10所示。

步骤 02 弹出"系统"窗口，单击"高级系统设置"链接，如图19-11所示。

图19-10 选择"属性"选项

图19-11 "系统"窗口

 专家指点

通过"控制面板"窗口，单击其中的"系统"链接，同样可以打开"系统"窗口。

步骤 03 弹出"系统属性"对话框，切换至"高级"选项卡，在"性能"选项组中，单击"设置"按钮，如图19-12所示。

步骤 04 弹出"性能选项"对话框，切换至"高级"选项卡，在"虚拟内存"选项组中，单击"更改"按钮，如图19-13所示。

步骤 05 弹出"虚拟内存"对话框，在"驱动器"列表框中选择合适的磁盘，再点选自定义大小"单选钮，并分别设置"初始大小"和"最大值"选项，如图19-14所示。

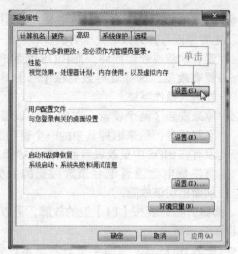

图19-12 单击"设置"按钮

图19-13 单击"更改"按钮

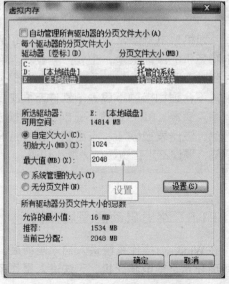

图19-14 "虚拟内存"对话框

步骤 06 设置完毕后，依次单击"确定"按钮，再重启电脑即可。

19.2.2 录音音量大小

在日常生活或工作中，经常会接触到麦克风，而有时在使用麦克风录音时却发现没有声音信号或者录制的音量太小时，这可能是由于录音功能的设置不协调而导致的，排除此类故障的具体操作步骤如下。

步骤 01 首先检查麦克风与电脑连接是否正确，并查看麦克风是否为开启状态。

步骤 02 在任务栏通知区域中的音量图标上单击鼠标右键，在弹出的快捷菜单中，选择"录音设备"选项，如图19-15所示。

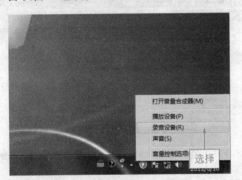

图19-15 选择"录音设备"选项

步骤 03 弹出"声音"对话框，在列表框中选择"麦克风"选项，如图19-16所示。

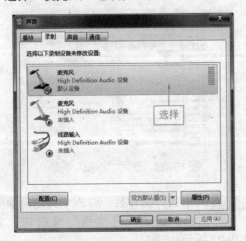

图19-16 选择"麦克风"选项

步骤 04 单击"属性"按钮，弹出"麦克风 属性"对话框，切换至"常规"选项卡，设置"设备用法"为"使用此设置（启用）"，如图19-17所示。

图19-17 "常规"选项卡

步骤 05 切换至"级别"选项卡，调整"麦克风"和"麦克风加强"选项区中的各滑块，如图19-18所示，单击"确定"按钮，即可排除录音时的故障。

图19-18 "级别"选项卡

专家指点

在"麦克风 属性"对话框中，设置"麦克风加强"选项时，若设置的强度太高，在录音时很容易将周围的噪声或杂音同时录制下来，因此，不宜将麦克风加强调至最高强度。

图19-20 展开"Windows 组件"选项

19.2.3 无法自动播放文件

当电脑读取光盘文件或外部移动设备时，在默认的操作系统中会对文件进行自动播放，可以让用户方便快速地读取光盘等文件，如果无法运行"自动播放"功能，则可能该功能被禁用了。排除该故障的具体操作步骤如下。

步骤 01 按【WIN + R】组合键，弹出"运行"对话框，在"打开"文本框中输入"gpedit.msc"命令，如图19-19所示，单击"确定"按钮。

图19-19 "运行"对话框

步骤 02 打开"组策略"窗口，依次展开"计算机配置"→"管理模板"→"Windows 组件"选项，如图19-20所示。

步骤 03 在右侧的下拉列表框中，选择"自动播放策略"选项，如图19-21所示。

步骤 04 双击所选择的选项，进入"自动播放策略"界面，在"关闭自动播放"选项上单击鼠标右键，在弹出的快捷菜单中选择"编辑"选项，如图19-22所示。

图19-21 选择"自动播放策略"选项

图19-22 选择"编辑"选项

步骤 05 执行操作后，弹出"关闭自动播放"对话框，选中"已禁用"单选钮，如图19-23所示。

图19-23 选中"已禁用"单选钮

步骤 06 单击"应用"按钮，再单击"确定"按钮，依次关闭对话框，即可启用"自动播放"功能。

专家指点

　　若用户不需要启用"自动播放"功能，可以按照上述的操作打开"关闭自动播放"对话框，选中"已启用"单选钮，再依次单击"应用"、"确定"按钮即可。

19.3　驱动程序故障排除

　　驱动程序是使电脑系统正常运行的最重要的程序之一，电脑操作系统通过驱动程序控制着各硬件设备的正常运行。假如某个设备的驱动程序出现故障，那么该硬件设备将无法工作，如没有显卡驱动程序，那么电脑显卡就无法正常运行，显示器所显示的画面也会不正常。因此，排除各驱动程序所产生的故障是非常重要的。

 19.3.1　声卡无声音

　　声卡驱动程序是电脑操作系统中最重要的驱动程序之一，如果用户安装了声卡驱动程序后还是没有声音，则需要检查一下所安装的驱动程序是否出现异常现象，以排除声卡无声音的故障。排除该故障的具体操作步骤如下。

步骤 01 在桌面上选择"计算机"选项，单击鼠标右键，在弹出的快捷菜单中选择"管理"选项，如图19-24所示。

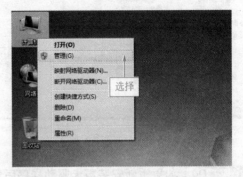

图19-24 选择"管理"选项

步骤 02 弹出"计算机管理"对话框，在左侧窗格中选择"设备管理器"选项，如图19-25所示。

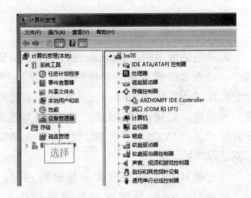

图19-25 选择"设备管理器"选项

专家指点

　　打开"控制面板"后，在其中单击"设备管理器"链接，打开"设备管理器"窗口，在此窗口中同样可以查看声卡驱动。

步骤 03 在中间的窗格中展开"声音、视频和游戏控制器"选项，查看声卡驱动程序是否安装正常，如图19-26所示；如果发现驱动程序安装异常，则可以尝试重新安装驱动程序即可。

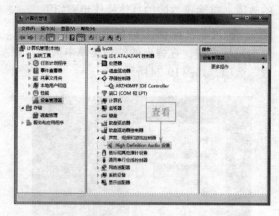

图19-26 查看声卡驱动

步骤 04 如果重新安装声卡驱动程序后依旧没有声音，那么关闭计算机，拆开机箱，将声卡设备换至另一个声卡插槽中，值得注意的是，某些时候由于声卡或显卡的距离太近，也会引起声卡没有声音的故障。

19.3.2 安装HD集成声卡驱动

如果电脑使用的是Sigmatel的HD Audio集成声卡，那么在安装完驱动程序并重启后，可能会出现"本系统不支持您试图安装的驱动程序"等信息。如果出现该故障，则需要为驱动安装一个KB835221补丁，即可解决不支持安装驱动程序的问题。

若安装HD Audio集成声卡驱动程序时出现"需要HD Audio总线程序"等提示信息，从而无法正常安装声卡驱动程序，那么可以通过互联网搜索并安装KB888111补丁。重启电脑后，再重新安装声卡驱动即可。

若安装HD Audio集成声卡驱动程序时出现"HD Audio Driver安装失败"等提示信息，无法正常安装声卡驱动程序，则可能是系统安装了其他自带的总线驱动，与HD驱动程序中的总线驱动发生冲突所引起的。

19.3.3 屏幕显示画面迟缓

在电脑重装系统后，会存在很多漏洞以及缺少驱动程序的现象，当电脑没有安装显卡驱动程序或驱动安装错误时，那么，屏幕的显示画面迟缓，感觉很卡的样子。排除该故障的具体操作步骤如下。

步骤 01 单击"开始"菜单中的"控制面板"命令，打开"控制面板"窗口，单击"设备管理器"链接，如图19-27所示。

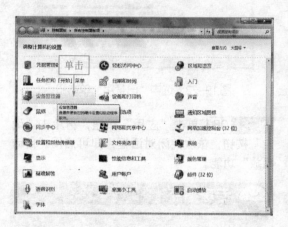

图19-27 单击"设备管理器"链接

步骤 02 打开"设备管理器"窗口，展开"显示适配器"选项，查看显卡驱动，如图19-28所示。

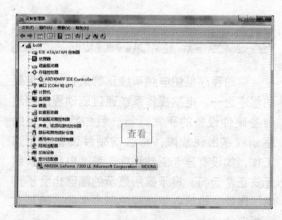

图19-28 查看显卡驱动

步骤 03 在显卡驱动名称上单击鼠标右键，在弹出的快捷菜单中选择"属性"选项，弹出"NVIDIA GeForce 7300 LE"对话框（注意不同的显卡其对话框名称是不同的），在"设备状态"列表框中显示该驱动设备运转正常，如图19-29所示。

图19-29 设备运转正常

步骤 04 如果用户的显卡驱动程序异常，则可以切换至"驱动程序"选项卡，单击"更新驱动程序"按钮，系统将根据显卡型号自动进行更新，如图19-30所示。

图19-30 "驱动程序"选项卡

19.4 应用软件故障排除

在各种各样的电脑故障中，软件故障的出现频率是最高的，如果常用的软件出现了故障，就会影响正常的学习、工作和生活。因此，用户掌握并知晓如何对软件类故障进行处理和排除的方法将是非常有益的。

19.4.1 办公软件故障排除

Office办公软件是使用频率最高且最广泛的软件，也是最容易出现故障且发生故障频率较高的软件。在使用这些办公软件的过程中，经常可能会遇到文件无法打开、出现各种错误提示、自动关闭文件等各类故障。

1.禁用拼写与语法检查

Word 2010默认情况下都会开启拼写和语法检查功能，但这一功能并不是任何时候都可以使用，一些中文式的语法、口语或格式，或自动添加的标记经常会标记成错误语法，从而影响了整篇文章的整洁和欣赏。此时，用户就可以将该功能暂时隐藏，其具体操作步骤如下。

步骤 01 启动 Word 2010程序，打开 Word 2010窗口，单击菜单栏中的"文件"→"选项"命令，如图19-31所示。

图19-31 单击"选项"命令

😊 专家指点

打开 Word 2010窗口后，在状态栏上的"拼写和语法状态"图标上单击鼠标右键，在弹出的快捷菜单中取消选中"拼写与语法错误"选项，即可立即禁用"拼写与语法错误"功能。

步骤 **02** 打开"word选项"对话框，在左侧列表框中选择"校正"选项，如图19-32所示。

图19-32 选择"校正"选项

步骤 **03** 在对话框右侧的"在Word中更正拼写和语法时"选项组中取消选中各复选框，如图19-33所示，单击"确定"按钮，即可禁用拼写和语法检查功能。

图19-33 取消选中各复选框

2.调整文字间距

在Word中有时会发现输入的文字间距过大，或者输入的汉字与英文字母之间会有一小段间隔，文字间距不均匀的现象会影响整个文档的排版，而解决文字间距的现象需要从字体和段落两个方面入手，其具体操作步骤如下。

步骤 **01** 打开Word 2010窗口，切换至"开始"菜单，在"字体"面板右下角单击

"字体"按钮，如图19-34所示。

图19-34 单击"字体"按钮

步骤 **02** 打开"字体"对话框，切换至"高级"选项卡，在"字符间距"选项区中，设置"间距"为标准，如图19-35所示，单击"确定"按钮，即可调整文字间距。

图19-35 设置间距

步骤 **03** 返回Word 2010窗口，在"段落"面板单击"段落"按钮，如图19-36所示。

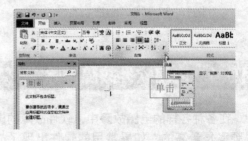

图19-36 单击"段落"按钮

步骤 04 弹出"段落"对话框，切换至"中文版式"选项卡，在"字符间距"选项组中取消选中"自动调整中文与西文的间距"复选框，如图19-37所示，单击"确定"按钮，即可解决汉字与英文字母的间距问题，并返回Word窗口。

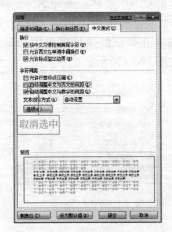

图19-37 取消选中复选框

3.在Excel单元格中显示数据左侧的"0"

在Excel单元格中，若输入的数字为"001"，但确定后显示的却为"1"，则是因为在默认情况下，Excel软件会自动将数据左侧的"0"取消显示，用户只需要设置单元格的格式，即可显示数据左侧的"0"，其具体操作步骤如下。

步骤 01 单击菜单栏中的"文件"→"打开"命令，打开一个工作簿，在A列单元格中的数据均未显示数据"0"，如图19-38所示。

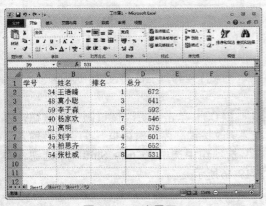

图19-38 未显示0

步骤 02 使用鼠标选中"A2～A9"单元格，如图19-39所示。

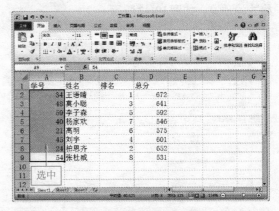

图19-39 选中单元格

步骤 03 单击"数字"面板右下角的"设置单元格格式：数字"按钮，如图19-40所示。

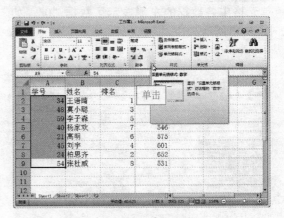

图19-40 单击按钮

步骤 04 弹出"设置单元格格式"对话框，在"分类"列表框中选择"自定义"选项，如图19-41所示。

图19-41 选择"自定义"选项

步骤 05 在"类型"文本框中输入"0000",此时,"示例"选项中即可进行数据格式的预览,如图19-42所示。

图19-42 输入"0000"

步骤 06 单击"确定"按钮,此时,所选单元格中各数据的左侧显示了数据"0",如图19-43所示。

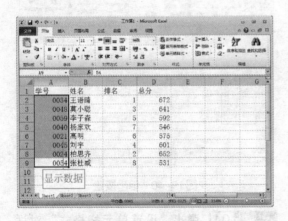

图19-43 显示数据"0"

19.4.2 常用输入法故障排除

输入法对于每台电脑都是必不可少的软件,如果没有输入法就无法在电脑中输入各种信息和文字。若电脑中的输入法突然不能使用时,将会给学习和工作带来极大的不便,因此,解决常见的输入法故障是非常有必要的。

1.无法切换输入法

一台电脑中会自带很多输入法,而且由于每个用户的需求不同,所使用的输入法也会各不相同,那么,必然会有切换输入法的操作,然而,有时却无法切换输入法,这就需要从输入法本身的设置来解决,具体操作步骤如下。

步骤 01 在桌面右下角输入法图标上单击鼠标右键,在弹出的快捷菜单中选择"设置"选项,如图19-44所示。

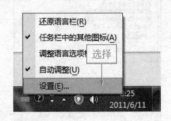

图19-44 选择"设置"选项

步骤 02 弹出"文本服务和输入语言"对话框,切换至"高级键设置"选项卡,在其中选择合适的选项,如图19-45所示。

图19-45 "高级键设置"选项卡

步骤 03 单击"更改按键顺序"按钮,弹出"更改按键顺序"对话框,在"切换输入语言"选项组中选中"Ctrl + Shift"单选钮,如图19-46所示。

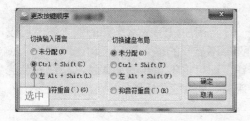

图19-46 "更改按键顺序"对话框

步骤 04 单击"确定"按钮,返回"文本服务和输入语言"对话框,在"输入语言的热键"列表框中,切换输入法的快捷键已经改变,如图19-47所示。

图19-47 改变切换输入法的快捷键

步骤 05 单击"确定"按钮,按[Ctrl]+[Shift]键即可切换输入法。

2.输入法图标被隐藏

在日常的电脑操作过程中,可能会出现输入法图标不见了的现象,这可能是因为输入法图标被隐藏了,只要取消隐藏状态即可显示输入法图标,具体操作步骤如下。

步骤 01 单击"开始"菜单中的"控制面板"命令,在打开的窗口中选择"区域语言"链接,在打开的对话框中单击"键盘和语言"选项卡中的"更改键盘"按钮,弹出"文本服务和输入语言"对话框,如图19-48所示。

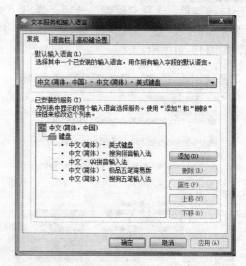

图19-48 "文本服务和输入语言"对话框

步骤 02 切换至"语言栏"选项卡,在"语言栏"选项组中选中"停靠在任务栏"单选钮,再设置各选项,如图19-49所示,单击"确定"按钮,即可排除故障。

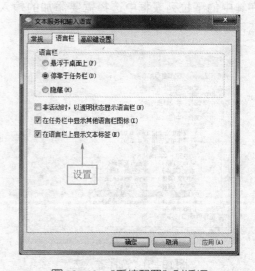

图19-49 "系统配置"对话框

3.添加输入法

若用户需要的输入法已经安装却不能显示,可能是由于没有将该输入法添加至服务中,只要将其添加至服务中即可使用该输入法,具体操作步骤如下。

步骤 01 在输入法图标上单击鼠标右键，弹出快捷菜单，选择"设置"选项，弹出"文本服务和输入语言"对话框，单击"添加"按钮，如图19-50所示。

图19-50 "文本服务和输入语言"对话框

步骤 02 弹出"添加输入语言"对话框，在其中的下拉列表框中选择需要添加的输入法，如图19-51所示。

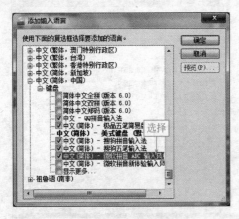

图19-51 选择输入法

 专家指点

只有将所需要的输入法添加至"已安装的服务"选项区下方的列表框中，才可以对各输入法进行切换并使用。

若用户只想保留需要的输入法，可以选择不需要的输入法后，单击"删除"按钮，即可将不需要的输入法从"已安装的服务"列表框中删除。

步骤 03 单击"确定"按钮，即可添加该输入法，如图19-52所示，单击"确定"按钮，即可切换至该输入法并进行使用。

图19-52 添加输入法

19.4.3 影音软件故障排除

多媒体软件是听音乐、看视频的常用软件，如暴风影音、千千静听、Windows Media Player等。多媒体软件主要用于将声音、视频等多媒体信息进行编码、编译后在播放器中插入展示出来，如果影音软件出了故障，那么就无法播放声音和视频文件了。

1. "暴风影音"关联文件设置

安装"暴风影音"后，双击某个音频或视频文件却无法进行播放，则可能是由于没有进行关联文件的设置而造成的，设置关联文件的具体操作步骤如下。

步骤 01 启动"暴风影音"软件后，在窗口上单击鼠标右键，在弹出的快捷菜单中选择

"高级选项"选项，如图19-53所示。

图19-53 选择"高级选项"选项

步骤 **02** 弹出"高级选项"对话框，切换至"文件关联"选项卡，再在右侧窗格中单击"全选"按钮，将所有关联文件选项选中，如图19-54所示，单击"确定"按钮，即可完成关联文件的设置。

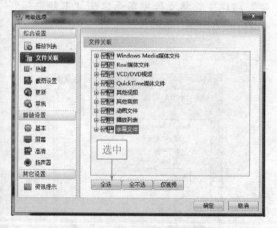

图19-54 选中所有关联文件

 专家指点

虽然暴风影音属于视频软件的一种，但由于不断地改进，它既可以播放视频文件也可以播放音频文件，但播放之前一定要对关联文件进行相应地设置，否则部分文件将无法播放。

2."千千静听"故障处理

"千千静听"是一款专业且优秀的音频播放软件，受到许多人的喜爱，但使用过程中由于各种设置不恰当，可能会出现一些小故障，如更改播放模式、删除源文件、嵌入歌词等，具体操作步骤如下。

步骤 **01** 启动"千千静听"应用程序，打开"千千静听"窗口，在窗口上方单击鼠标右键，在弹出的快捷菜单中选择"播放模式"选项，展开关联菜单，即可选择不同的播放模式，如图19-55所示。

图19-55 选择"播放模式"选项

步骤 **02** 在窗口上方单击鼠标右键，在弹出的快捷菜单中选择"千千选项"选项，如图19-56所示。

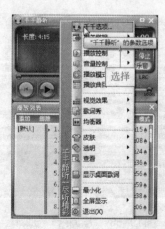

图19-56 选择"千千选项"选项

步骤 03 弹出"千千静听-选项"对话框，切换至"播放列表"选项卡，再在右侧窗格的"选项"选项组中选中"禁用物理文件删除功能"复选框，如图19-57所示。

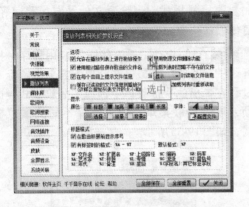

图19-57 "播放列表"选项卡

专家指点

在使用千千静听播放音乐文件时，如果没有设置"禁用物理文件删除功能"选项，那么每一次在"千千静听"中删除歌曲时，该歌曲也会在磁盘中被删除掉。

步骤 04 切换至"歌词秀"选项卡，再在右侧窗格的"选项"选项组中选中"自动嵌入歌词"复选框，如图19-58所示。

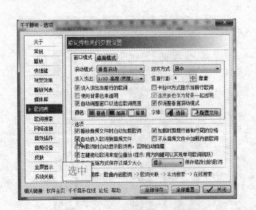

图19-58 "歌词秀"选项卡

步骤 05 切换至"网络连接"选项卡，再在右侧窗格切换至"歌曲下载"选项卡，单击"下载路径"右侧的图标，如图19-59所示。

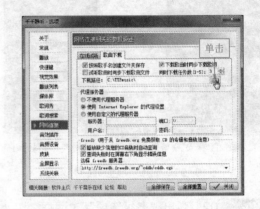

图19-59 "网络连接"选项卡

步骤 06 弹出"浏览文件夹"对话框，选择合适的下载保存路径后，单击"新建文件夹"按钮，并将文件夹重命名为"下载音乐"，如图19-60所示。

图19-60 新建文件夹

步骤 07 单击"确定"按钮，返回到"千千静听-选项"对话框，此时已经改变下载路径，如图19-61所示，单击"关闭"按钮，即可确认千千静听的选项设置。

图19-61 改变下载路径

3. "Windows Media Player" 设置

Windows Media Player 是 Windows 系统自带的一款播放软件，也是人们喜欢的影音播放软件之一，具体操作步骤如下。

步骤 01 启动 Windows Media Player 应用程序，打开 "Windows Media Player" 窗口，在窗口上单击鼠标右键，在弹出的快捷菜单中选择 "更多选项" 选项，如图19-62所示。

图19-62 选择 "更多选项" 选项

步骤 02 弹出 "选项" 对话框，切换至 "性能" 选项卡，在 "网络缓冲" 选项组中选中 "缓冲" 单选钮，再设置合适的缓冲时间，如图19-63所示。

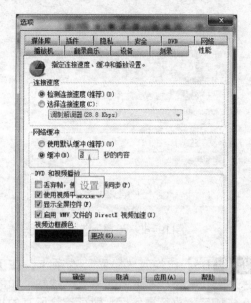

图19-63 "性能" 选项卡

步骤 03 切换至 "DVD" 选项卡，单击 "默认设置" 按钮，如图19-64所示。

图19-64 "DVD" 选项卡

步骤 04 弹出 "默认语言设置" 对话框，在其中设置各选项，如图19-65所示，设置完成后单击 "确定" 按钮，返回 "选项" 对话框。

图19-65　设置各选项

步骤 05 切换至"隐私"选项卡，在历史记录中单击"清除历史记录"按钮，如图19-66所示；执行操作后，即可清除所有的播放记录，再单击"确定"按钮，即可确认所有的设置。

图19-66　"隐私"选项卡

第20章

电脑硬件故障排除

学习提示 》

　　随着电脑使用率的大大增加，电脑在人们日常生活和工作中的地位越来越重要，从而出现问题的几率也大大增加，最怕的就是硬件出故障。因此，快速分析出电脑产生故障的原因，并迅速排除故障变得尤为重要。

主要内容 》

- 电脑故障基本常识
- 电脑故障诊断与排除
- CPU 故障排除
- 主板故障排除
- 硬盘故障排除

重点与难点 》

- 电脑故障的类型与原因
- 故障的诊断原则与方法
- CPU 故障的处理方法
- 电脑不断自动重启
- 主板故障排除的常用方法
- 硬盘故障排除的方法

学完本章后你会做什么 》

- 了解与判断故障的类型
- 掌握电脑故障排除的方法
- 掌握排除CPU故障的方法
- 掌握排除主板故障的方法
- 掌握诊断硬盘故障的方法
- 掌握排除硬盘故障的方法

图片欣赏 》

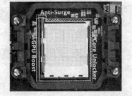

20.1 电脑故障基础知识

电脑在使用过程中出现故障是难免的，电脑故障有大有小，有些故障不会影响电脑的使用，而有些故障可能导致系统崩溃，甚至文件丢失。对于一些较小的故障，用户可以自己动手解决，既省钱又省力，还可以增加电脑知识，而对于复杂的故障最好请专业人士来解决。

20.1.1 电脑故障的分类

电脑系统主要分为硬件系统和软件系统两大部分。由此可想，电脑故障也分为硬件故障和软件故障两大类，无论硬件故障还是软件故障，都会影响电脑的正常运行。

1.硬件故障

硬件故障主要是指电脑硬件中的元器件发生故障，从而使电脑不能正常工作，而元器件主要包括主机系统、内存储器、硬盘、显示器、磁盘驱动器、电源等。一旦出现硬件故障，就及时进行维修，从而保证电脑的正常运行。

常见的硬件故障表现在以下几个方面。

❖ 元器件与芯片故障：元器件与芯片失效、松动、接触不良、脱落，或者因为温度过高而操作不正常。

❖ 连线与插接件故障：电脑外部和电脑内部的各部件之间的连接电缆或者插头（座）松动，乃至脱落，或者连接错误。

❖ 部件工作故障：电脑中的主要部件，如显示器、键盘、磁盘驱动器等硬件产生故障造成系统工作不正常。

❖ 跳线与开关故障：系统与各个部件及印刷电路板上的跳线连接脱落、错误连接，或是开关设置错误，从而构成不正常的系统配置。

❖ 系统硬件一致性故障：涉及各硬件部件和各种电脑芯片能否相互配合，在工作速度、频率、温度等方面是否具有一致性。

❖ 电源故障：系统和部件没有供电，或

者只有部分供电。电源故障又可以分为"真"故障和"假"故障两种。其中，"真"故障属于硬件的物理性损坏，如主机的元件等出现电器故障或机械故障、电源烧毁、主板电容烧毁等。

2.软件故障

软件故障包括的内容比较广泛，它主要指的是用户在使用软件过程中出现了故障。发生故障的主要原因有丢失文件、文件版本不匹配、内存冲突、内存耗尽、系统崩溃等。

常见的软件故障有以下几个方面。

❖ 系统无法启动

无法启动系统的现象主要是不能出现系统登录界面，根据系统的损坏程序，可能出现停止在系统启动界面、提示系统文件丢失、出现蓝屏、死机或反复重启等故障现象。

❖ 系统和软件运行速度缓慢

系统和软件运行缓慢也是一种比较常见的故障，主要表现为系统和软件的启动、运行速度缓慢，有时要等待很长一段时间，程序才会有反应等。

❖ 驱动程序出错

驱动程序出错可能会引起电脑无法正常使用。如果未安装驱动程序或驱动程序之间产生冲突，在操作系统下的设备管理器中就可以发现一些标记，其中，"？"就表示未知设备，是设备没有正确安装；"！"表示设置间有冲突；"×"表示所安装的设备驱动程序不正确。

❖ 提示内存不足

在软件运行过程中，提示内存不足，无法打开文件、保存文件或某一功能不能使用等，这种现象经常出现在图像处理软件中，如Photoshop、Illustrator、AutoCAD等软件。

❖ 软件中毒

病毒对电脑的危害是众所周知的，轻则影响机器速度，重则破坏文件或造成死机。一旦软件感染了病毒，就可能在后台启动软件，破坏软件的文件，导致软件运行异常或无法使用。

❖ 蓝屏死机

电脑蓝屏指的是微软Windows操作系统无

法从一个系统错误中恢复过来时所显示的屏幕图像。这可能是硬件或驱动程序不兼容、软件有问题或病毒等引起的。

❖ 自动重启

有时电脑会出现自动重启的故障，甚至会出现反复重启的情况，如系统感染病毒，或用户操作不当，删除了系统文件等，都可能是引起电脑自动重启的原因。

20.1.2 产生故障的原因

电脑产生故障的原因有很多种，通常情况下都是从电脑故障的分类来判断原因的，因而，主要可分为导致硬件故障的原因和导致软件故障的原因。

1.导致硬件故障的原因

电脑硬件故障主要是指物理硬件的损坏、CMOS参数设置不正确、硬件不兼容等原因造成电脑无法使用。导致硬件故障的原因，归纳起来主要有以下几种。

❖ 操作不当

操作不当属于人为的故障，大部分是因为使用者在操作电脑时的方法不正确或疏忽所导致的。如：在机器运行的情况下，胡乱拨动机箱内的硬件或连线，很容易对硬件造成损坏；另外，喷溅导电液体、落入导电的金属异物、暴力拆装、数据线连接不正确都属于操作不当。

❖ 硬件不兼容

硬件之间在相互配合工作时，需要具有共同的工作频率，同时由于主板对各个硬件的支持范围不同，所以硬件之间的搭配显得至关重要。例如，内存条升级，如果主板不支持的话，将出现无法开机的现象。因此，如果用户需要为电脑安装两个内存条，尽量是同一型号、同一大小的产品。

❖ CMOS设置不当

CMOS设置的相关参数要和硬件本身相符。如果设置不当，就会引起系统故障。例如：硬盘参数、模式设置、内存参数等设置不当，将会导致电脑无法启动，甚至可能会造成

死机的故障。

❖ 淤积的灰尘太多

灰尘一直是引起硬件故障的重要原因。电脑主板、电源以及CPU等处的灰尘淤积得太多，会导致电脑产生的热量无法及时散出，从而使得这些部件局部过热，影响电脑的正常工作，严重时甚至会烧毁电脑元器件。另外，电脑中使用散热风扇的硬件（如CPU和ATX电源），如果散热风扇出现故障，同样会导致散热不良，甚至烧毁硬件的现象。

❖ 工作环境

电脑所处的环境主要包括电源、温度、静电或辐射等因素。如果电脑的工作环境温度过高，对电路中的元器件影响最大，首先会加速其老化的速度，其次过热会使芯片插脚焊点脱焊。由于电脑主板芯片周围环境的静电会比较高，这样就很容易造成电脑内部硬件的损坏。另外，电磁辐射也会给电脑系统带来影响，所以电脑应尽量远离冰箱、空调、电视等电气设备，最好不要与这些设备共用一个插座。

2.导致软件故障的原因

软件在安装、运行或卸载的过程中都会引起各种不同的故障。导致软件故障的原因，归纳起来有以下几种。

❖ 误删系统启动文件

启动Windows操作系统时需要有Commad.com、Io.sys、Msdos.sys等文件的支持，如果这些文件遭到破坏或被误删，则会导致电脑不能正常使用。

❖ 丢失动态链接库文件（DLL）

在Windows操作系统中还有一类文件也非常重要，这就是扩展名为DLL的动态链接库文件，这些文件从性质上来讲属于共享类文件。也就是说，一个DLL文件可能会有多个软件在运行时需要调用它。如果用户在删除一个应用软件时，该软件的程序会记录它曾经安装过的文件并准备将其逐一删除。这个时候就容易出现被删掉的动态链接库文件同时也正在被其他软件使用的情形，如果丢失的链接库文件是比较重要的核心链接文件的话，那么，系统就会

死机，甚至崩溃。

❖ 注册表被损坏

在操作系统中，注册表主要用于管理系统软件、硬件和系统资源。有时由于用户操作不当、遭受黑客攻击或病毒破坏等，都会使注册表被损坏，从而也会引起电脑故障。

❖ 不支持软件升级

很多人认为软件升级没有什么问题，而事实上，在软件升级过程中都会对一些共享的组件也进行升级，但是某些程序可能不支持升级后的组件而导致软件出现异常或无法使用。

❖ 非正常卸载

卸载软件时不要直接将软件安装所在的目录文件直接删掉，那么，注册表以及Windows目录中会遗留很多垃圾文件，时间长了，会造成系统不稳定，从而产生故障。

20.1.3 判断系统报警声

当电脑发生故障时，首先要保持镇定，先判断故障是哪一类故障，再通过故障判断方法逐步进行排查，直到找到故障原因。

有些故障发生时会有报警声，通过故障报警声可以初步判断故障所在位置。下面列出一些常见的BIOS报警声说明，以帮助用户通过报警声判断故障的原因，如表20-1和表20-2所示。

表20-1　Award BIOS报警声及说明

报警声	说　　明
1短	系统正常启动
1长3短	显卡或显示器错误
2短	常规错误，可进入CMOS设置中修改
1长9短	主板BIOS损坏
1长1短	内存或主板出错
不断的长声响	内存有问题
1长2短	键盘控制器错误
不断的短声响	电源、显示器或显卡没连接好

表20-2　Phoenix BIOS报警声及说明

报警声	说　　明
1短	系统正常启动
3短	POST自检失败
1短1短2短	主板错误
1短1短3短	主板没电或CMOS错误
1短1短4短	BIOS检测错误
1短2短1短	系统时钟出错
1短2短2短	DMA通道初始化失败
1短2短3短	DMA通道寄存器出错
1短3短1短	内存通道刷新错误
1短3短2短	内存损坏或RAM错误
1短3短3短	内存损坏
1短4短1短	基本内存地址错误
1短4短2短	内存ECC校验错误
1短4短3短	EISA总线时序器错误
1短4短4短	EISA NMI口错误
2短1短1短	基本内存检验失败
3短1短1短	第一个DMA控制器或寄存器出错
3短1短2短	第二个DMA控制器或寄存器出错
3短1短3短	主中断处理寄存器错误
3短1短4短	副中断处理寄存器错误
3短2短4短	键盘时钟错误
3短3短4短	显示内存错误
3短4短2短	显示测试错误
3短4短3短	未发现显卡BIOS
4短2短1短	系统实时时钟错误
4短2短2短	BIOS设置不当
4短2短3短	键盘控制器开关错误
4短2短4短	保护模式中断错误
4短3短1短	内存错误
4短3短3短	系统第二时钟错误
4短3短4短	实时时钟错误
4短4短1短	串口故障

20.1.4 诊断电脑故障的原则

在排除电脑故障的过程中，只要按照一定的流程和顺序进行检测和诊断，才能快速查找到故障所在位置，提高工作效率，避免因为不必要或错误地操作所引起的更多故障。

1. 先分析后动手

电脑故障有真故障和假故障两种，在发现电脑故障时首先要分析是否为假故障，仔细观察电脑的环境，是否有受到其他设备的干扰，各设备之间的连线是否正常，电源开关是否打开，电脑操作是否正确等，排除了假故障后，分析真故障可能出现的部位，然后再动手进行修理操作。

2. 先软件后硬件

当电脑出现故障时，一时无法判断出是硬件出了问题还是软件出了问题，从专业角度来讲，应当先检查电脑软件是否存在故障，当排除软件故障后，而故障没有消失，就应该从硬件方面着手了。

3. 先外设后内设

当故障涉及正在使用的外部设备时，应先检查机箱或显示器等外部设备，看其是否正常完好，如插座是否断路、开关按钮是否正常等，当确认外部设备没有异常时，再打开机箱对内部设备进行检查。

4. 先简单后复杂

在检测电脑故障时，应先进行相对简单的检测工作，如果不能消除故障，再进行那些相对复杂的检查工作。

所谓简单检查就是对电脑进行观察和分析周围环境，如电脑位置、电源连接、灰尘、温度与湿度等。

复杂的检查就是对电脑系统、硬件设备、软件安装等进行诊断，如查看电脑系统是否正常等。

5. 先一般后特殊

电脑故障可以分为普遍性和特殊性，遇到电脑故障时，先从常见、普遍的故障下手，逐步缩小故障范围，再处理特殊故障。

20.1.5 电脑故障诊断注意事项

处理电脑故障首先应准确地找出引起故障的原因，只有找到了原因才能"对症下药"。其次在对电脑故障进行处理时，还应注意避免解决了这个故障而引发另一个故障。在检测电脑故障时应注意以下几个事项。

❖ 保持头脑清醒：千万不要慌张，要记录出现的异常现象、电脑报出的信息和所处的环境，并且要清楚自己在发生故障前进行的操作，这些都是分析电脑故障所必需的依据。

❖ 明确问题本质：应根据故障现象，通过检测并结合有关经验和知识，确定产生故障的原因，切忌没有目标而做事倍功半的事。

❖ 注意备份：如果硬盘中有重要的数据应先进行备份，若条件允许，则应优先使用其他存储设备对电脑中的资料进行备份，以防维修过程中数据丢失。

❖ 拔除电源：在拆装零部件的过程中一定要将电源拔除，最好不要进行热插拔，以免不小心误触而损坏电脑。

❖ 小心静电：维修电脑时要注意静电对电脑的损坏，尤其是在干燥的冬天，手上通常都带有静电，所以在接触电脑部件前要消除静电，否则会烧坏电脑元件。

❖ 必备工具：在开始维修前先备妥各种常见的硬件和软件工具，否则会在维修中因缺少某个必备的工具而无法继续维修。

20.1.6 电脑故障诊断和排除方法

电脑故障主要分为硬件故障和软件故障两大类，而无论哪种故障都会导致电脑无法正常使用。用户自己动脑、动手逐步地对故障进行分析、诊断、排除，这样不仅可以学到很多维修知识和技巧，还可能省时省力省钱更省心。

1. 观察法

观察法即用眼看、鼻闻、耳听、手摸等方法检测硬件是否存在故障，如查看电路板有无断线、杂物或虚焊，观察部件表面是否有焦色、龟裂等现象，主板电容是否爆浆等。

电脑内部器件烧坏时会发出一种烧毁的气味，如果闻到这种气味应该立刻关机，并做进一步检查。

耳听即听风扇、光驱、硬盘等设备的工作声音有无异常，通过耳听可以及时发现故障隐患，并做进一步检修。

手摸即用手检查器件是否松动或接触不良，器件是否发烫等。用手摸电脑内部的器件时应注意防静电，对于温度可以通过温度检测软件来进行检测，以免因硬件温度过高造成不必要的损失。

2. 清洁法

电脑使用时间长了，主机箱中会淤积很多灰尘，一旦电脑出现故障，要考虑是否是灰尘的问题。灰尘积累得太多，会影响电脑的正常散热，静电或配件接触不良的现象，因此，应尽量保持电脑的清洁。如使用小毛刷扫除CPU风扇、电源风扇和显卡风扇上的灰尘，使用酒精或橡皮擦擦拭各板卡的金手指等。

3. 敲击法

电脑运行时好时坏，有时出现故障后过一段时间又自行恢复，这种现象可能是由于虚焊或接触不良造成的。对这种情况可以用敲击法进行检查。关机后拆开机箱，用小橡皮锤轻轻敲击怀疑有故障的部件，观察出错的机器是否恢复正常或正常的机器是否出现故障。发现问题所在后，再进行进一步排除故障即可。

4. 插拔法

插拔法是一种比较好的判断故障的方法，

其原理就是通过插拔板卡后，观察电脑的运行状态来判断故障所在，若拔除CPU、内存、显卡外的所有板卡后系统工作仍不正常，则说明故障很可能就在CPU、内存或显卡上。另外，插拔法还可以解决一些芯片、板卡与插槽接触不良所造成的故障。

5. 替换法

若使用插拔法不能寻找到故障点，此时可以采用替换法来排除故障。此方法就是用好的部件去代替可能引起故障的部件，以判断故障发生位置和排除故障的一种维修方法，若故障消失，说明原插件板的确有问题。例如，用一个无故障的显卡换掉怀疑存在有故障的显卡，如果故障消失，则说明故障出现在该显卡上。

6. 病毒查杀法

许多时候，系统故障是由病毒引起的。病毒的种类繁多、层出不穷，让许多用户防不胜防。及时升级杀毒软件，按时对系统进行查杀，即可排除由病毒引起的故障。

7. 升温降温法

电脑温度过高或过低都会引起故障的发生。如果电脑工作较长时间后出现故障，可以用升温法来检查机器，通过一些软件（如FurMark软件）可以使电脑满载运转，观察可疑部件是否会出现故障。

8. 最小系统法

最小系统法是指电脑能运行的最小环境，即电脑运行时主机内的部件最少。如果在最小系统（指在主板上插入CPU、内存和显卡，连接显示器）内电脑能正常稳定地运行，则故障应该发生在没有加载的部件上或存在兼容性问题。

20.2 CPU故障排除

CPU是电脑的核心部件，相当于人的大脑，担负着分析、处理各种数据的重任，对电脑的正常运行起着举足轻重的作用。CPU的电路集成度很高，正常情况下出现故障的几率很低，但如果CPU安装不当或散热不良，也会对电脑的正常运行带来很多麻烦。

20.2.1 CPU故障的处理方法

处理CPU故障首先是要针对最常见的故障进行下手，而常见的CPU故障处理方法包括以下几种。

❖ 检查CPU安装是否正确

检查CPU是否安装到位，安装CPU时要将CPU上的小三角对准主板CPU插座上的小三角，要和主板CPU插座一致才能安装上。

❖ 检查CPU是否烧毁、压坏

关机后切断电源，打开机箱取下CPU风扇，再取出CPU，观察CPU是否有损毁，或针脚是否有压弯的现象。如果针脚被压弯，则可能会造成CPU的接触不良，因此，需要更换一个完好的CPU。

❖ 检查风扇运行是否正常

由于CPU运行时散发的热量很高，需要散热器和散热风扇驱散热量，风扇一旦出现故障，CPU就会工作不正常甚至被烧毁。平时发现风扇转速不均匀或者旋转时噪声很大，就应该将其取下，在轴承处加些润滑油。

❖ CPU本身存在质量问题

CPU出现质量问题的现象很少见，但也有以次充好的现象，用户在购买时可以通过专门的CPU测试软件进行检测。或者找一个同型号的CPU安装在主板中，启动电脑，观察故障是否依然存在，从而判断是否是CPU本身的问题。如果故障消失，则可以考虑更换一个CPU。

❖ BOIS参数设置不当

如果在BIOS中的参数设置不当，也会造成无法开机、黑屏等故障，常见的设置错误是将CPU的工作电压、外频或倍频等设置错误所导致的。用户只需将CPU的工作参数设置正确即可。

❖ 其他设备不匹配

如果其他设备的工作频率和CPU的外频不匹配，则CPU的主频会发生异常，从而造成无法开机的故障，更换与CPU外频匹配的设备即可排除故障。

20.2.2 电脑不断自动重启

在清理机箱时不慎将CPU散热片的扣具弄掉，照原样把扣具安装回散热片，重新安装好风扇后开机，结果刚开机电脑就自动重启。

随着CPU制作工艺和集成度的不断提高，其核心发热量大已经成为一个比较严峻的问题，因此当前的CPU对散热风扇的要求也越来越高。如果用户使用的是双核或四核的CPU，一定要选择质量过硬的CPU风扇，并且必须确保安装方法正确；否则，轻则造成电脑重启，严重的则可能造成CPU烧毁。

20.2.3 系统运行一段时间后速度减慢

电脑开机后运行大概半个小时后，系统速度会突然减慢。由于该故障是在电脑运行一段时间后出现的，大致上可以判断这是因为CPU温度偏高所导致的。

进入BIOS设置程序后，在"PC Health Status"选项中看到"CPU Warning Temperature（CPU警界温度）"选项的设置为"50 ℃ /120"、"Current CPU Temperature"选项的显示为"53℃ /127"。由此可以确定此故障是由于CPU温度超过了BIOS所设置的警界温度，从而导致系统速度变慢。在BIOS中将"CPU Warning Temperature"选项设置为"60℃ /140"即可。

20.2.4 CPU超频后出现蓝屏

CPU超频使用后，在Windows操作系统中经常出现蓝屏，无法正常关闭程序，只能重启电脑。

蓝屏现象一般在CPU执行比较繁重的任务时出现，如运行大型的3D游戏、处理运算量非常大的图像和影像等。由于CPU运行速率过高，导致温度急剧上升，从而出现蓝屏故障，下面将介绍排除该故障的方法。

❖ 检查CPU的表面温度和散热风扇的转速，然后查看CPU风扇和CPU的接触是否良好，并在两者的接合面上涂抹薄薄的一层硅脂。

❖ 如果还是不能达到散热要求，则需要为CPU更换大功率的散热风扇，或者可以考虑添加好一点的散热装置。

❖ 如果涂抹硅脂或更换大功率风扇仍然无法排除蓝屏故障，则建议用户将CPU频率恢复到正常工作频率。

20.2.5　新电脑出现很大的噪声

一台新组装的电脑，开机后机箱内会出现很大的噪声，则可能是由于风扇所引起的。

打开机箱后检查，发现噪声是CPU散热风扇发出的，但风扇是全新，而且也不是劣质产品。仔细检查风扇，发现风扇轴承部分的润滑油已经凝固，导致风扇转动不畅，从而产生噪声。认真分析，判断为室温过低导致润滑油凝固，为风扇添加几滴防冻润滑油或将室温增高即可排除故障。

20.2.6　正常操作时突然黑屏

在正常使用电脑时突然出现黑屏，重新启动系统后仍然黑屏，但电源指示灯却一直处于开启的状态，那么，这样的故障应该如何解决呢？读者可以参照以下方法来进行解决。

❖ 利用最新系统法，将网卡等一些不太重要的硬件拆下来。重新启动电脑后如果故障仍然存在，则更换显卡，测试其是否恢复原有的状态。

❖ 检查CPU上的风扇工作是否正常，将其拆下并把CPU取出再重新安装一次，发现系统恢复正常，则说明此故障是由于CPU插座松动造成的，再将其他部件重新安装好后，即可排除故障。

20.3　主板故障排除

主板是组成电脑的重要核心部件之一，主要负责电脑硬件系统的管理与协调工作，使得CPU、功能卡和外部设备有机地接合、从而稳定的正常运行。主板的性能直接影响着电脑的性能，其故障的外在表现为系统启动失败、显示器无法显示等故障。

20.3.1　主板故障排除的常用方法

当主板出现故障时，一般会导致系统无法启动，屏幕无法显示等现象。对主板故障进行排查的方法主要有以下几种。

❖ 清洁法

使用较软的刷子将主板上的灰尘刷去；对主板上的各个插槽进行擦拭，并轻轻地擦拭主板上的内存、显卡的金手指。在很多情况下电脑无法正常工作都是由于灰尘造成的。

❖ 观察法

查看主板上的元件是否有烧毁，检查主板上的插座是否倾斜，主板上的电容、电阻等引脚是否连接在一起了。如果发现存在上述问题，应用专用工具对其进行检查和修理。另外，还可以触摸元件的表面，检查其是否过热，如果过热则需要更换新元件。

❖ 排除法

电脑出现了故障，主要可能是主板、内存条、显卡、硬盘等出现了故障。将主板上的元件都拔掉，换上好的CPU和内存，查看主板是否正常工作。如果此时主板不能正常工作，可以判定是主板出现了故障。

❖ 触摸法

用户触摸芯片的表面，感受元件的温度是否正常，可以判断出现故障的部件。比如CPU和北桥芯片，在工作时应该是发热的，如果开机很久还没有热的感觉，则电路有可能被烧毁了，而南桥芯片则不应该发热，如果触摸时感觉手烫，则该芯片可能短路了。

❖ 插拔法

根据开机时的报警铃声来判断是哪个元件

发生了问题，然后将可能发生故障的元件进行更换，从而判断到底是哪个元件出了问题。

❖ 软件诊断法

通过随机附带的诊断程序、维修诊断卡等来诊断故障，一般用于检查接口电路故障。

❖ 替换法

对于一些特殊的故障，软件分析法并不能判断出哪个元件出了问题。此时，最好的方法就是使用好的元件去替换所怀疑的元件，如果故障消失，则说明该元件是有问题的。通常可以根据经验直接替换好的元件，如果故障仍然存在，则说明主板的问题比较严重了。

▶ 20.3.2　主板短路导致电脑停止响应

如果电脑开机运行一分钟左右就自动停止运行，无任何响应。通常出现此类故障的原因有3个：机箱开关问题、电源损坏或主板问题。

经过检查和测试，排除开关和电源问题后。将主板卸下安装到其他电脑上可以正常使用。此时进一步查看，发现机箱设计不合理，主板固定后，背面与金属底板有接触。由此可以判断为接触过近导致主板线路短路，造成电脑无法正常工作，在主板和机箱之间放置一个绝缘物体，将可以排除故障。

▶ 20.3.3　电脑在工作时黑屏重启

电脑在正常工作时突然黑屏并重启，启动后还是黑屏，且无BIOS自检声音。此时，用户可以将硬件设备一一拆下，利用替换法，换到其他电脑上检测，排除显卡、内存和电源等设备故障（因为没有启动到读取硬盘数据阶段，所以可以基本排除硬盘、光驱等硬件故障）。拆卸CPU时，发现不用拉起固定手柄就可以将其取出，由此可以判定该故障是CPU安插太松，接触不良所导致的。若条件允许，可以考虑更换一个能压紧CPU的散热风扇，否则，就要送修或更换主板了。

▶ 20.3.4　屏幕总是出现花屏现象

电脑运行时经常出现花屏现象，甚至屏幕上无任何显示。导致花屏现象的主要原因是显卡、显示器、内存和主板故障。利用替换法，将显卡、显示器和内存安装到其他电脑上，发现这些设备都可以正常工作，确定问题出在主板上。使用放大镜仔细检查印刷线路板，在AGP插槽的背面发现两根很细的线路有断裂痕迹。

正常情况下，主板很少出现线路断裂的故障。分析该故障，可能是因为机箱不配套导致主板没有得到完全的支撑，多次插拔显卡后造成主板线路断裂。将主板送到专业维修店进行修理后，即可排除故障。

▶ 20.3.5　电脑进入休眠状态后死机

电脑进入休眠状态后死机的情况一般都是出现在BIOS支持硬件电源管理功能的主板上，由于用户在BIOS中开启了硬件控制系统休眠功能，又在Windows中开启了软件控制系统休眠功能，从而造成电源管理冲突。

重启电脑按【Delete】键进入BIOS设置程序，打开"Power Management Steup"子菜单，将参数设置为"NO"的选项全部改为"Yes"，然后按【F10】键保存后退出，只让Windows操作系统进行电源管理即可。

20.4　硬盘故障排除

硬盘是电脑中重要的存储设备，电脑中所有的系统文件、资源和文件全部存储于此，一般出现故障的情况很少，可一旦硬盘出现故障，那么所有的数据与文件都可能会丢失，带来的损失也是非常之大的。

▶ 20.4.1　硬盘故障的诊断方法

硬盘故障主要分为硬件故障和软件故障，相对来说，软件引起的故障比较复杂，通常涉及系统软件和应用软件，比如主引导扇区被非法修改导致的系统无法启动、非正常关机后的逻辑坏道等，一般通过重新分区格式化等方法即可解决。而对于纯硬件的故障问题，就比较棘手了，如设备不兼容、硬盘磁道损坏等。

当硬盘出现故障后，可以遵循以下几条原则逐步对故障进行诊断。

❖ 检查硬盘本身，查看硬盘数据线和电源线是否插好、是否连接错误、是否接触不良、是否有灰尘等。

❖ 进入BIOS设置程序中查看硬盘参数是否正确，将CMOS参数重新设置为出厂值。

❖ 检查系统信息是否被破坏，有时硬盘分区表、文件目录等会出问题，需要利用硬盘修复软件来排除故障。

❖ 查看是否是由于安装操作系统或者某些软件造成硬盘故障，如系统文件被破坏需要重装系统来解决。

❖ 如果是病毒引起的硬盘故障，可以通过最新的杀毒软件来排查。有些杀毒软件可以在DOS环境下杀毒。

20.4.2 硬盘故障的排除方法

硬盘故障应当根据诊断出的原因逐步进行排除，排除硬盘故障的常用方法有以下几种。

❖ 系统找不到硬盘，一般是由于硬盘数据线和电源线没有接好，硬盘跳线设置错误或BIOS设置错误等原因造成的。通过重新插接并重设CMOS参数排除故障。

❖ 由于突然断电、病毒破坏、软件使用不当造成硬盘分区表损坏时，不能启动硬盘，可以使用修复软件重建分区表。

❖ 硬盘一般有两种坏道：一是逻辑坏道，可以通过软件或低级格式化修复；二是物理坏道，即硬盘磁盘上出现了划痕，主要是由于硬盘质量不佳、电源电压不稳、温度不当、人为摔坏等原因造成的。

20.4.3 硬盘的容量显示偏低

一块320GB的硬盘在系统自检时，显示的容量大小只有297.6GB，这是为什么呢？

生产硬盘的厂商在计算磁盘容量时，是以1000字节为1KB，以1000KB为1MB，1000MB为1GB，而主板BIOS和其他测试软件是以1024为单位进行计算的，这样便会造成5%左右的差异，并且硬盘在分区格式化后分区表等信息也要占用一部分磁盘空间。因此，在Windows系统中显示的可用容量和实际容量就会存在差异。

20.4.4 修复硬盘坏道的方法

硬盘坏道分为逻辑坏道和物理坏道两种。逻辑坏道是逻辑性故障，通常是由软件使用不当造成的。而分区格式化后依然存在的坏道，则属于物理坏道，是由硬盘盘片出现物理损坏造成的，当光驱读到坏道区域时会有异常响声。

对于逻辑坏道，一般可以使用Windows操作系统的"scandisk"命令进行修复，或利用DM等工具软件进行修复，也可以直接通过高级格式化操作来修复。

对于物理坏道，一般需要使用分区软件（如分区魔术师），将出现坏道的一段空间单独分成一个或几个区（注意坏道前后要适当留些好的空间，以免在坏道附近进行读写时使坏道扩散），并将这个分区屏蔽，以防止磁头再次读写这个区域使坏道扩散。

有物理损伤的硬盘，用户最好将其中的数据备份到其他硬盘中，并更换有问题的硬盘。可以说，一般硬盘出现了物理损伤，那么硬盘的寿命也就不太长了。

20.4.5 硬盘无法读写或辨认

一台电脑启动后，某个硬盘出现无法读写或辨认的故障，一般是由于BIOS设置而引起的。BIOS中的硬盘类型正确与否直接影响硬盘的正常使用。现在的BIOS都具有"IDE Auto Detect"功能，可自动检测硬盘的类型。当硬盘类型错误时，有时干脆无法启动系统，有时虽然可以启动，但读写时会发生错误。如BIOS中的硬盘类型小于实际的硬盘容量，则硬盘后面的扇区将无法读写，如果是多分区状态，则个别的分区将会丢失。

另外，由于目前的IDE都支持逻辑参数类型，硬盘可采用Normal、LBA、Large等。如果在一般的模式下安装硬盘，而又在BIOS中改为其他的模式，则会发生硬盘的读写错误故障，因其映射关系已经改变，将无法读取原来的正确硬盘位置。

20.4.6 硬盘碎片过多系统运行缓慢

电脑使用一段时间后，速度变慢，除了系统本身的原因以外，磁盘中产生的文件碎片也是一个非常重要原因。

由于硬盘被划分成一个一个的簇，再在其中分成各个扇区，文件的大小不同，在存储时系统会搜索最匹配的大小，久而久之在文件和文件之间会形成一些碎片，较大的文件也可能被分散存储；产生碎片后，读取文件时就需要更多的时间去查找，从而减慢操作速度，对硬盘也有一定损害。因此，硬盘使用一段时间后应该进行碎片整理，清除碎片。

第21章

电脑网络故障排除

学习提示 >>

　　电脑网络是电脑应用中的一个非常重要的领域，而网络故障主要表现在网络设备、操作系统、相关网络软件等方面，如果网络出现了故障，那所有的网络应用将寸步难行。因此，排除网络故障势在必行。

主要内容 >>

- 局域网故障排除
- 共享资源故障排除
- QQ聊天故障排除
- 文件下载故障排除
- 网络安全故障排除

重点与难点 >>

- 电脑不能连接局域网
- 不能访问共享资源
- 设置QQ网络代理服务
- 解除下载限制
- 防范感染恶意代码
- 创建具有强保密性密码

学完本章后你会做什么 >>

- 掌握解决局域网连接故障
- 掌握两机互联的操作
- 掌握设置共享资源权限的方法
- 掌握隐藏IP地址的方法
- 设置保密性密码的技巧
- 掌握解除下载限制的方法

图片欣赏 >>

21.1 局域网故障排除

组建好局域网后,还需要保证局域网稳定、正常的运行,这样才能很好地利用局域网进行工作。但局域网会发生各种各样的故障也是无法避免的,如果不能及时解决,将会影响局域网的正常运行,严重时还会导致系统瘫痪。因此,迅速、准确地诊断并排除局域网故障是十分重要的。

21.1.1 电脑连接不通局域网

局域网不能连接是最常见的故障之一,有时在"网络邻居"中可以看见其他电脑,但在使用"Ping"命令的时候一点反应都没有,有时则有一台电脑能通过"Ping"命令查看其连通了,但在"网络邻居"中却不能看见。那么是什么问题导致的?又该如何解决这些故障呢?

❖ 协议受损

在Windows操作系统中,TCP/IP这个协议是非常容易受损的,当发现"Ping"不通对方的时候,首先可以将TCP/IP协议删除,再重新安装即可。

❖ 被软件限制

如果用户的电脑上安装了防火墙(如天网),那么其他用户很可能在"网上邻居"中能看到共享磁盘,但是"Ping"不通,此时,可以将防火墙卸载后再试。

❖ 设置错误

最常见的一个错误就是,如果用户在网络属性中将"工作组"名称设置为与其他电脑不同,则其他用户无法直接在"网络邻居"中互相看到对方。

❖ 硬件问题

出现网络不通时,在硬件上很可能是网卡或网线的问题。网线故障的几率更大,例如,网线不通、线序错误等。请仔细检查网线,将插头插紧,或重做接头。如果故障依然存在,则更换一个网卡试试。

21.1.2 不能进行远程启动

在无盘工作中插入PCI声卡后,工作站却不能进行远程启动。这类故障是因为PCI声卡占据了PCI网卡的中断资源,而无盘启动时又不能动态地再给PCI网卡分配资源。

有些网卡驱动程序由于设计上的原因,往往将找到的第一块PCI卡误认为网卡,造成不能进行远程启动的故障。

解决此故障的方法是将PCI网卡插在前面的PCI插槽中,其他的PCI卡(包括PCI显卡)放在后面的插槽中(因为前面插槽的优先级别比后面的高)即可排除故障。

21.1.3 如何实现两机互联

如果在一个家庭或办公室时,想将两台电脑进行联机时,只需要购买一根并口或串口联机线,再使用Windows 7操作系统自带的直接电缆连接功能就可以轻松实现两机互联的目的了。需要用户注意的是,短距离的联机工作,不需要使用交换机,因为使用联机线进行联机,在运行速度上要比使用交换机互联快得多。

21.1.4 不能访问共享资源

局域网中,一台计算机可以通过局域网上网,可以"Ping"通局域网中其他电脑的IP地址,但不能访问其他电脑的资源,其他电脑可以"Ping"通它的IP地址,但不能"Ping"通这台电脑的共享名,也不能访问它的共享资源,也找不到该电脑。用户可以查看计算机TCP/IP的设置属性框里是否设置了DNS,如果没有,就可能出现不能访问共享资源的故障。

在本地连接属性设置中,检查是否设置了网络文件及打印机的共享,如果没有,设置网络文件及打印机共享即可排除故障。

21.1.5 如何看局域网的IP

单击"开始"菜单中的"运行"命令,在弹出的"打开"文本框中输入"cmd",回车后在弹出的命令提示符窗口中输入"ipconfig / all"命令,按回车键即可看到本机的IP及网卡信息。

如果要查看局域网内其他电脑的IP地址信息，可使用局域网查看工具（LanSee）。它是一款用于对局域网（Internet上也适用）上的各种信息进行查看的工具。采用多线程技术，搜索速度很快。它将局域网上比较实用的功能完美地融合在一起，比如搜索计算机（包括计算机名、IP地址、MAC地址、所在工作组、用户）、搜索共享资源（包括HTTP、FTP服务）、搜索共享文件（包括FTP站点中的文件）、多线程复制文件（支持断点传输）、发短消息、高速端口扫描、数据包捕获、查看本地计算机上活动的端口、远程重启/关闭计算机等，功能十分强大。该软件是一款绿色软件，解压后直接打开即可运行，无需再安装。

▶ 21.1.6　只让一部分人使用共享资源

通常情况下，一台电脑共享资源后，其他的电脑用户都可以使用该共享资源。若只想让一部分人使用该共享资源，该怎么办呢？

在Windows操作系统中，当用户共享文件夹或驱动器后，如果在共享名称后加上"＄"符号，则该共享名称就不会出现在这台计算机的可用共享资源列表中了，这样可以将共享资源对外隐藏。若其他计算机要访问这些共享资源，就必须知道被隐藏共享资源的命名，再输入共享名称并在其后加上"＄"号才能访问该共享资源。

而另外一种方法，就是使用用户级共享权限，在共享一些共享资源时，将可以访问该共享资源的权限直接设置为某些计算机，那么，只有分配了访问权限的计算机才能访问该共享资源。

21.2　QQ聊天故障排除

QQ是常用的网络聊天软件之一，它为人们在网上沟通提供了极大的方便。但在使用过程中，可能经常会遇到QQ无法顺利上线、网络代理服务器错误、陌生人将自己列为好友等问题。使用聊天工具聊天，保证网络通畅和隐私安全是每个用户的基本要求，因此，解决网上聊天故障可以使每个用户正常、愉快地工作、学习和生活。

▶ 21.2.1　QQ无法顺利上线

在启动QQ程序后，时常发生QQ无法顺利上线的情况。这是因为QQ一般在进行改善和接收消息时采用的是UDP协议。与TCP/IP协议不同的是，UDP协议是以数据包的形式全部拆分后传输，数据的先后到达顺序不做任何要求；而TCP/IP协议则是将传输数据经分割、打包后，通过两台计算机之间建立起的虚电路，进行连续的、双向的、严格保证数据正确性的传输方式。

在Windows系统安装QQ之后，若用户单机上网，此时用户机既可以作为服务器端，又可作为客户端。因为用户登录QQ后，用户的QQ作为客户端连接到腾讯公司的主服务器上，用户此时可以从主服务器上读取其他用户的资料等数据。当用户使用QQ进行聊天时，如果和对方的连接不稳定，腾讯公司的主服务器将对聊天内容进行"中转"；如果用户使用了Socks 5代理服务器，则用户到腾讯服务器的信息将通过Socks 5代理"中转"。

另外，用户也可以尝试通过交替使用免费的Socks 5或第三方软件等进行改进。

▶ 21.2.2　避免陌生人将自己列为好友

在使用QQ聊天时，发现有陌生人将自己列为好友时，应该如何避免呢？

一般情况下，当其他QQ用户将自己添加为好友时，都会弹出信息提示框，提示是否同意加为好友的信息，用户可以选择"同意"或"不同意"。

另外，用户也可以对自己的QQ进行"身份验证"，防止任何人都可以将自己列为好友的弊端，具体操作步骤如下。

步骤 **01** 登录QQ 2011，打开"QQ2011"窗口，单击窗口下方的"主菜单"图标，如

图21-1所示。

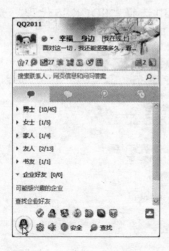

图21-1 单击"主菜单"图标

步骤 02 在弹出的菜单中选择"系统工具"→"安全和隐私"选项，如图21-2所示。

图21-2 选择"安全和隐私"选项

步骤 03 弹出"系统设置"对话框，切换至"身份验证"选项卡，在"身份验证"选项组中选中"需要回答问题并由我审核"单选钮，如图21-3所示。

步骤 04 单击"设置问题一"文本框右侧的下三角按钮，在弹出的列表框中选择"为什么要加我"选项，如图21-4所示，单击"应用"按钮和"确定"按钮即可。

图21-3 选中相应单选钮

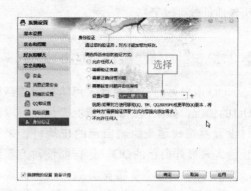

图21-4 选择相应选项

21.2.3 使用QQ长时间无法登录

QQ很长时间都登录不上服务器时，用户应该怎么办呢？

如果某个时段遇到网络拥挤，或者其他原因导致的网络问题（如服务器故障等）都有可能导致QQ长时间无法登录成功。

出现这种故障时，首先要排除系统和本地网络的软、硬件故障。如果使用计算机能够正常浏览网页并下载文件等，则说明问题很可能出在QQ的设置上，这时用户只需要更换一个QQ服务器即可。

21.2.4 设置QQ网络代理服务器

在局域网中用户的电脑不能使用QQ，这可能是网络代理服务器出了问题。用户首先要检查自己的局域网所使用的是什么代理服务器软件，有些代理服务器软件需要在服务器进行设置以后，局域网的每一台客户机，包括用户的机器才能正常使用QQ。一些代理服务器软件使用的是透明协议，无需特别设置，如Sygate、Winroute等，服务器安装了这样的代理服务器软件后，客户机无需设置Socks 5代理服务器，只要正确设置上网类型和服务器地址就可以了，QQ的所有功能都可以正常使用。有些服务器用的是Wingate和Jana这样升级的Socks 5软件，只要正确设置了服务器端的Socks 5，再在QQ的网络设置中正确设置防火墙地址就可以了。

🔹 21.2.5 如何隐藏自己的IP地址

QQ用户可能会遇到有人用信息轰炸自己QQ的情况，如果遇到此种情况，用户可以通过设置网络代理来隐藏自己的IP地址，来防止他人来轰炸自己的QQ。这样即使对方看到了您的IP地址也不是您真实的IP地址，或者QQ用户可以通过相应的设置来防止信息轰炸QQ。

通过代理服务器隐藏自己的IP地址的具体操作步骤如下。

步骤 01 启动QQ 2011应用程序，打开"QQ2011"登录窗口，单击窗口下方的"设置"按钮，如图21-5所示。

图21-5 单击"设置"按钮

步骤 02 弹出"设置"对话框，切换至"网络设置"选项卡，在"网络设置"选项组

中单击"类型"下拉列表框，在弹出的下拉列表框中选择"SOCKS5代理"选项，如图21-6所示。

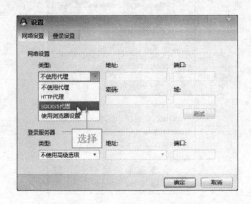

图21-6 选择相应选项

☺ **专家指点**

在"类型"下拉列表中的"HTTP代理"和"使用浏览器设置"两个选项，都可以用于设置网络代理服务器，用户可以根据自身的需求进行选择。

步骤 03 选择选项后，即可激活"地址"、"端口"文本框，分别在两个文本框中输入相应的信息，如图21-7所示。

图21-7 输入信息

步骤 04 输入完毕后，单击"测试"按钮，如图21-8所示。

图21-8 单击"测试"按钮

代理IP即代理服务器，其功能就是代理网络用户去取得网络信息。如同网络信息的中转站。当计算机使用网络浏览器直接去连接其他Internet站点取得网络信息时，须送出Request信号来得到回答，然后对方再把信息以bit方式传送回来。代理服务器是介于浏览器和Web服务器之间的一台服务器，有了它之后，浏览器不是直接到Web服务器去取回网页而是向代理服务器发出请求，Request信号会先送到代理服务器，由代理服务器来取回浏览器所需要的信息并传送给你的浏览器。

步骤 05 若信息输入错误，经过测试后将弹出信息提示框，提示无法连接到代理服务器，如图21-9所示；如果信息输入正确，将弹出"代理服务器正确"的信息提示框；依次单击"确定"按钮，再登录QQ即可隐藏IP。

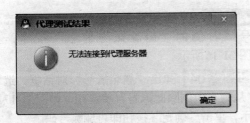

图21-9 信息提示框

专家指点

值得注意的是，按照上述方法找到确定可用的代理服务器后，一定要先退出QQ再重新登录，这样才会改变QQ的IP地址，否则QQ的IP地址是不会改变的。

拒绝QQ信息轰炸自己QQ的操作，可以通过设置防骚扰信息来解决，其具体操作步骤如下。

步骤 01 登录QQ 2011，打开"QQ2011"窗口，单击窗口下方的"主菜单"图标，如图21-10所示。

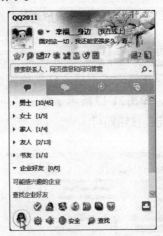

图21-10 单击"主菜单"图标

步骤 02 弹出菜单面板，选择"系统工具"→"安全和隐私"选项，如图21-11所示。

图21-11 选择"安全和隐私"选项

步骤 **03** 弹出"系统设置"对话框，切换至"安全和隐私"选项卡，如图21-12所示。

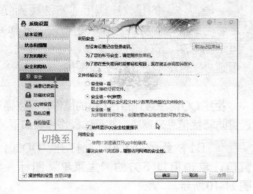

图21-12 切换全"安全和隐私"选项卡

步骤 **04** 选择"防骚扰设置"选项，再在右侧窗口中选中"不接收任何临时会话消息"复选框，如图21-13所示；单击"应用"按钮和"确定"按钮即可。

图21-13 选中相应复选框

▶ 21.2.6 删除QQ登录列表中的号码

使用QQ久了，会发现登录的时候上面有很多号码，虽然对使用来讲影响不大，但将其删除可以更好地保护隐私。下面讲解如何删除这些多余的号码，具体操作步骤如下。

步骤 **01** 启动QQ 2011应用程序，打开"QQ2011"登录窗口，如图21-14所示。

图21-14 打开登录窗口

步骤 **02** 单击"〈请输入账号〉"文本框右侧的下三角按钮，弹出列表框，其中显示了相应的登录号码，如图21-15所示。

图21-15 显示登录号码

专家指点

只要使用QQ软件将某个QQ账号登录成功后，登录列表框中就会自动记录下所登录的账号，如果电脑系统有自动清除记录的功能，那么，只要电脑关机或重启后，所有信息都会自动清除。

步骤 **03** 选择需要删除的号码，再单击该号码右侧的"删除账号信息"按钮，如图21-16所示。

步骤 **04** 弹出"删除账号"对话框，选中"从列表中删除此账号"单选钮，如图21-17所示，单击"确定"按钮即可删除号码。

图21-16　单击"删除账号信息"按钮

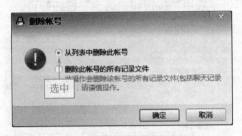

图21-17　"删除账号"对话框

😊 专家指点

　　若用户选中"删除此账号的所有记录文件"单选钮，再单击"确定"按钮，即可将该账号的所有聊天记录等信息删除。若所选择的QQ账号正在登录中，那么，将弹出信息提示框，提示"此账号正在使用，无法删除信息"的提示，因此，用户一定要在登录之前进行删除操作。

21.3　文件下载故障排除

　　使用IE、迅雷、网际快车和eMule等常用的网络下载软件从网络上下载资源时，是非常快速、便捷的。但在下载过程中或下载后可能会遇到无法打开压缩文件、单击下载链接却无法下载等问题。由于现在的学习、生活和工作的大部分信息都来自网络，因此，及时解决文件下载的故障问题，才不会影响正常的学习、生活和工作。

21.3.1　无法打开压缩文件

　　现在网络上的压缩文件，基本上都是用WinRAR或ZIP软件压缩的，但是下载文件后只要受到损坏便无法打开文件。面对此类故障，用户可以试用一下网络蚂蚁最新版本的ZIP修复功能，选中出现错误的下载任务后，用网络蚂蚁对受损的文件自动检查CRC校验，并同时标定损坏区，连线后将重新传输部分损坏的文件，完成传输后，再使用压缩软件将文件解压即可打开文件。

21.3.2　单击下载链接却无法下载

　　在网络中下载文件时，某些时候明明单击了"下载链接"按钮，并弹出下载工具软件后，却无法完成下载操作，或直接弹出页面错误等信息，这是怎么一回事呢？

　　无法下载文件等故障的常见原因有以下几点。

* ❖ 含有该下载链接的网站服务器出现故障，如服务器关闭或出错等。
* ❖ 存放软件的服务器端口被该网站的ISP屏蔽了。
* ❖ 与下载链接相关的文件已被更换名称，或者已被删除，但是下载链接没有得到更新。
* ❖ 含有该下载链接的网页，在制作时链接出现了错误。
* ❖ 用户计算机中与下载操作相关的端口被防火墙、局域网服务器等屏蔽。

　　如果是因为前4种原因而导致下载失败，则下载用户是无法进行修复的，只有更换下载地址；如果是因为第5种原因而导致下载失败，则可以通过启动防火墙进行重新设置，或向局域网管理员提出申请，再打开下载端口进行解决。

　　所以，判断到底是什么原因导致无法下载资源，可以最先从防火墙设置进行判断，如果故障解决，则是防火墙设置问题，如果故障没有排除，用户最好换个链接进行下载。

21.3.3 如何下载网站的全部内容

有些网站做得非常漂亮，而且上面的软件及资源也非常齐全，如果想要将这个网站上的内容全部下载下来，就需要使用一些专门的软件来进行操作，如WcbZip或Teleport PRO。这些软件也可以到一些软件下载网站去下载。

21.3.4 网络蚂蚁的下载速度变慢

每当一个软件下载到95%左右的时候，总是出现停止下载或者下载速度减慢的现象。这是因为当下载快要完成时，往往只有一个蚂蚁在工作，所以传输率也就下降了。而这个蚂蚁往往是因为超时的缘故，才成为最后剩下的一个，所以需要重新链接。

21.3.5 如何显示下载的文件类型

有时下载了许多文件后，却不知道其扩展名，也不知道是什么类型的文件，让许多不太懂电脑的用户不敢随意打开文件或应用程序。其实这是由于系统隐藏了已知文件类型的扩展名，只要更改扩展名的隐藏状态即可显示文件类型。具体操作步骤如下。

步骤 01 在桌面上双击"计算机"图标，打开"计算机"窗口，在菜单栏上单击"工具"→"文件夹选项"命令，如图21-18所示。

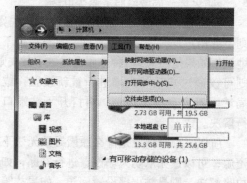

图21-18 单击"文件夹选项"命令

用户可以通过"控制面板"窗口，在其中单击"文件夹选项"链接，也可以快速打开"文件夹选项"对话框，对文件的相关选项进行设置。

步骤 02 弹出"文件夹选项"对话框，切换至"查看"选项卡，取消"隐藏已知文件类型的扩展名"前的复选框，如图21-19所示，单击"应用"按钮和"确定"按钮即可。

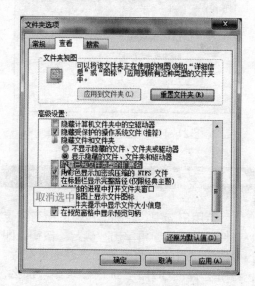

图21-19 取消相应复选框

21.3.6 如何解除下载限制

在使用FlashGet下载资源时，通过都会有一个默认的下载数和下载进程，如最多只能同时打开8个FlashGet下载，每个下载开10个进程，如果用户想打开更多的FlashGet和下载进程，那么，则需要通过注册表改变下载限制数或将下载限制解除。具体的操作步骤如下。

步骤 01 单击"开始"菜单中的"运行"命令，打开"运行"对话框，在"打开"文本框中输入"regedit"命令，如图21-20所示。

图21-20 "运行"对话框

步骤 02 单击"确定"按钮,打开"注册表编辑器"对话框,展开HKEY_USER\Softw- are\JetCar\JetCar\General选项,如图21-21所示。

图21-21 展开选项

步骤 03 在右侧窗格的空白位置单击鼠标右键,弹出"新建"菜单,选择该选项,在弹出的子菜单中选择"字符串值"选项,如图21-22所示。

图21-22 选择"字符串值"选项

步骤 04 新建一个字符串值后,将其命名为"MaxParallel Num",如图21-23所示。

图21-23 新建字符串值1

步骤 05 在字符串值"MaxParallel Num"上单击鼠标右键,弹出快捷菜单,选择"修改"选项,如图21-24所示。

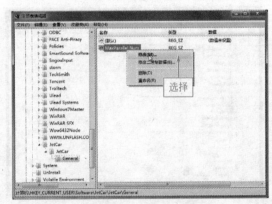

图21-24 选择"修改"选项

步骤 06 弹出"编辑字符串"对话框,设置"数值数据"为"20",如图21-25所示。

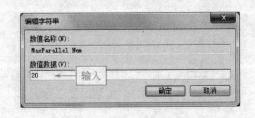

图21-25 "编辑字符串"对话框

步骤 07 单击"确定"按钮，即可改变字符串值"MaxParallel Num"的数值，那么在下载文件时可同时打开20个FlashGet下载，如图21-26所示。

图21-26 改变数值

步骤 08 参照之前的操作步骤，新建一个名为"MaxSimJobs"的字符串值，如图21-27所示。

图21-27 新建字符串值2

步骤 09 在"MaxSimJobs"上单击鼠标右键，弹出快捷菜单并选择"修改"选项，在弹出的"编辑字符串"对话框中设置"数值数据"为"60"，如图21-28所示。

图21-28 "编辑字符串"对话框

步骤 10 单击"确定"按钮，改变字符串值"MaxSimJobs"的数值，改变下载进程数，如图21-29所示，单击"关闭"按钮，改变下载限制。

图21-29 改变数值

21.4 网络安全故障排除

丰富多彩、五彩缤纷的网络世界隐藏着各种安全隐患，如蠕虫病毒的处理、信息传送是否安全、网络安全性、创建密码等，如果电脑的网络安全防护没有做到位，将会直接威胁电脑的数据安全和正常使用，甚至造成私人资料的泄露。

21.4.1 代理服务器的保密性

在使用网络过程中，可能会使用代理服务器来隐藏自己的IP地址，但是，很多人都会疑问，它是否安全、有没有安全隐患等问题。其实，如果使用专业网络服务商的代理服务器，用户的路由器和数据流量均有可能被记录在案，如果网管有意查看的话，可以完全查看并控制用户的上网全过程，包括上网时间、路由、提交的各种申请、反馈的各种信息等。因此，有可能导致文件的泄露。

对于网上其他用户和目的服务器来说是安全的，可是对于代理服务器本身来说，却是一览无余的。代理服务器的管理员或通过其他手段拥有代理服务器管理权限的人，可以轻而易举地拥有用户的秘密。

21.4.2　信息传送的安全性

在网上用IE冲浪时，有时计算机会提示"你所发送的信息可能会被其他用户看到，是否继续？"的信息，难道发出的信息和平常发出的E-mail等信息会被别人看到吗？

这类网络安全问题涉及Internet的安全性，也是一直以来比较热门且被人不断研究的问题。从理念上来说，Internet中所传输的所有信息（包括E-mail）都是可以被监控的，也可能被非法截获利用。要防范信息在网上失密，有两个简单的办法：一是给要传送的信息加密；二是不要随意向网上传送重要信息。

基于这个原则，浏览器会在用户向网上传送信息时给出提示。一般情况下个人用户如果没有什么机密，可以不予理会。如果不想让提示信息总是弹出，则可以在浏览器的安全选项中进行相应的设置。

21.4.3　防范感染恶意代码

电脑中有许多病毒都是由于用户上网时，浏览了带有恶意插件或木马的网站所导致的。若将IE浏览器的Active X控件与Java脚本禁止，可以在一定程度上减少被恶意代码感染的几率。具体操作步骤如下。

步骤 01 在桌面上的"网络"图标上单击鼠标右键，在弹出的快捷菜单中选择"属性"选项，弹出"网络和共享中心"窗口，在窗口左下角单击"Internet选项"链接，如图21-30所示。

步骤 02 弹出"Internet选项"对话框，切换至"安全"选项卡，选中"启用保护模式"复选框，再单击"自定义级别"按钮，如图21-31所示。

步骤 03 弹出"安全设置-Internet区域"对话框，在"设置"下拉列表框中，将与Active X、Java相关的脚本控件全部禁用，并设置"重置为"级别为"高"，如图21-32所示。

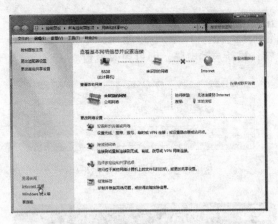

图21-30　"网络和共享中心"窗口

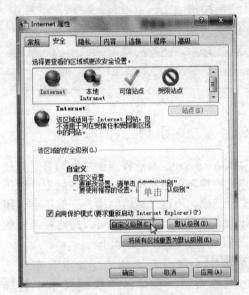

图21-31　"Internet选项"对话框

图21-32　"安全设置–Internet区域"对话框

步骤 04 单击"确定"按钮，弹出"警告"提示框，如图21-33所示，单击"是"按钮，重新启动电脑，即可更改设置。

图21-33 "警告"提示框

 专家指点

要想电脑不感染病毒或木马，用户最好不要去浏览或打开那些会自动弹出的网页和提示框，通常那些自动弹出的网页和提示框是最容易隐藏病毒和木马的。

21.4.4 关闭远程桌面服务

Desktop Services远程桌面终端服务可以使用户远程控制自己的电脑，给系统的安全留下了安全隐患，不过，普通的用户一般不会使用到此功能，因此，这类用户可以将远程桌面的服务关闭。具体操作步骤如下。

步骤 01 在桌面上的"计算机"图标上单击鼠标右键，在弹出的快捷菜单中选择"管理"选项，打开"计算机管理"窗口，如图21-34所示。

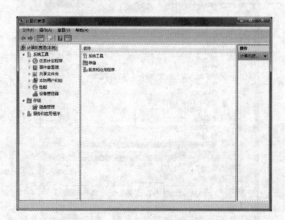

图21-34 "计算机管理"窗口

步骤 02 展开"服务和应用程序"→"服务"选项，再在右侧窗格中选择"Remote Desktop Services"选项，如图21-35所示。

图21-35 选择"Remote Desktop Services"选项

步骤 03 单击鼠标右键，在弹出的快捷菜单中选择"属性"选项，如图21-36所示。

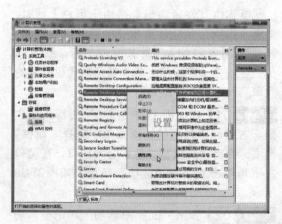

图21-36 选择"属性"选项

步骤 04 弹出"Remote Desktop Services的属性"对话框，设置"启动类型"为"禁用"，如图21-37所示，依次单击"确定"按钮，即可关闭远程桌面控制服务。

图21-37　设置"启动类型"为"禁用"

▶ 21.4.5　如何防止病毒发作

即使用户通过杀毒软件查杀病毒或木马后，但过一段时间后只要条件允许，电脑又会感染该病毒。病毒重复感染可能是由于有了新的变种，或病毒感染的途径并没有被封堵。

如果电脑中的病毒会重复发作，可以通过以下几种方法来防治病毒的反复发作。

❖ 定时升级杀毒软件和病毒库，防止病毒的升级与更新。

❖ 及时修补系统漏洞。防止一些病毒通过操作系统漏洞进行侵入。

❖ 提高安全意识，不要轻易打开来历不明的网址链接、邮件信息等。

❖ 封堵局域网漏洞。尤其对于局域网办公环境来说，需要防范通过局域网传播的病毒。设置系统权限，并开启局域网防火墙以解决这一问题。

▶ 21.4.6　创建具有强保密性密码

许多电脑用户虽然为自己的电脑或其他文件设置了密码，但由于所设置的密码强度较低，被电脑玩家或黑客们破解的几率是非常高的。

计算机安全性包括在计算机上使用具有强保密性的电脑开机密码、网络登录密码和Administrator账户密码。

为使密码具有较强的保密性且难以破解，应做到以下几点。

❖ 密码至少在7位字符以上。

❖ 包含下列3组字符中的每一种类型：字母（大写字母和小写字母）、数字和一些特殊符号。

❖ 在第2到第6个位置中至少有一个特殊符号。

❖ 和以前所设置的密码有明显的不同。

❖ 不能包含用户的真实姓名及用户名。

❖ 不能是普通的单词或名称。